高等学校经济与管理类教材·基础课系列

概率与统计

学习指导

主　编◇胡　珂　尧雪莉

副主编◇蒲爱民　郭　赟　程宗钱

华东师范大学出版社

目　录

第1章 随机事件及其概率

一、学习要求

1. 理解随机事件及样本空间的概念,掌握随机事件间的关系及运算.

2. 了解概率的统计定义及公理化定义. 理解古典概率和几何概率的定义. 会计算古典概率和几何概率.

3. 掌握概率的基本性质,会应用这些性质进行概率计算.

4. 理解条件概率的概念,掌握乘法公式、全概率公式和贝叶斯公式. 会用这些公式进行概率计算.

5. 理解事件的独立性概念,掌握用事件独立性进行概率计算,理解独立重复试验的概念,掌握计算有关事件概率的方法.

二、概念网络图

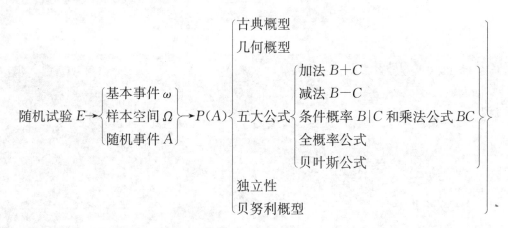

三、重要概念、定理结合范例分析

(一) 随机试验与随机事件

为了叙述方便,我们把对随机现象进行的一次观测或一次实验统称为它的一个试验. 如果这个试验满足下面的三个条件:

(1) 在相同的条件下,试验可以重复地进行;

(2) 试验的结果不止一种,而且事先可以确知试验的所有结果;

(3) 在进行试验前不能确定出现哪一个结果,

那么我们就称它是一个**随机试验**,以后简称为**试验**. 一般用字母 E 表示.

在随机试验中,每一个可能出现的不可分解的最简单的结果称为随机试验的**基本事件**或**样本点**,用 ω 表示;由全体基本事件构成的集合称为**基本事件空间**或**样本空间**,记为 Ω.

例 1　设 E_1 为在一定条件下抛掷一枚匀称的硬币,观察正、反面出现的情况. 记 ω_1 是出现正面,ω_2 是出现反面. 于是 Ω 由两个基本事件 ω_1、ω_2 构成,即 $\Omega = \{\omega_1, \omega_2\}$.

例 2　设 E_2 为在一定条件下掷一粒骰子,观察出现的点数. 记 ω_i 为出现 i 个点 $(i = 1, 2, \cdots, 6)$. 于是 $\Omega = \{\omega_1, \omega_2, \cdots, \omega_6\}$.

所谓**随机事件**就是样本空间 Ω 的一个子集,随机事件简称为**事件**,用字母 A、B、C 等表示. 因此,某个事件 A 发生当且仅当这个子集中的一个样本点 ω 发生,记为 $\omega \in A$.

在例 2 中,$\Omega = \{\omega_1, \omega_2, \cdots, \omega_6\}$,而 E_2 中的一个事件是具有某些特征的样本点组成的集合. 例如,设事件 $A = \{$出现偶数点$\}$,$B = \{$出现的点数大于 4$\}$,$C = \{$出现 3 点$\}$,可见它们都是 Ω 的子集. 显然,如果事件 A 发生,那么子集 $\{\omega_2, \omega_4, \omega_6\}$ 中的一个样本点一定发生,反之亦然,故有 $A = \{\omega_2, \omega_4, \omega_6\}$;类似地有 $B = \{\omega_5, \omega_6\}$ 和 $C = \{\omega_3\}$. 一般而言,在例 2 中,任一由样本点组成的 Ω 的子集也都是随机事件.

(二) 事件之间的关系与运算

事件之间的关系有:"包含"、"等价(或相等)"、"互不相容(或互斥)"以及"独立"四种.

事件之间的基本运算有:"并"、"交"以及"逆".

如果没有特别的说明,下面问题的讨论我们都假定是在同一样本空间 Ω 中进行的.

1. 事件的包含关系与等价关系

设 A、B 为两个事件. 如果 A 中的每一个样本点都属于 B,那么称事件 B 包含事件 A,或称事件 A 包含于事件 B,记为 $A \subset B$ 或 $B \supset A$.

如果 $A \supset B$ 与 $B \supset A$ 同时成立,那么称事件 A 与事件 B **等价或相等**,记为 $A = B$.

在下面的讨论中,我们经常说"事件相同、对应概率相等",这里的"相同"指的是两个事件"等价".

2. 事件的并与交

设 A、B 为两个事件. 我们把至少属于 A 或 B 中一个的所有样本点构成的集合称为事件 A 与 B 的并或和,记为 $A \bigcup B$ 或 $A + B$.

设 A、B 为两个事件. 我们把同时属于 A 及 B 的所有样本点构成的集合称为事件 A 与 B 的交或积,记为 $A \bigcap B$ 或 AB.

3. 事件的互不相容关系与事件的逆

设 A、B 为两个事件,如果 $AB = \varnothing$,那么称事件 A 与 B 是**互不相容**的(或互斥的).

对于事件 A,我们把不包含在 A 中的所有样本点构成的集合称为事件 A 的逆(或 A 的**对立事件**),记为 $\overline{A}$. 我们规定它是事件的基本运算之一.

在一次试验中,事件 A 与 $\overline{A}$ 不会同时发生(即 $A\overline{A} = \varnothing$,称它们具有互斥性),而且 A 与 $\overline{A}$ 至少有一个发生(即 $A + \overline{A} = \Omega$,称它们具有完全性). 这就是说,事件 A 与 $\overline{A}$ 满足:

$$\begin{cases} A\overline{A} = \varnothing, \\ A + \overline{A} = \Omega. \end{cases}$$

问题　(1) 事件的互不相容关系如何推广到多于两个事件的情形?

(2) 三个事件 A、B、C，$ABC = \varnothing$ 与

$$\begin{cases} AB = \varnothing, \\ AC = \varnothing, \\ BC = \varnothing \end{cases}$$

关系如何？

根据事件的基本运算定义，这里给出事件之间运算的几个重要规律：

(1) $A(B+C) = AB + AC$（分配律）.　(2) $A + BC = (A+B)(A+C)$（分配律）.

(3) $\overline{A+B} = \overline{A}\,\overline{B}$（德·摩根律）.　　(4) $\overline{AB} = \overline{A} + \overline{B}$（德·摩根律）.

有了事件的三种基本运算我们就可以定义事件的其他一些运算. 例如，我们称事件 $A\overline{B}$ 为事件 A 与 B 的差，记为 $A-B$. 可见，事件 $A-B$ 是由包含于 A 而不包含于 B 的所有样本点构成的集合.

例3　在数学系学生中任选一名学生. 设事件 $A = \{$选出的学生是男生$\}$，$B = \{$选出的学生是三年级学生$\}$，$C = \{$选出的学生是科普队的$\}$.

(1) 叙述事件 $AB\overline{C}$ 的含义；

(2) 在什么条件下，$ABC = C$ 成立？

(3) 在什么条件下，$C \subset B$ 成立？

解　(1) 事件 $AB\overline{C}$ 的含义是，选出的学生是三年级的男生，但不是科普队员.

(2) 由于 $ABC \subset C$，故 $ABC = C$ 当且仅当 $C \subset ABC$. 这又当且仅当 $C \subset AB$，即科普队员都是三年级的男生.

(3) 当科普队员全是三年级学生时，C 是 B 的子事件，即 $C \subset B$ 成立.

4. 事件的独立性

设 A、B 是某一随机试验的任意两个随机事件，如果 $P(AB) = P(A)P(B)$，那么称事件 **A 与 B 是相互独立的**.

可见事件 A 与 B 相互独立是建立在概率基础上事件之间的一种关系. 所谓事件 A 与 B 相互独立就是指其中一个事件发生与否不影响另一个事件发生的可能性，即当 $P(B) \neq 0$ 时，A 与 B 相互独立也可以用

$$P(A \mid B) = P(A)$$

来定义.

由两个随机事件相互独立的定义，我们可以得到：若事件 A 与 B 相互独立，则 $\overline{A}$ 与 B、A 与 $\overline{B}$、$\overline{A}$ 与 $\overline{B}$ 也相互独立.

如果事件 A、B、C 满足

$$\begin{cases} P(AB) = P(A)P(B), \\ P(BC) = P(B)P(C), \\ P(AC) = P(A)P(C), \\ P(ABC) = P(A)P(B)P(C), \end{cases}$$

则称事件 A、B、C 相互独立.

注意,事件 A、B、C 相互独立与事件 A、B、C 两两独立不同,两两独立是指上述四个式子中前三个式子成立.因此,相互独立一定是两两独立,但反之不一定.

例 4　将一枚硬币独立地掷两次,引进事件:$A=\{$掷第一次出现正面$\}$,$B=\{$掷第二次出现正面$\}$,$C=\{$正、反面各出现一次$\}$,则事件 A、B、C 是相互独立,还是两两独立?

解　由题设,可知 $P(AB) = P(A)P(B)$,即 A、B 相互独立.而

$$P(AC) = P(A(A\overline{B}+\overline{A}B)) = P(A\overline{B}) = P(A)P(\overline{B}) = \frac{1}{4},$$

$$P(A)P(C) = P(A)P(A\overline{B}+\overline{A}B) = P(A)(P(A\overline{B}) + P(\overline{A}B))$$

$$= \frac{1}{2} \times \left(\frac{1}{4}+\frac{1}{4}\right) = \frac{1}{4}.$$

故 A、C 相互独立,同理 B、C 也相互独立.但是

$$P(ABC) = P(\varnothing) = 0,$$

而

$$P(A)P(B)P(C) = \frac{1}{2} \times \frac{1}{2} \times \frac{1}{2} = \frac{1}{8},$$

所以

$$P(ABC) \neq P(A)P(B)P(C),$$

因此事件 A、B、C 两两独立,但不是相互独立.

问题　(1) 两个事件的"独立"与"互斥"之间有没有关系?在一般情况下,即 $P(A) > 0$,$P(B) > 0$ 时,两者之间有关系吗?为什么?

(2) 设 $0 < P(A) < 1$,$0 < P(B) < 1$,$P(B \mid A) + P(\overline{B} \mid \overline{A}) = 1$.问 A 与 B 是否独立,为什么?由此可以得到什么结论?

(三) 概率的定义与性质

1. 概率的公理化定义

定义　设 E 是一个随机试验,Ω 为它的样本空间,以 E 中所有的随机事件组成的集合为定义域,定义一个函数 $P(A)$(其中 A 为任一随机事件),且 $P(A)$ 满足以下三条公理,则称函数 $P(A)$ 为事件 A 的**概率**.

公理 1 (非负性)　$0 \leqslant P(A) \leqslant 1$.

公理 2 (规范性) $P(\Omega) = 1$.

公理 3 (可列可加性)   若事件 A_1，A_2，$\cdots$，A_n，$\cdots$ 两两互斥，则

$$P(\bigcup_{i=1}^{\infty} A_i) = \sum_{i=1}^{\infty} P(A_i).$$

由上面三条公理可以推导出概率的一些基本性质.

性质 1(有限可加性)   设事件 A_1，A_2，$\cdots$，A_n 两两互斥，则

$$P(\bigcup_{i=1}^{n} A_i) = \sum_{i=1}^{n} P(A_i).$$

性质 2(加法公式)   设 A、B 为任意两个随机事件，则

$$P(A + B) = P(A) + P(B) - P(AB).$$

性质 3   设 A 为任意随机事件，则

$$P(\overline{A}) = 1 - P(A).$$

性质 4   设 A、B 为两个任意的随机事件，若 $A \subset B$，则

$$P(B - A) = P(B) - P(A).$$

由于 $P(B - A) \geqslant 0$，根据**性质 4**可以推得，当 $A \subset B$ 时，

$$P(A) \leqslant P(B).$$

例 5   设 A、B、C 是三个随机事件，且 $P(A) = P(B) = P(C) = \dfrac{1}{4}$，$P(AB) = P(CB) = 0$，$P(AC) = \dfrac{1}{8}$，求 A、B、C 中至少有一个发生的概率.

解   设 $D = \{A、B、C$ 中至少有一个发生$\}$，则 $D = A + B + C$，于是

$$\begin{aligned}
P(D) &= P(A + B + C) \\
&= P(A) + P(B) + P(C) - P(AB) - P(BC) - P(AC) + P(ABC).
\end{aligned}$$

又因为

$$P(A) = P(B) = P(C) = \frac{1}{4}, \quad P(AB) = P(CB) = 0, \quad P(AC) = \frac{1}{8},$$

而由 $P(AB) = 0$，有 $P(ABC) = 0$，所以

$$P(D) = \frac{3}{4} - \frac{1}{8} = \frac{5}{8}.$$

问题　怎样由 $P(AB)=0$ 推出 $P(ABC)=0$?

提示　利用事件的关系与运算导出.

例 6　设事件 A 与 B 相互独立,$P(A)=a$,$P(B)=b$.若事件 C 发生,必然导致 A 与 B 同时发生,求 A、B、C 都不发生的概率.

解　由于事件 A 与 B 相互独立,因此

$$P(AB)=P(A)P(B)=ab.$$

考虑到 $C \subset AB$,故有

$$\overline{C} \supset \overline{AB} = \overline{A} + \overline{B} \supset \overline{A}\,\overline{B},$$

因此

$$P(\overline{A}\,\overline{B}\,\overline{C})=P(\overline{A}\,\overline{B})=P(\overline{A})P(\overline{B})=(1-a)(1-b).$$

2. 概率的统计定义

定义　在一组不变的条件 S 下,独立地重复做 n 次试验. 设 μ 是 n 次试验中事件 A 发生的次数,当试验次数 n 很大时,如果 A 的频率 $f_n(A)$ 稳定地在某一数值 p 附近摆动,而且一般说来随着试验次数的增多,这种摆动的幅度会越来越小,则称数值 p 为事件 A 在条件组 S 下发生的**概率**,记作

$$P(A)=p.$$

问题　(1) 试判断下式

$$\lim_{n \to \infty} \frac{\mu}{n} = p$$

成立吗? 为什么?

(2) 野生资源调查问题　池塘中有鱼若干(不妨假设为 x 条),先捞上 200 条作记号,放回后再捞上 200 条,发现其中有 4 条带记号.用 A 表示事件{任捞一条带记号},问下面两个数

$$\frac{200}{x}、\frac{4}{200}$$

哪个是 A 的频率? 哪个是 A 的概率? 为什么?

3. 古典概型

古典型试验:(Ⅰ)结果为有限个;(Ⅱ)每个结果出现的可能性是相同的.

等概完备事件组:(Ⅰ)完全性;(Ⅱ)互斥性;(Ⅲ)等概性.(满足(Ⅰ)、(Ⅱ)两条的事件组称为完备事件组)

定义　设古典概型随机试验的基本事件空间由 n 个基本事件组成,即 $\Omega = \{\omega_1,$

ω_2，$\cdots$，ω_n}. 如果事件 A 是由上述 n 个事件中的 m 个组成，那么称事件 A 发生的概率为

$$P(A) = \frac{m}{n}. \tag{1-1}$$

所谓**古典概型**就是利用式(1-1)来讨论事件发生的概率的数学模型.

根据概率的古典定义可以计算古典概型随机试验中事件的概率. 在古典概型中确定事件 A 的概率时，只需求出基本事件的总数 n 以及事件 A 包含的基本事件的个数 m. 为此弄清随机试验的全部基本事件是什么以及所讨论的事件 A 包含了哪些基本事件是非常重要的.

例 7 掷两枚匀称的硬币，求它们都是正面的概率.

解 设 $A=${出现正正}，其基本事件空间可以有下面三种情况：

（Ⅰ）$\Omega_1=${同面、异面}，$n_1 = 2$；

（Ⅱ）$\Omega_2=${正正、反反、一正一反}，$n_2 = 3$；

（Ⅲ）$\Omega_3=${正正、反反、反正、正反}，$n_3 = 4$.

于是，根据古典概型，对于（Ⅰ）来说，由于两个都出现正面，即同面出现，因此，$m_1 = 1$，于是有

$$P(A) = \frac{1}{2}.$$

而对于（Ⅱ）来说，$m_2 = 1$，于是有

$$P(A) = \frac{1}{3}.$$

而对于（Ⅲ）来说，$m_3 = 1$，于是有

$$P(A) = \frac{1}{4}.$$

问题 以上讨论的三个结果哪个正确，为什么？

例 8 把 n 个不同的球随机地放入 $N(N \geqslant n)$ 个盒子中，求下列事件的概率：

(1) 某指定的 n 个盒子中各有一个球；

(2) 任意 n 个盒子中各有一个球；

(3) 指定的某个盒子中恰有 $m(m < n)$ 个球.

分析 这是古典概率的一个典型问题，许多古典概率的计算问题都可归结为这一类型. 每个球都有 N 种放法，n 个球共有 N^n 种不同的放法. "某指定的 n 个盒子中各有一个球"相当于 n 个球在 n 个盒子中的全排列；与(1)相比，(2)相当于先在 N 个盒子中选 n 个盒子，再放球；(3)相当于先从 n 个球中取 m 个放入某指定的盒中，再把剩下的 $n-m$ 个球放入 $N-1$ 个盒中.

解 样本空间中所含的样本点数为 N^n.

(1) 该事件所含的样本点数是 $n!$, 故 $p = \dfrac{n!}{N^n}$;

(2) 在 N 个盒子中选 n 个盒子有 C_N^n 种选法, 故所求事件的概率为: $p = \dfrac{C_N^n \cdot n!}{N^n}$;

(3) 从 n 个球中取 m 个有 C_n^m 种选法, 剩下的 $n-m$ 个球中的每一个球都有 $N-1$ 种放法, 故所求事件的概率为: $p = \dfrac{C_n^m \cdot (N-1)^{n-m}}{N^n}$.

例 9 从一副扑克牌的 13 张梅花中, 有放回地取 3 次, 求三张都不同号的概率.

解 这是一个古典概型问题. 设 $A = \{$三张都不同号$\}$. 由题意, 有 $n = 13^3$, $m = P_{13}^3$, 则

$$P(A) = \frac{m}{n} = \frac{132}{169}.$$

问题 如果我们进一步问三张都同号, 三张中恰有两张同号如何求出? 另外, 本题可否使用二项概型计算?

例 10 在 20 枚硬币的背面分别写上 5 或 10, 两者各半, 从中任意翻转 10 枚硬币, 这 10 枚硬币背面的数字之和为 $100, 95, 90, \cdots, 55, 50$, 共有十一种不同情况. 问出现"70, 75, 80"与出现"100, 95, 90, 85, 65, 60, 55, 50"的可能性哪个大, 为什么?

答案是: 出现"70, 75, 80"可能性大, 约为 82%.

分析 这是一个古典概型问题. 设 $A = \{$出现"70, 75, 80"$\}$, 由题意, 有

$$n = C_{20}^{10}, \quad m = C_{10}^5 C_{10}^5 + 2C_{10}^4 C_{10}^6,$$

则

$$P(A) = \frac{m}{n} = \frac{151\,704}{184\,756} \approx 0.82.$$

4. 几何概型

几何型试验: (Ⅰ) 结果为无限不可数; (Ⅱ) 每个结果出现的可能性是均匀的.

定义 设 E 为几何型的随机试验, 其基本事件空间中的所有基本事件可以用一个有界区域来描述, 而其中一部分区域可以表示事件 A 所包含的基本事件, 则称事件 A 发生的概率为

$$P(A) = \frac{L(A)}{L(\Omega)}, \tag{1-2}$$

其中 $L(\Omega)$ 与 $L(A)$ 分别为 Ω 与 A 的**几何度量**.

所谓**几何概型**就是利用式(1-2)来讨论事件发生的概率的数学模型.

注意, 上述事件 A 的概率 $P(A)$ 只与 $L(A)$ 有关, 而与 $L(A)$ 对应区域的位置及形状无关.

例 11 候车问题 某地铁每隔 5 min 有一列车通过,在乘客对列车通过该站时间完全不知道的情况下,求每一个乘客到站等车时间不多于 2 min 的概率.

解 设 $A=\{$每一个乘客等车时间不多于 2 min$\}$. 由于乘客可以在接连两列车之间的任何一个时刻到达车站,因此每一乘客到达站台时刻 t 可以看成是均匀地出现在长为 5 min 的时间区间上的一个随机点,即 $\Omega=[0,5)$. 又设前一列车在时刻 T_1 开出,后一列车在时刻 T_2 到达,线段 T_1T_2 长为 5(见图 1-1),即 $L(\Omega)=5$;T_0 是 T_1T_2 上一点,且 T_0T_2 长为 2. 显然,乘客只有在 T_0 之后到达(即只有 t 落在线段 T_0T_2 上),等车时间才不会多于 2 min,即 $L(A)=2$. 因此

$$P(A)=\frac{L(A)}{L(\Omega)}=\frac{2}{5}.$$

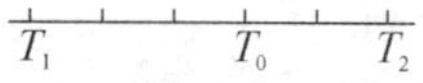

$$\overline{T_1 \qquad\qquad T_0 \quad\ T_2}$$
图 1-1

问题 (1)例 11 可否使用一维均匀分布来计算?

(2)举例说明:

(Ⅰ)概率为 0 的事件不一定是不可能事件.

(Ⅱ)概率为 1 的事件不一定是必然事件.

例 12 会面问题 甲乙两艘轮船驶向一个不能同时停泊两艘轮船的码头,它们在一昼夜内到达的时间是等可能的,如果甲船和乙船停泊的时间都是两小时,那么它们同日到达时会面的概率是多少?

解 这是一个几何概型问题. 设 $A=\{$甲船与乙船会面$\}$. 又设甲乙两船到达的时刻分别是 x、y,则 $0\leqslant x\leqslant 24$, $0\leqslant y\leqslant 24$. 由题意可知,若要甲乙会面,必须满足

$$|x-y|\leqslant 2,$$

即图中阴影部分. 由图 1-2 可知:$L(\Omega)$ 是由 $x=0$, $x=24$, $y=0$, $y=24$. 所围图形的面积 $S=24^2$,而 $L(A)=24^2-22^2$,因此

$$P(A)=\frac{L(A)}{L(\Omega)}=\frac{24^2-22^2}{24^2}=1-\left(\frac{22}{24}\right)^2=\frac{23}{144}.$$

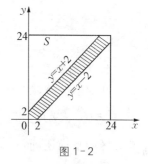
图 1-2

问题 例 12 可否使用二维均匀分布来计算?

(四) 条件概率与概率的乘法公式

1. 条件概率

前面我们所讨论的事件 B 的概率 $P_S(B)$,都是指在一组不变条件 S 下事件 B 发生的概率(但是为了叙述简练,一般不再提及条件组 S,而把 $P_S(B)$ 简记为 $P(B)$). 在实际问题中,除了考虑概率 $P_S(B)$ 外,有时还需要考虑"在事件 A 已发生"这一附加条件下,事件 B 发生的概率. 与前者相区别,称后者为**条件概率**,记作 $P(B|A)$,读作在 A 发生的条件下事

件 B 的概率.

在一般情况下,如果 A、B 是条件 S 下的两个随机事件,且 $P(A) \neq 0$,那么在 A 发生的前提下 B 发生的概率(即条件概率)为

$$P(B \mid A) = \frac{P(AB)}{P(A)}, \tag{1-3}$$

并且满足下面三个性质:

(1)(非负性)　$P(B \mid A) \geqslant 0$;

(2)(规范性)　$P(\Omega \mid A) = 1$;

(3)(可列可加性)　如果事件 B_1, B_2, $\cdots$ 互不相容,那么

$$P(\bigcup_{i=1}^{\infty} B_i \mid A) = \sum_{i=1}^{\infty} P(B_i \mid A).$$

问题　(1) 条件概率在原样本空间 Ω 中是某一个事件的概率吗?

(2) 如何判断一个问题中所求的是条件概率还是无条件概率?

(3) 在一个具体问题中条件概率如何获得?

例 13　设随机事件 B 是 A 的子事件,已知 $P(A) = 1/4$,$P(B) = 1/6$,求 $P(B \mid A)$.

分析　这是一个条件概率问题.

解　因为 $B \subset A$,所以 $P(B) = P(AB)$,因此

$$P(B \mid A) = \frac{P(AB)}{P(A)} = \frac{P(B)}{P(A)} = \frac{2}{3}.$$

2. 概率的乘法公式

在条件概率公式(1-3)的两边同乘以 $P(A)$,即得

$$P(AB) = P(A)P(B \mid A). \tag{1-4}$$

例 14　在 100 件产品中有 5 件是不合格的,无放回地抽取两件,问第一次取到正品而第二次取到次品的概率是多少?

解　设事件

$$A = \{第一次取到正品\}, \quad B = \{第二次取到次品\}.$$

用古典概型方法求出

$$P(A) = \frac{95}{100} \neq 0.$$

由于第一次取到正品后不放回,那么第二次是在 99 件中(不合格品仍是 5 件)任取一件,所以

$$P(B \mid A) = \frac{5}{99}.$$

由公式(1-4),

$$P(AB) = P(A)P(B \mid A) = \frac{95}{100} \times \frac{5}{99} = \frac{19}{396}.$$

问题 (1) 例14中,问两件产品为一件正品、一件次品的概率是多少?

(2) 例14中,将"无放回地抽取"改为"有放回地抽取",答案与上题一样吗? 为什么?

例15 **抓阄问题** 五个人抓一个有物之阄,求第二个人抓到的概率.

分析 (1) 什么是"抓阄"问题,如何判断它?

(2) 例15中"求第二个人抓到的概率"是指"在第一人没有抓到的条件下,第二个人抓到的概率"吗?

解 这是一个乘法公式的问题.设 $A_i = \{$第 i 个人抓到有物之阄$\}(i = 1, 2, 3, 4, 5)$,有

$$A_2 = A_2\Omega = A_2(A_1 + \overline{A}_1) = A_1A_2 + \overline{A}_1A_2 = \varnothing + \overline{A}_1A_2 = \overline{A}_1A_2.$$

根据事件相同对应概率相等,有

$$P(A_2) = P(\overline{A}_1A_2) = P(\overline{A}_1)P(A_2 \mid \overline{A}_1).$$

又因为

$$P(A_1) = \frac{1}{5}, \ P(\overline{A}_1) = \frac{4}{5}, \ P(A_2 \mid \overline{A}_1) = \frac{1}{4},$$

所以

$$P(A_2) = \frac{4}{5} \times \frac{1}{4} = \frac{1}{5}.$$

问题 (1) 本题还有其他方法解决吗?

(2) 若改成 n 个人抓 m 个有物之阄 $(m < n)$,下面的结论

$$P(A_k) = \frac{m}{n}(k = 1, 2, \cdots, n)$$

还成立吗?

例16 设袋中有 4 个乒乓球,其中 1 个涂有白色,1 个涂有红色,1 个涂有蓝色,1 个涂有白、红、蓝三种颜色.今从袋中随机地取一个球,设事件 $A = \{$取出的球涂有白色$\}$,$B = \{$取出的球涂有红色$\}$,$C = \{$取出的球涂有蓝色$\}$.试验证事件 A、B、C 两两相互独立,但不相互独立.

证 根据古典概型,我们有 $n = 4$,而事件 A、B 同时发生,只能是取到的球是涂有白、红、蓝三种颜色的球,即 $m = 1$,因而

$$P(AB) = \frac{1}{4}.$$

同理,事件 A 发生,只能是取到的球是涂红色的球或涂三种颜色的球,因而

$$P(A) = \frac{2}{4} = \frac{1}{2}, \ P(B) = \frac{2}{4} = \frac{1}{2}.$$

因此,有
$$P(A)P(B) = \frac{1}{2} \times \frac{1}{2} = \frac{1}{4}.$$

所以
$$P(AB) = P(A)P(B);$$

即事件 A、B 相互独立.

类似可证,事件 A、C 相互独立,事件 B、C 相互独立,即 A、B、C 两两相互独立,但是由于

$$P(ABC) = \frac{1}{4},$$

而
$$P(A)P(B)P(C) = \frac{1}{2} \times \frac{1}{2} \times \frac{1}{2} = \frac{1}{8} \neq \frac{1}{4},$$

所以 A、B、C 并不相互独立.

例 17　加工某一零件共需经过四道工序,设一、二、三、四这四道工序的次品率分别是 2%、3%、5%、3%,假定各道工序是互不影响的,求加工出来的零件的次品率.

答案是:0.124(或 $1 - 0.98 \times 0.97 \times 0.95 \times 0.97$).

问题　本题使用加法公式还是乘法公式较为简便?

例 18　一批零件共 100 个,其中有次品 10 个.每次从中任取一个零件,取出的零件不再放回去,求第一次、第二次取到的是次品,第三次才取到正品的概率.

答案是:$0.0084\left(\text{或} \frac{10}{100} \times \frac{9}{99} \times \frac{90}{98}\right)$.

问题　本题若改为"已知第一次、第二次取到的是次品,求第三次取到正品的概率",答案与原题相同吗? 为什么?(应为 $\frac{90}{98}$).

例 19　用高射炮射击飞机,如果每门高射炮击中飞机的概率是 0.6,试问:(1)用两门高射炮分别射击一次击中飞机的概率是多少? (2)若有一架敌机入侵,至少需要多少架高射炮同时射击才能以 99% 的概率命中敌机?

分析　本题既可使用加法公式,也可使用乘法公式.

解　(1)令

$$B_i = \{\text{第 } i \text{ 门高射炮击中敌机}\}(i = 1, 2), A = \{\text{击中敌机}\}.$$

在同时射击时,B_1 与 B_2 可以看成是互相独立的,从而 $\overline{B}_1$、$\overline{B}_2$ 也是相互独立的,且有

$$P(B_1) = P(B_2) = 0.6, \ P(\overline{B}_1) = P(\overline{B}_2) = 1 - P(B_1) = 0.4.$$

方法 1（加法公式）　由于 $A = B_1 + B_2$，有

$$P(A) = P(B_1 + B_2) = P(B_1) + P(B_2) - P(B_1)P(B_2)$$
$$= 0.6 + 0.6 - 0.6 \times 0.6 = 0.84.$$

方法 2（乘法公式）　由于 $\overline{A} = \overline{B}_1 \overline{B}_2$，有

$$P(\overline{A}) = P(\overline{B}_1 \overline{B}_2) = P(\overline{B}_1)P(\overline{B}_2) = 0.4 \times 0.4 = 0.16,$$

于是
$$P(A) = 1 - P(\overline{A}) = 0.84.$$

(2) 令 n 是以 99% 的概率击中敌机所需高射炮的门数，由上面讨论可知，

$$99\% = 1 - 0.4^n，即\quad 0.4^n = 0.01,$$

亦即

$$n = \frac{\lg 0.01}{\lg 0.4} = \frac{-2}{-0.3979} \approx 5.026.$$

因此若有一架敌机入侵，至少需要配置 6 门高射炮方能以 99% 的把握击中它.

问题　(1) 为什么要将 5.026 进到 6？什么时候采取"四舍五入"？

(2) 通过上面的讨论，小结一下"加法公式"与"乘法公式"的使用问题.

（五）全概率公式与贝叶斯(Bayes)公式

1. 全概率公式

如果事件组 $A_1, A_2, \cdots, A_n$ 满足

(1) $\sum_{i=1}^{n} A_i = \Omega$ 且 $P(A_i) > 0 (i = 1, 2, \cdots, n)$；

(2) $A_i A_j = \varnothing (i \neq j; \ i, j = 1, 2, \cdots, n)$.

则对任一事件 B，有

$$P(B) = \sum_{i=1}^{n} P(A_i)P(B \mid A_i).$$

上式称之为**全概率公式**.

2. 贝叶斯公式

设 $A_1, A_2, \cdots, A_n$ 是某一随机试验的一个完备事件组，对任意事件 $B(P(B) > 0)$，在事件 B 已发生的条件下事件 $A_i (i = 1, 2, \cdots, n)$ 发生的概率为

$$P(A_i \mid B) = \frac{P(A_i)P(B \mid A_i)}{\sum_{j=1}^{n} P(A_j)P(B \mid A_j)}.$$

上式称之为**贝叶斯公式**(或逆概率公式).

利用全概率公式和贝叶斯公式计算概率的关键是找满足全概率公式中条件的事件组,即完备事件组 A_1,A_2,$\cdots$,A_n. 要掌握以下两点:

(1) 事件 B 必须伴随着 n 个互不相容事件 A_1,A_2,$\cdots$,A_n 之一发生,B 的概率就可用全概率公式计算.

(2) 如果我们已知事件 B 发生了,求事件 $A_j(j=1,2,\cdots,n)$ 的概率,那么应使用贝叶斯公式. 这里用贝叶斯公式计算的是条件概率 $P(A_j \mid B)(j=1,\cdots,n)$.

这里,我们把导致试验结果的各种"原因":A_1,A_2,$\cdots$,A_n 的概率 $P(A_i)(i-1,2,3,\cdots,n)$ 称为**先验概率**,它反映了各种"原因"发生的可能性大小,一般是以往经验的总结,在这次试验前已经知道. 现在若试验产生了事件 B,它将有助于探讨事件发生的"原因". 我们把条件概率 $P(A_i|B)$ 称为**后验概率**,它反映了试验之后对各种"原因"发生的可能性大小的新知识.

例 20 设某人从外地赶来参加紧急会议. 他乘火车、轮船、汽车或飞机来的概率分别是 $\frac{3}{10}$、$\frac{1}{5}$、$\frac{1}{10}$ 及 $\frac{2}{5}$,如果他乘飞机来,不会迟到;而乘火车、轮船或汽车来迟到的概率分别为 $\frac{1}{4}$、$\frac{1}{3}$、$\frac{1}{12}$. 试问:(1)他迟到的概率;(2)此人若迟到,试推断他是怎样来的可能性最大?

解 令 $A_1=\{$乘火车$\}$,$A_2=\{$乘轮船$\}$,$A_3=\{$乘汽车$\}$,$A_4=\{$乘飞机$\}$,$B=\{$迟到$\}$. 按题意有:

$$P(A_1)=\frac{3}{10},\ P(A_2)=\frac{1}{5},\ P(A_3)=\frac{1}{10},\ P(A_4)=\frac{2}{5},$$

$$P(B \mid A_1)=\frac{1}{4},\ P(B \mid A_2)=\frac{1}{3},\ P(B \mid A_3)=\frac{1}{12},\ P(B \mid A_4)=0.$$

(1) 由全概率公式,有

$$P(B)=\sum_{i=1}^{4}P(A_i)P(B \mid A_i)=\frac{3}{10}\times\frac{1}{4}+\frac{1}{5}\times\frac{1}{3}+\frac{1}{10}\times\frac{1}{12}+\frac{2}{5}\times0=\frac{3}{20}.$$

(2) 由逆概率公式

$$P(A_i \mid B)=\frac{P(A_i)P(B \mid A_i)}{\sum\limits_{j=1}^{4}P(A_j)P(B \mid A_j)}(i=1,2,3,4),$$

得到

$$P(A_1 \mid B)=\frac{1}{2},\ P(A_2 \mid B)=\frac{4}{9},\ P(A_3 \mid B)=\frac{1}{18},\ P(A_4 \mid B)=0.$$

由上述计算结果可以推断出此人乘火车来的可能性最大.

例 21 三人同时向一架飞机射击,设他们射中的概率分别为 0.5、0.6、0.7. 又设无人射中，飞机不会坠毁；只有一人击中飞机坠毁的概率为 0.2；两人击中飞机坠毁的概率为 0.6；三人射中飞机一定坠毁. 求三人同时向飞机射击一次飞机坠毁的概率.

解　设 $A_i = \{$第 i 个人射中$\}$ $(i = 1, 2, 3)$，则 $P(A_1) = 0.5$，$P(A_2) = 0.6$，$P(A_3) = 0.7$. 又设 $B_0 = \{$三人都射不中$\}$，$B_1 = \{$只有一人射中$\}$，$B_2 = \{$恰有两人射中$\}$，$B_3 = \{$三人同时射中$\}$，$C = \{$飞机坠毁$\}$. 由题设可知

$$P(C \mid B_0) = 0,\ P(C \mid B_1) = 0.2,\ P(C \mid B_2) = 0.6,\ P(C \mid B_3) = 1.$$

并且

$$P(B_0) = P(\overline{A_1}\,\overline{A_2}\,\overline{A_3}) = P(\overline{A_1})P(\overline{A_2})P(\overline{A_3}) = 0.5 \times 0.4 \times 0.3 = 0.06.$$

同理

$$
\begin{aligned}
P(B_1) &= P(A_1\,\overline{A_2}\,\overline{A_3} + \overline{A_1}A_2\,\overline{A_3} + \overline{A_1}\,\overline{A_2}A_3) \\
&= P(A_1\,\overline{A_2}\,\overline{A_3}) + P(\overline{A_1}A_2\,\overline{A_3}) + P(\overline{A_1}\,\overline{A_2}A_3) \\
&= P(A_1)P(\overline{A_2})P(\overline{A_3}) + P(\overline{A_1})P(A_2)P(\overline{A_3}) + P(\overline{A_1})P(\overline{A_2})P(A_3) \\
&= 0.5 \times 0.4 \times 0.3 + 0.5 \times 0.6 \times 0.3 + 0.5 \times 0.4 \times 0.7 \\
&= 0.29; \\
P(B_2) &= 0.44; \\
P(B_3) &= 0.21.
\end{aligned}
$$

利用全概率公式便得到

$$
\begin{aligned}
P(C) &= \sum_{i=0}^{3} P(B_i)P(C \mid B_i) \\
&= 0.06 \times 0 + 0.29 \times 0.2 + 0.44 \times 0.6 + 0.21 \times 1 \\
&= 0.532.
\end{aligned}
$$

由上面的讨论可以看出，在使用全概率公式和逆概率公式解题时，"分析题目，正确写出题设，找出（或计算）先验概率和条件概率"是十分重要的.

例 22　两台机床加工同样的零件，第一台出现废品的概率是 0.03，第二台出现废品的概率是 0.02. 加工出来的零件放在一起，并且已知第一台加工的零件比第二台加工的零件多一倍.（1）求任意取出的零件是合格品的概率；（2）如果任意取出的零件经检查是废品，求它是由第二台机床加工的概率.

答案是：（1）0.973；（2）0.25.

问题　在例 22 中"设 $A_i = \{$第 i 台生产的废品$\}$，$i = 1, 2$"对否，为什么？

（六）伯努利（Bernoulli）概型

在实际问题中，我们常常要做多次试验条件完全相同（即可以看成是一个试验的多次

重复)并且都是相互独立(即每次试验中的随机事件的概率不依赖于其他各次试验的结果)的试验. 我们称这种类型的试验为重复独立试验.

在单次试验中事件 A 发生的概率为 $p(0 < p < 1)$,则在 n 次独立重复试验中

$$P\{A\,发生\,k\,次\} \xlongequal{\text{def}} P_n(\mu = k) = C_n^k p^k (1-p)^{n-k}\,(k = 0,\,1,\,2,\,\cdots,\,n). \qquad (1-5)$$

所谓**伯努利概型**就是利用关系式$(1-5)$来讨论事件概率的数学模型. 伯努利概型又称为**独立试验序列概型**(或二项概型).

问题　(1) 相同条件下的多个(独立)试验,可以看作一个试验进行多次,而使用二项概型吗?

(2) 二项概型与古典概型有何异同? 在什么情况下,古典概型问题也可使用二项概型?

例 23　某类电灯泡使用时数在 1000 h 以上的概率为 0.2,求三个灯泡在使用1000 h以后最多只坏一个的概率.

解　这是一个 $n = 3$, $p = 0.8$ 二项概型问题

$$\begin{aligned} P_3(\mu \leqslant 1) &= P(\mu = 0) + P(\mu = 1) \\ &= C_3^0 \cdot 0.8^0 \cdot 0.2^3 + C_3^1 \cdot 0.8^1 \cdot 0.2^2 \\ &= 0.104. \end{aligned}$$

例 24　袋中有 10 个球,其中 2 个为白色,从中有放回地取出 3 个,求这 3 个球中恰有 2 个白球的概率.

解　**方法 1**　设 $A = \{恰有\,2\,个白球\}$,由古典概型,有

$$n = 10^3,\ m = 3 \times 2^2 \times 8,$$

因此

$$P(A) = \frac{3 \times 2^2 \times 8}{10^3} = 0.096.$$

方法 2　由二项概型,有

$$P(A) = P_3(\mu = 2) = C_3^2 \left(\frac{2}{10}\right)^2 \left(\frac{8}{10}\right)^1 = \frac{3 \times 2^2 \times 8}{10^3} = 0.096.$$

例 25　已知一个母鸡生 k 个蛋的概率为 $\dfrac{\lambda^k}{k!}e^{-\lambda}\,(\lambda > 0)$,而每一个蛋能孵化成小鸡的概率为 p,证明:一个母鸡恰有 r 个下一代(即小鸡) 的概率为 $\dfrac{(\lambda p)^r}{r!}e^{-\lambda p}$.

解　用 A_k 表示"母鸡生 k 个蛋",B 表示"母鸡恰有 r 个下一代",则

$$P(B) = \sum_{k=r}^{\infty} P(A_k)P(B \mid A_k) = \sum_{k=r}^{\infty} \frac{\lambda^k e^{-\lambda}}{k!} \cdot \binom{k}{r} \cdot p^r (1-p)^{k-r}$$

$$= \frac{(\lambda p)^r}{r!} e^{-\lambda} \sum_{k=r}^{\infty} \frac{[\lambda(1-p)]^{k-r}}{(k-r)!} = \frac{(\lambda p)^r}{r!} e^{-\lambda} \cdot e^{\lambda(1-p)}$$

$$= \frac{(\lambda p)^r}{r!} e^{-\lambda p}.$$

例题与解答

1-1 袋中有 4 个白球、6 个红球,先从中任取出 4 个,然后再从剩下的 6 个球中任取一个,则它恰为白球的概率是＿＿＿＿＿.

分析 设 $A_i = \{$第 i 次取到白球$\}$,根据古典概型,我们有

$$P(A_1) = \frac{C_4^1}{C_{10}^1} = \frac{4}{10}.$$

由于

$$A_2 = A_2 \Omega = A_2(A_1 + \overline{A}_1) = A_1 A_2 + \overline{A}_1 A_2,$$

并且

$$P(A_1 A_2) = P(A_1) P(A_2 \mid A_1) = \frac{4}{10} \times \frac{3}{9}, \ P(\overline{A}_1 A_2) = P(\overline{A}_1) P(A_2 \mid \overline{A}_1) = \frac{6}{10} \times \frac{4}{9},$$

因此

$$P(A_2) = \frac{4 \times 3 + 6 \times 4}{10 \times 9} = \frac{4}{10}.$$

同理

$$P(A_5) = \frac{4}{10}.$$

说明 (1) 注意一般事件的概率与条件概率的区别.

(2) 有放回地抽取与无放回地抽取,其结果一致,但意义不同.

1-2 有一批产品,其中正品有 n 个,次品有 m 个,先从这批产品中任意取出 l 个(不知其中的次品数),然后再从剩下的产品中任取一个恰为正品的概率为＿＿＿＿＿＿＿.

分析 这个题目与 1-1 类似,用全概率公式解之.

方法 1 设 $A_k = \{$前 l 次中恰有 k 个正品$\}$,$k = q, q+1, \cdots, p$;其中 $q = \max(l-m, 0)$,$p = \min(n, l)$. 又设 $B = \{$第 $l+1$ 个恰为正品$\}$,有

$$A_q + A_{q+1} + \cdots + A_p = \Omega, \ P(A_k) = \frac{C_n^k C_m^{l-k}}{C_{m+n}^l}.$$

而

$$P(B \mid A_k) = \frac{C_{n-k}^1}{C_{m+n-l}^1} = \frac{n-k}{m+n-l},$$

由全概率公式有

$$P(B) = \sum_{k=q}^{p} P(A_k) P(B \mid A_k) = \frac{n}{m+n}.$$

举例说明:

(1) $n = 3$,$m = 5$,$l = 4$,这时 $k = 0, 1, 2, 3$.

k	0	1	2	3
$P(A_k)$	$C_3^0 C_5^4/C_8^4$	$C_3^1 C_5^3/C_8^4$	$C_3^2 C_5^2/C_8^4$	$C_3^3 C_5^1/C_8^4$
$P(B\mid A_k)$	$\dfrac{3}{4}$	$\dfrac{2}{4}$	$\dfrac{1}{4}$	$\dfrac{0}{4}$

$$P(B) = (15 + 60 + 30 + 0)/(4C_8^4) = \frac{3}{8}.$$

(2) $n=5$, $m=3$, $l=4$, 这时 $k = 1, 2, 3, 4$.

k	1	2	3	4
$P(A_k)$	$C_5^1 C_3^3/C_8^4$	$C_5^2 C_3^2/C_8^4$	$C_5^3 C_3^1/C_8^4$	$C_5^4 C_3^0/C_8^4$
$P(B\mid A_k)$	$\dfrac{4}{4}$	$\dfrac{3}{4}$	$\dfrac{2}{4}$	$\dfrac{1}{4}$

$$P(B) = (20 + 90 + 60 + 5)/(4C_8^4) = \frac{5}{8}.$$

方法 2　利用抓阄问题的讨论,直接得到 $\dfrac{n}{m+n}$.

方法 3　前 $l+1$ 次取到正品的概率减去前 l 次取到正品的概率(有条件限制,有时使用起来不一定方便).

方法 4　(全排列方法)令第 $l+1$ 个位置上为正品,由于有 n 个正品,故有 n 种方法,于是

$$P(B) = \frac{n(m+n-1)!}{(m+n)!} = \frac{n}{m+n}.$$

方法 5　将第 $l+1$ 次看成第 1 次,于是

$$P(B) = \frac{C_n^1}{C_{m+n}^1} = \frac{n}{m+n}.$$

1-3　袋中有 5 个球,其中 1 个是红球,每次取 1 个球,取出后不放回,前 3 次取到红球的概率为_____.

分析　设 $A=\{$前 3 次取到红球$\}$,根据古典概型,有

$$P(A) = \frac{C_1^1 C_4^2}{C_5^3} = \frac{3}{5}.$$

说明　利用这一结论,可以计算第 3 次取到红球的概率:

$$P\{\text{第 3 次取到红球}\} = P\{\text{前 3 次取到红球}\} - P\{\text{前 2 次取到红球}\}$$

$$= \frac{C_1^1 C_4^2}{C_5^3} - \frac{C_1^1 C_4^1}{C_5^2} = \frac{3}{5} - \frac{2}{5} = \frac{1}{5}.$$

注意 这里实际用到了互斥情况下的加法公式.

1-4 设两两相互独立的三事件 A、B、C,满足:$ABC = \varnothing$,$P(A) = P(B) = P(C)$ $< \frac{1}{2}$,并且 $P(A + B + C) = \frac{9}{16}$,求事件 A 的概率.

分析 设 $P(A) = p$. 由于 $ABC = \varnothing$,有 $P(ABC) = 0$,根据三个事件两两独立情况下的加法公式,有

$$P(A + B + C) = P(A) + P(B) + P(C) - P(A)P(B)$$
$$- P(B)P(C) - P(A)P(C) + P(ABC),$$

即

$$3p - 3p^2 + 0 = \frac{9}{16},$$

亦即

$$p^2 - p + \frac{3}{16} = 0,$$

解得

$$p = \frac{1}{4} \text{ 或 } \frac{3}{4} (\text{由题意舍去}).$$

于是

$$P(A) = \frac{1}{4}.$$

说明 (1) 三个事件两两独立,不能推出三个事件相互独立.

(2) 由 $ABC = \varnothing \Rightarrow P(ABC) = 0$,反之不真.

1-5 设 $P(A) > 0$,$P(B) > 0$,证明:

(1) 若 A 与 B 相互独立,则 A 与 B 不互斥;

(2) 若 A 与 B 互斥,则 A 与 B 不相互独立.

分析 (1) 由于事件 A 与 B 相互独立,且 $P(A) > 0$,$P(B) > 0$,因此

$$P(AB) = P(A)P(B) > 0.$$

可见,$AB \neq \varnothing$,即事件 A 与 B 不互斥(相容).

(2) 由于事件 A 与 B 互斥,即 $AB = \varnothing$,因此 $P(AB) = 0$,而 $P(A) > 0$,$P(B) > 0$,故

$$P(AB) \neq P(A)P(B),$$

即事件 A 与 B 不可能相互独立.

说明 (1) 事件之间相互独立,并不意味着它们互斥,反之亦然.

(2) 在 $P(A) > 0$,$P(B) > 0$ 的条件下,两个事件独立与否,是在它们相容情况下讨

论的.

(3) 事件的"互斥"与"相互独立"是没有关系的两个"关系".

1-6　设 A、B 是两个随机事件,且 $0 < P(A) < 1$, $P(B) > 0$, $P(B \mid A) = P(B \mid \overline{A})$,求证:事件 A 与 B 相互独立.

分析　由公式

$$P(B \mid A) = \frac{P(AB)}{P(A)}, \quad P(B \mid \overline{A}) = \frac{P(\overline{A}B)}{P(\overline{A})} = \frac{P(\overline{A}B)}{1 - P(A)},$$

及题设

$$P(B \mid A) = P(B \mid \overline{A}),$$

得

$$\frac{P(AB)}{P(A)} = \frac{P(\overline{A}B)}{1 - P(A)},$$

于是,有

$$P(AB) = P(A)(P(AB) + P(\overline{A}B)) = P(A)P(AB + \overline{A}B) = P(A)P(B),$$

即 A、B 相互独立.

说明　(1) $P(B \mid A) = P(B \mid \overline{A})$ 是 A、B 独立的一个充要条件.

(2) 若此题换成下述选择题:设……,则(　　).

(A) $P(A \mid B) = P(\overline{A} \mid B)$ 　　　　(B) $P(A \mid B) \neq P(\overline{A} \mid B)$

(C) $P(AB) = P(A)P(B)$ 　　　　(D) $P(AB) \neq P(A)P(B)$

时,能否认为(A)与(B),或(C)与(D)之中必有一个成立.

1-7　设两个随机事件 A、B 相互独立,已知仅有 A 发生的概率为 $\frac{1}{4}$,仅有 B 发生的概率为 $\frac{1}{4}$,则 $P(A) = \underline{\qquad}$, $P(B) = \underline{\qquad}$.

分析　**方法 1**　因为 $P(A) > 0$, $P(B) > 0$,且 A 与 B 相互独立,所以 $AB \neq \varnothing$(想一想为什么). 一方面

$$P(A + B) = P(A) + P(B) - P(A)P(B); \tag{1-6}$$

另一方面

$$P(A + B) = P(A\overline{B}) + P(\overline{A}B) + P(A)P(B) = \frac{1}{2} + P(A)P(B). \tag{1-7}$$

由于 $P(A\overline{B}) = P(\overline{A}B)$,有

$$P(A) = P(A\overline{B} + AB) = P(\overline{A}B + AB) = P(B),$$

于是由式(1-6)、式(1-7)有

$$2P(A) - (P(A))^2 = \frac{1}{2} + (P(A))^2,$$

即 $$P(A)-(P(A))^2=\frac{1}{4}, \quad P(A)=\frac{1}{2}, \quad P(B)=\frac{1}{2}.$$

方法 2 因为 A 与 B 相互独立,所以 A 与 $\bar{B}$ 也相互独立. 由于 $P(A\bar{B})=P(\bar{A}B)$,有

$$P(A)=P(B),$$

于是

$$P(A\bar{B})=P(A)P(\bar{B})=P(A)(1-P(B))=P(A)(1-P(A))=\frac{1}{4},$$

因此 $$P(A)=P(B)=\frac{1}{2}.$$

问题 比较上述两种方法,哪个更简单一些,还有没有其他方法?

1-8 设随机事件 A 与 B 的和事件的概率为 0.6,且积事件 $\bar{A}B$ 的概率为 0.3,则事件 $\bar{A}$ 的概率 $P(\bar{A})=$ _____.

分析 因为 $\bar{A}\bar{B}=\overline{A+B}$,所以

$$P(\bar{A}\bar{B})=P(\overline{A+B})=1-P(A+B)=1-0.6=0.4.$$

又因为

$$\bar{A}=\bar{A}\Omega=\bar{A}(B+\bar{B})=\bar{A}B+\bar{A}\bar{B},$$

故 $$P(\bar{A})=P(\bar{A}B+\bar{A}\bar{B})=0.3+0.4=0.7.$$

1-9 甲、乙两封信随机地投入标号是 1、2、3、4、5 的五个信筒内,则第 3 号信筒恰好只投入一封信的概率为 _____.

分析 这是一个古典概型问题,有 $n=5^2$,$m=2\times C_4^1$,因此

$$P(A)=0.32.$$

问题 (1) 如何将信投入信箱转化为在信封上写号问题?

(2) 本题是否可用(有放回)摸球问题来解决?

1-10 袋中有 10 个球,其中有 4 个白球、6 个红球. 从中任取 3 个,求这 3 个球中至少有 1 个是白球的概率.

分析 这一个古典概型问题,样本空间中样本点的总数为 $n=C_{10}^3$.

方法 1 设 $A=\{$至少有 1 个白球$\}$,有

$$P(A)=\frac{C_4^1 C_6^2+C_4^2 C_6^1+C_4^3 C_6^0}{C_{10}^3}=\frac{5}{6}.$$

方法 2 设 $B=\{$取出的全是红球$\}$,有

$$P(A)=1-P(B)=1-\frac{C_6^3 C_4^0}{C_{10}^3}=\frac{5}{6}.$$

方法 3　先从 4 个白球中任取一个,然后再从剩下的 9 个球(有红球又有白球)中任取 2 个,因此

$$P(A) = \frac{C_4^1 C_9^2}{C_{10}^3}.$$

问题　上述三种方法都对吗,为什么?

1-11　从 52 张扑克牌中任取 13 张,求

(1) 至少有两种 4 张同号的概率;

(2) 恰有两种 4 张同号的概率.

分析　设 $A=\{$至少有两种 4 张同号$\}$, $B=\{$恰有两种 4 张同号$\}$. 根据古典概型,样本空间样本点的总数为

$$n = C_{52}^{13}.$$

我们先从 13 个号中任取 2 个(代表两种 4 张同号),再从剩下 $52-8=44$ 中任取 5 张,但这样一来会产生三种 4 张同号重复出现,因此要减去 $2C_{13}^3 C_{40}^1$. 因此

$$m_1 = C_{13}^2 C_{44}^5 - 2C_{13}^3 C_{40}^1,$$

于是

$$P(A) = \frac{m_1}{n} = (C_{13}^2 C_{44}^5 - 2C_{13}^3 C_{40}^1)/C_{52}^{13}.$$

由上面分析,可知

$$P(B) = (C_{13}^2 C_{44}^5 - 3C_{13}^3 C_{40}^1)/C_{52}^{13}.$$

1-12　三只外观相同的钢笔分别属于甲、乙、丙三人. 如今三人各取一只,恰好取到自己的笔的概率是_____;都没有取到自己的笔的概率是_____.

分析　设 $D_1=\{$都取到自己的笔$\}$, $D_2=\{$都没有取到自己的笔$\}$. 这是一个古典概型问题. 我们有

$$n = 3! = 6.$$

每个人恰好取到自己的笔只有 1 种情况,都没有取到自己的笔有 2 种情况,因此 $P(D_1) = \frac{1}{6}$, $P(D_2) = \frac{1}{3}$.

1-13　一批产品共 100 件,对产品进行不放回地抽样检查,整批产品不合格的条件是在被检查的 5 件产品中至少有一件是废品. 如果在该批产品中有 5 件是废品,求该批产品被拒绝接收的概率.

解　设 $A_i=\{$被检查的第 i 件产品是废品$\}$, $i=1,2,3,4,5$; $B=\{$该批产品被拒绝接收$\}$.

方法 1　由于

$$B = A_1 + A_2 + A_3 + A_4 + A_5,$$

于是

$$P(B) = 1 - P(\overline{A_1 + A_2 + A_3 + A_4 + A_5}) = 1 - P(\overline{A}_1 \overline{A}_2 \overline{A}_3 \overline{A}_4 \overline{A}_5)$$

$$= 1 - P(\overline{A}_1) P(\overline{A}_2 \mid \overline{A}_1) P(\overline{A}_3 \mid \overline{A}_1 \overline{A}_2) P(\overline{A}_4 \mid \overline{A}_1 \overline{A}_2 \overline{A}_3) P(\overline{A}_5 \mid \overline{A}_1 \overline{A}_2 \overline{A}_3 \overline{A}_4).$$

而
$$P(\overline{A}_1) = \frac{95}{100}, \ P(\overline{A}_2 \mid \overline{A}_1) = \frac{94}{99}, \ P(\overline{A}_3 \mid \overline{A}_1 \overline{A}_2) = \frac{93}{98},$$

$$P(\overline{A}_4 \mid \overline{A}_1 \overline{A}_2 \overline{A}_3) = \frac{92}{97}, \ P(\overline{A}_5 \mid \overline{A}_1 \overline{A}_2 \overline{A}_3 \overline{A}_4) = \frac{91}{96},$$

因此
$$P(B) = 1 - \frac{95}{100} \times \frac{94}{99} \times \frac{93}{98} \times \frac{92}{97} \times \frac{91}{96} = 0.23.$$

方法 2
$$P(B) = 1 - P(\overline{B}) = 1 - \frac{C_{95}^5}{C_{100}^5} = 0.23.$$

问题 本题中的 100 件是否有用,为什么?

1-14 由以往记录的数据分析,某船只在不同情况下运输某种物品,损坏 2%、10%、90%的概率分别为 0.8、0.15 和 0.05. 现在从中随机地取三件,发现这三件全是好的,试分析这批物品的损坏率为多少?

分析 设

$$B = \{三件都是好的\}, A_1 = \{损坏率为 2\%\},$$

$$A_2 = \{损坏率为 10\%\}, A_3 = \{损坏率为 90\%\},$$

则 A_1、A_2、A_3 两两互斥,且 $A_1 \bigcup A_2 \bigcup A_3 = \Omega$. 已知 $P(A_1) = 0.8$,$P(A_2) = 0.15$,$P(A_3) = 0.05$,且

$$P(B \mid A_1) = 0.98^3, \ P(B \mid A_2) = 0.90^3, \ P(B \mid A_3) = 0.10^3.$$

由全概率公式可知

$$P(B) = \sum_{i=1}^{3} P(B \mid A_i) P(A_i)$$

$$= 0.98^3 \times 0.8 + 0.90^3 \times 0.15 + 0.1^3 \times 0.05$$

$$\approx 0.8624.$$

由贝叶斯公式,这批物品的损坏率为 2%、10%、90%的概率分别是

$$P(A_1 \mid B) = \frac{P(B \mid A_1) P(A_1)}{P(B)} = \frac{0.98^3 \times 0.8}{0.8624} \approx 0.8731,$$

$$P(A_2 \mid B) = \frac{P(B \mid A_2) P(A_2)}{P(B)} = \frac{0.90^3 \times 0.15}{0.8624} \approx 0.1268,$$

$$P(A_3 \mid B) = \frac{P(B \mid A_3) P(A_3)}{P(B)} = \frac{0.1^3 \times 0.05}{0.8624} \approx 0.0001.$$

由于 $P(A_1 \mid B)$ 比 $P(A_2 \mid B)$、$P(A_3 \mid B)$ 大得多,因此可以认为这批货物的损坏率为 2%.

1-15 若有 M 件产品中包括 m 件废品,从中任取 2 件,求

(1) 已知取出两件中有一件次品件条件下,另一件也是次品的概率.

(2) 已知取出两件中有一件不是次品的条件下,另一种是次品的概率.

(3) 取出 2 件中至少有一件是次品的概率.

分析 设 $A_1 = \{$两件中有次品$\}$,$A_2 = \{$两件中有正品$\}$,$B = \{$另一件是次品$\}$,则 $A_1 B = \{$有两件次品$\}$,$A_2 B = \{$一件正品,一件次品$\}$.

(1) $P(B \mid A_1) = P(A_1 B) / P(A_1) = \dfrac{\dfrac{C_m^2}{C_M^2}}{\dfrac{C_m^2 + C_m^1 C_{M-m}^1}{C_M^2}} = \dfrac{m-1}{2M-m-1}.$

(2) $P(B \mid A_2) = P(A_2 B) / P(A_2) = \dfrac{\dfrac{C_m^1 C_{M-m}^1}{C_M^2}}{\dfrac{C_m^1 C_{M-m}^1 + C_{M-m}^2}{C_M^2}} = \dfrac{2m}{M-m-1}.$

(3) $P(A_1) = \dfrac{C_m^2 + C_m^1 C_{M-m}^1}{C_M^2} = \dfrac{m(2M-m-1)}{M(M-1)}.$

1-16 袋中有 15 个小球,其中 7 个是白球,8 个是黑球. 现在从中任取 4 个球,发现它们颜色相同,问它们都是黑色的概率为多少?

分析 这是一个条件概率的问题.

解 设 $A_1 = \{4$ 个球全是黑的$\}$,$A_2 = \{4$ 个球全是白的$\}$,$A = \{4$ 个球颜色相同$\}$.

使用古典概型,有 $P(A_1) = C_8^4 / C_{15}^4$,$P(A_2) = C_7^4 / C_{15}^4$. 而 $A = A_1 \bigcup A_2$ 且 $A_1 A_2 = \varnothing$,得

$$P(A) = P(A_1) + P(A_2) = \frac{C_8^4 + C_7^4}{C_{15}^4}.$$

所以概率是在 4 个球的颜色相同的条件下它们都是黑球的条件概率,即 $P(A_1 \mid A)$. 注意到 $A_1 \subset A$,$A_1 A = A_1$,有

$$P(A_1 \mid A) = \frac{P(A_1 A)}{P(A)} = \frac{P(A_1)}{P(A)} = \frac{C_8^4}{C_8^4 + C_7^4} = \frac{2}{3}.$$

说明 条件概率的三个来源:①题目给出;②改变样本空间后用古典概型等方法算出;③利用公式计算.

1-17 某班车起点站上车人数是随机的,每位乘客在中途下车的概率为 0.3,并且他

们下车与否相互独立. 求在发车时有 10 个乘客的条件下,中途有 3 个人下车的概率.

分析　这是一个条件概率的问题. 设 $A=\{$发车时有 10 个乘客上车$\}$,$B=\{$中途有 3 个人下车$\}$,则

$$P(B \mid A) = C_{10}^3 (0.3)^3 (0.7)^7.$$

1-18　设有甲、乙两个口袋,甲袋中有 9 个白球、1 个黑球,乙袋中有 10 个白球. 现从两个口袋中各任取一球,交换后放回袋中,求交换三次后,黑球在乙袋中的概率.

分析　第一次交换时,只有两种情况发生,一是从甲袋中取出的是黑球,交换后放在乙袋中,这时甲袋中全是白球,而黑球在乙袋中;二是从甲袋中取出的是白球,交换后,放在乙袋中,这时两袋球的颜色没改变,交换三次后,若要黑球在乙袋中,黑球交换的次数为 1 或 3 次.

设

$$X_i = \begin{cases} 1, & \text{交换时黑球出现}, \\ 0, & \text{交换时黑球没出现}, \end{cases} \quad i = 1, 2, 3.$$

我们有

$$P(X_i = 1) = 0.1, \ P(X_i = 0) = 0.9.$$

于是交换三次后,(X_1, X_2, X_3) 共有 $(0, 0, 0)$、$(1, 0, 0)$、$(0, 1, 0)$、$(0, 0, 1)$、$(1, 1, 0)$、$(1, 0, 1)$、$(0, 1, 1)$、$(1, 1, 1)$ 八种情况出现,并且

$$P(X_1 = 0, X_2 = 0, X_3 = 0) = P(X_1 = 0)P(X_2 = 0)P(X_3 = 0) = 0.9^3,$$
$$P(1, 0, 0) = P(0, 1, 0) = P(0, 0, 1) = 0.1 \times 0.9^2,$$
$$P(1, 1, 0) = P(1, 0, 1) = P(0, 1, 1) = 0.1^2 \times 0.9,$$
$$P(1, 1, 1) = 0.1^3,$$

因此

$$P(\text{交换三次后,黑球在乙袋})$$
$$= P(1, 0, 0) + P(0, 1, 0) + P(0, 0, 1) + P(1, 1, 1)$$
$$= 3 \times 0.1 \times 0.9^2 + 0.1^3 = 0.244.$$

1-19　在对某厂的产品进行重复抽样检查时,从抽取的 200 件中发现有 4 件次品,问能否相信该厂产品的次品率不超过 0.005?

分析　如果该厂产品的次品率为 0.005,由二项概型可知,这 200 件样品中出现大于或等于 4 件次品的概率为

$$P_{200}(\mu \geqslant 4) = 1 - P_{200}(\mu < 4)$$
$$= 1 - \sum_{k=0}^{3} C_{200}^k (0.005)^k (1 - 0.005)^{200-k}$$
$$\approx 0.0190.$$

而当次品率小于 0.005 时,这个概率还要小. 这说明在我们进行的一次抽取(一共抽取 200 个样品)的试验中,一个小概率的事件竟发生了. 因此,我们可以说该厂产品的次品率不超过 0.005 是不可信的.

问题 (1) 如何理解题目中"发现"二字?

(2) 能否直接根据 $\dfrac{4}{200}>0.005$ 判断该厂产品次品率大于 0.005?

1-20 在第一个箱中有 10 个球,其中 8 个是白球;在第二个箱中有 20 个球,其中 4 个是白球. 现从每个箱中任取一球,然后从这两球中任取一球,求取到球是白球的概率.

分析 方法 1 设 $C=\{$取到白球$\}$;$A_i=\{$从第 i 个箱中取到白球$\}(i=1,2)$. 于是,我们有:

$B_0=\{$取到的两个球全为黑球$\}=\bar{A}_1\bar{A}_2$,

$P(B_0)=(2/10)\times(16/20)=4/25$.

$B_1=\{$取到的两个球中从第一个箱中取到的是白球从第二箱中取到的是黑球$\}=A_1\bar{A}_2$,

$P(B_1)=(8/10)\times(16/20)=16/25$.

$B_2=\{$取到的两个球中从第一个箱中取到的是黑球从第二箱中取到的是白球$\}=\bar{A}_1A_2$,

$P(B_2)=(2/10)\times(4/20)=1/25$.

$B_3=\{$取到的两个球全为白球$\}=A_1A_2$,

$P(B_3)=(8/10)\times(4/20)=4/25$.

又因为

$$P(C\mid B_0)=0,\ P(C\mid B_1)=1/2,\ P(C\mid B_2)=1/2,\ P(C\mid B_3)=1,$$

所以

$$P(C)=0\times(4/25)+(1/2)\times(16/25)+(1/2)\times(1/25)+1\times(4/25)=1/2.$$

方法 2 设 $A_i=\{$已取出的球来自第 i 个箱$\}(i=1,2)$,则

$$P(A_i)=1/2(i=1,2).$$

又设 $B=\{$取到白球$\}$,则

$$P(B\mid A_1)=8/10,\ P(B\mid A_2)=4/20.$$

于是有

$$P(B)=P(A_1)P(B\mid A_1)+P(A_2)P(B\mid A_2)$$
$$=(1/2)\times(8/10)+(1/2)\times(4/20)=1/2.$$

问题 两批货物各 10 件,在运输过程中每批会损坏 1 件. 设第一批货物中有 1 件次品,第二批货物中有 2 件次品. 全部到达后从未损坏的货物中任取 1 件,求该件产品是正

品的概率.

请读者仿照 1-20 题用两种方法完成此题.答案是:0.85.

四、练习题与答案

(一) 练习题

1. 有 5 个队伍参加了甲 A 联赛,两两之间进行循环赛两场,没有平局,试问总共输的场次是多少?

2. 到美利坚去,既可以乘飞机,也可以坐轮船,其中飞机有战斗机和民航,轮船有小鹰号和 Titanic 号,请问有多少种走法?

3. 到美利坚去,先乘飞机,后坐轮船,其中飞机有战斗机和民航,轮船有小鹰号和 Titanic 号,请问有多少种走法?

4. 10 人中有 6 人是男性,请问组成 4 人组,三男一女的组合数是多少?

5. 两线段 MN 和 PQ 不相交,线段 MN 上有 6 个点 A_1,$A_2\cdots$,A_6,线段 PQ 上有 7 个点 B_1,B_2,$\cdots$,B_7.若将每一个 A_i 和每一个 B_j 连成不作延长的线段 A_iB_j($i=1,2,\cdots$ 6;$j=1,2,\cdots,7$),则由这些线段 A_iB_j 相交而得到的交点(不包括 $A_1\cdots$,A_6,$B_1\cdots$,B_7 这 13 个点)最多有( ).

(A) 315 个   (B) 316 个   (C) 317 个   (D) 318 个

6. 3 封不同的信,有 4 个信箱可供投递,请问:共有多少种投信的方法?

7. 某市共有 10000 辆自行车,其牌照号码从 00001 到 10000,求有数字 8 的牌照号码的个数.

8. 一袋中有 3 个白球,2 个黑球,每次从袋中各取一球,有放回的取出两次,请问:这两次中,至少有一个白球的种数为多少?

9. 一袋中有 3 个白球,2 个黑球,先后取球两次,每次取一球,不放回,请问:这两次取出的球中至少有一个白球的种数是多少?

10. 一袋中有 3 个白球,2 个黑球,从中任取 2 个球,请问:这两个球中至少有一个白球的种数是多少?

11. 化简:$(A+B)(A+\bar B)(\bar A+B)$.

12. 求 $\overline{(A\bigcup B)}C=(\overline{AC})\bigcup(\overline{BC})$ 成立的充分条件.

13. 一袋中有 3 个白球,2 个黑球,先后取 2 球,有放回的每次取 1 球,求取出的 2 球中,至少一个白球的概率.

14. 一袋中有 3 个白球,2 个黑球,先后取 2 球,不放回的每次取 1 球,求取出的 2 球中,至少一个白球的概率.

15. 一袋中有 3 个白球,2 个黑球,任取 2 球,求取出的 2 球中至少一个白球的概率.

16. 袋中装有 α 个白球及 β 个黑球.

(1) 从袋中任取 $a+b$ 个球,试求其中含 a 个白球,b 个黑球的概率($a\leqslant\alpha$,$b\leqslant\beta$);

（2）从袋中任意地接连取出 $k+1(k+1 \leqslant \alpha+\beta)$ 个球,如果取出后不放回,试求最后取出的是白球的概率;

（3）上两题改成"放回".

17. 从 6 双不同的手套中任取 4 只,求其中恰有一双配对的概率.

18. 有 5 个白色珠子和 4 个黑色珠子,从中任取 3 个,求其中至少有 1 个是黑色的概率.

19. 设 O 为正方形 $ABCD$［坐标为 $(1, 1)$、$(1, -1)$、$(-1, 1)$、$(-1, -1)$］中的一点,求其落在 $x^2 + y^2 \leqslant 1$ 的概率.

20. 某市共有 10 000 辆自行车,其牌照号码从 00001 到 10 000,求偶然遇到的一辆自行车,其牌照号码中有数字 8 的概率.

21. 一只袋中装有五只乒乓球,其中三只白色,两只红色. 现从袋中取球两次,每次一只,取出后不再放回. 试求:(1)两只球都是白色的概率;(2)两只球颜色不同的概率;(3)至少有一只白球的概率.

22. 5 把钥匙,只有一把能打开,如果某次打不开就扔掉,问以下事件的概率?

(1)第一次打开;(2)第二次打开;(3)第三次打开.

23. 某工厂生产的产品以 100 件为一批,假定每一批产品中的次品最多不超过 3 件,并具有如下的概率:

一批产品中的次品数	0	1	2	3
概率	0.1	0.2	0.3	0.4

现在进行抽样检验,从每批中抽取 10 件来检验,如果发现其中有次品,那么认为该批产品是不合格的,求一批产品通过检验的概率.

24. 某工厂生产的产品以 100 件为一批,假定每一批产品中的次品最多不超过 3 件,并具有如下的概率:

一批产品中的次品数	0	1	2	3
概率	0.1	0.2	0.3	0.4

现在进行抽样检验,从每批中抽取 10 件来检验,如果发现其中有次品,那么认为该批产品是不合格的,求通过检验的一批产品中,恰有 $i(i=0, 1, 2, 3)$ 件次品的概率.

25. 求 A、B、C 相互独立的充分条件(用下面的(1)、(2)表示).

(1) A、B、C 两两独立;　　　(2) A 与 BC 独立.

26. 甲、乙两个射手彼此独立地射击同一目标各一次,甲射中的概率为 0.9,乙射中的概率为 0.8,求目标被射中的概率.

27. 有三个臭皮匠独立地解决一个问题,成功解决的概率分别为 0.45、0.55、0.60,

问解决该问题的能力是否赶上诸葛亮(成功概率为 0.9)?

28. 假设实验室器皿中产生 A 类细菌与 B 类细菌的机会相等,且每个细菌的产生是相互独立的,若某次发现产生了 n 个细菌,则其中至少有一个 A 类细菌的概率是_____.

29. 有 4 组人,每组一男一女,从每组各取一人,问取出两男两女的概率是多少?

30. 进行一系列独立的试验,若每次试验成功的概率为 p,则在成功 2 次之前已经失败 3 次的概率为( ).

(A) $4p^2(1-p)^3$　　　　　(B) $4p(1-p)^3$　　　　　(C) $10p^2(1-p)^3$

(D) $p^2(1-p)^3$　　　　　(E) $(1-p)^3$

31. 求 $(A\cup B)-C=(A-C)\cup B$ 成立的充分条件(用下面的(1)、(2)表示).

(1) $A\cap B=\varnothing$;(2) $\overline{A}\cap C=\varnothing$.

32. 设 A、B、C 为随机事件,"A 发生必导致 B、C 同时发生"成立的充分条件(用下面的(1)、(2)表示).

(1) $A\cap B\cap C=A$;(2) $A\cup B\cup C=A$.

33. 设 A、B 是任意两个随机事件,则 $P\{(\overline{A}+B)(A+B)(\overline{A}+\overline{B})(A+\overline{B})\}=$_____.

34. 假设事件 A 和 B 满足 $P(B|A)=1$,则( ).

(A) A 是必然事件.　　　　　(B) $A\supset B$.

(C) $A\subset B$.　　　　　(D) $P(A\overline{B})=0$.

35. 有两组数,都是$\{1,2,3,4,5,6\}$,分别任意取出一个,求其中一个比另一个大 2 的概率.

36. 从 52 张扑克牌中任取 5 张牌,分别求出现一对、两对、同花顺的概率.

37. 设有 n 个质点,每个以相同的概率落入 N 个盒子中.设 $A=\{$指定的 n 个盒子中各有 1 个质点$\}$,对以下两种情况,试求事件 A 的概率.

(1)(麦克斯威尔-波尔茨曼统计)假定 N 个质点是可以分辨的,还假定每个盒子能容纳的质点数不限;

(2)(费米-爱因斯坦统计)假定 n 个质点是不可分辨的,还假定每个盒子至多只能容纳一个质点;

38. 从 0 到 9 这 10 个数中任取一个数并且记下它的值,放回,再取一个数也记下它的值.当两个值的和为 8 时,求出现 5 的概率.

39. 一个家庭有两个孩子,已知至少一个是男孩,求另一个也是男孩的概率.

40. 在盛有 10 只螺母的盒子中有 0 只、1 只、2 只……10 只铜螺母是等可能的,今向盒中放入一个铜螺母,然后随机从盒中取出一个螺母,则这个螺母为铜螺母的概率是( ).

(A) 6/11　　　　　(B) 5/10　　　　　(C) 5/11　　　　　(D) 4/11

41. 有 5 件产品,次品的比例为 20%,从中抽查 2 件产品,没有次品则认为合格,问合格的概率是多少?

42. 有 5 件产品,每件产品的次品率为 20%,从中抽查 2 件产品,没有次品则认为合格,问合格的概率是多少?

43. 发报台以概率 0.6 和 0.4 发出信号"·"和"—",由于通信系统存在随机干扰,当发出信号为"·"和"—"时,收报台分别以概率 0.2 和 0.1 收到信号"—"和"·".求收报台收到信号"·"时,发报台确实发出信号"·"的概率.

44. 袋中有 100 个球,其中有 40 个白球,60 个红球,先后不放回取 2 次,求第 2 次取到白球的概率.

45. 设有来自三个地区的各 10 名、15 名和 25 名考生的报名表,其中女生的报名表分别为 3 份、7 份和 5 份.随机地取一个地区的报名表,从中先后抽出两份.

(1) 求先抽到的一份是女生表的概率 p;

(2) 已知后抽到的一份是男生表,求先抽到的一份是女生表的概率 q.

46. 对于任意两个事件 A 和 B,有(　　).

(A) 若 $AB \neq \varnothing$,则 A、B 一定独立.

(B) 若 $AB \neq \varnothing$,则 A、B 有可能独立.

(C) 若 $AB = \varnothing$,则 A、B 一定独立.

(D) 若 $AB = \varnothing$,则 A、B 一定不独立.

47. "设 A、B、C 为随机事件,$A-B$ 与 C 独立"的充分条件是 _____(用下面的两个条件表示).

(1) A、B、C 两两独立　　(2) $P(ABC) = P(A)P(B)P(C)$

48. 设 A、B、C 是三个相互独立的随机事件,且 $0 < P(C) < 1$,则在下列给定的四对事件中不相互独立的是(　　).

(A) $\overline{A+B}$ 与 C　　　　(B) $\overline{AC}$ 与 $\overline{C}$　　　　(C) $\overline{A-B}$ 与 $\overline{C}$　　　　(D) $\overline{AB}$ 与 $\overline{C}$

49. 将一枚硬币独立地掷两次,引进事件:$A_1 = \{$掷第一次出现正面$\}$,$A_2 = \{$掷第二次出现正面$\}$,$A_3 = \{$正、反面各出现一次$\}$,$A_4 = \{$正面出现两次$\}$,则事件(　　).

(A) A_1、A_2、A_3 相互独立.　　　　　　(B) A_2、A_3、A_4 相互独立.

(C) A_1、A_2、A_3 两两独立.　　　　　　(D) A_2、A_3、A_4 两两独立.

50. 某种硬币每抛一次正面朝上的概率为 0.6,问连续抛 5 次,至少有 4 次朝上的概率.

51. 设 A、B 为两个随机事件,A 发生的概率是 0.6,B 发生的概率是 0.5,求 A、B 都不发生的最大概率.

52. 两只一模一样的铁罐里都装有大量的红球和黑球,其中一罐(取名"甲罐")内的红球数与黑球数之比为 2∶1,另一罐(取名"乙罐")内的黑球数与红球数之比为 2∶1.今任取一罐并从中取出 50 只球,查得其中有 30 只红球和 20 只黑球,则该罐为"甲罐"的概率是该罐为"乙罐"的概率的(   ).

(A) 154 倍　　　(B) 254 倍　　　(C) 798 倍　　　(D) 1024 倍

(二) 答案

1. $2C_5^2$　**2.** 4　**3.** 4　**4.** $C_6^3C_4^1$　**5.** A　**6.** 4^3　**7.** 10^4-9^4　**8.** 21　**9.** 18　**10.** 9

11. AB　**12.** $C \subset \bar{A}\bar{B}$　**13.** $\dfrac{21}{25}$　**14.** $\dfrac{9}{10}$　**15.** $\dfrac{9}{10}$　**16.** (1) $\dfrac{C_\alpha^a C_\beta^b}{C_{\alpha+\beta}^{a+b}}$;　(2) $\dfrac{\alpha}{\alpha+\beta}$;

(3) $C_{a+b}^a \left(\dfrac{\alpha}{\alpha+\beta}\right)^a \left(\dfrac{\beta}{\alpha+\beta}\right)^b$, $\dfrac{\alpha}{\alpha+\beta}$　**17.** $\dfrac{C_6^1 \cdot C_5^2 (C_2^1)^2}{C_{12}^4}$(或$\dfrac{16}{33}$)　**18.** $1-\dfrac{C_5^3}{C_9^3}$(或$\dfrac{37}{42}$)

19. $\dfrac{\pi}{4}$　**20.** $1-\left(\dfrac{9}{10}\right)^4$　**21.** (1) $\dfrac{3}{10}$;　(2) $\dfrac{3}{5}$;　(3) $\dfrac{9}{10}$　**22.** (1) $\dfrac{1}{5}$;　(2) $\dfrac{1}{5}$;　(3) $\dfrac{1}{5}$

23. 0.8　**24.** 0.12、0.22、0.3、0.36　**25.** (1)且(2)　**26.** 0.98　**27.** 能够　**28.** $1-\left(\dfrac{1}{2}\right)^n$

29. $\left(\dfrac{1}{2}\right)^4 C_4^2$(或$\dfrac{3}{8}$)　**30.** A　**31.** (1)且(2)　**32.** (1)　**33.** 0　**34.** D　**35.** $\dfrac{2}{9}$

36. 0.423、0.0475、1.4×10^{-5}　**37.** (1) $\dfrac{n!}{N^n}$;　(2) $\dfrac{1}{C_N^n}$　**38.** $\dfrac{2}{9}$　**39.** $\dfrac{1}{3}$　**40.** A　**41.** 0.6

42. 0.78　**43.** 0.923　**44.** $\dfrac{4}{10}$　**45.** (1) $\dfrac{29}{90}$;　(2) $\dfrac{20}{61}$　**46.** B　**47.** (1)且(2)　**48.** B　**49.** C

50. $0.6^5+0.6^4 \cdot 0.4 \cdot C_5^4$　**51.** 0.4　**52.** D

五、历年考研真题解析

1. (2006)设 A、B 为随机事件,且 $P(B)>0$, $P(A \mid B)=1$,则必有(   ).

(A) $P(A \bigcup B)>P(A)$ 　　　　　　(B) $P(A \bigcup B)>P(B)$

(C) $P(A \bigcup B)=P(A)$ 　　　　　　(D) $P(A \bigcup B)=P(B)$

分析　由加法和乘法公式有：$P(AB)=P(B)P(A \mid B)=P(B)$,所以

$$P(A \bigcup B)=P(A)+P(B)-P(AB)=P(A);$$

故选(C).

2. (2007)某人向同一目标独立重复射击,每次射击命中目标的概率为 $p(0<p<1)$,则此人第 4 次射击恰好第 2 次命中目标的概率为(   ).

(A) $3p(1-p)^2$ 　(B) $6p(1-p)^2$ 　(C) $3p^2(1-p)^2$ 　(D) $6p^2(1-p)^2$

分析　第 4 次一定要命中,则对前 3 次使用伯努利概型：$C_3^1 p(1-p)^2$,加上第 4 次命中,概率为 $C_3^1 p(1-p)^2 \cdot p=3p^2(1-p)^2$. 故选(C).

3. (2009)设事件 A 与事件 B 互不相容,则(   ).

(A) $P(\overline{AB})=0$ 　　　　　　　(B) $P(AB)=P(A)P(B)$

(C) $P(A)=1-P(B)$ 　　　　　　　(D) $P(\bar{A} \bigcup \bar{B})=1$

分析　因为 A、B 互不相容，所以 $P(AB)=0$. $P(\overline{A}\,\overline{B})=P(\overline{A\bigcup B})=1-P(A\bigcup B)$，因为 $P(A\bigcup B)$ 不一定等于 1，所以(A) 不正确；当 $P(A)$、$P(B)$ 不为 0 时，(B) 不成立；(C) 只有当 A、B 互为对立事件的时候才成立，故排除；而 $P(\overline{A}\bigcup\overline{B})=P(\overline{AB})=1-P(AB)=1$，故(D) 正确.

4. (2011)设随机事件 A、B 满足 $A\subset B$ 且 $0<P(A)<1$，则必有(　　).

(A) $P(A)\geqslant P(A|A\bigcup B)$　　　　　　(B) $P(A)\leqslant P(A|A\bigcup B)$

(C) $P(B)\geqslant P(B|A)$　　　　　　　　　(D) $P(B)\leqslant P(B|\overline{A})$

分析　因为 $A\subset B$，$0<P(A)<1$，有 $0<P(A)\leqslant P(B)<1$，$A\bigcup B=B$，$AB=A$，故 $P(A|A\bigcup B)=P(A|B)=\dfrac{P(AB)}{P(B)}=\dfrac{P(A)}{P(B)}\geqslant P(A)$，故选(B).

5. (2005)从数 1、2、3、4 中任意取一个数，记为 X，再从 $1,\cdots,X$ 只能任取一个数，记为 Y，则 $P\{Y=2\}=$ _____.

分析
$$P\{Y=2\}=P\{X=1\}P\{Y=2|X=1\}+P\{X=2\}P\{Y=2|X=2\}$$
$$+P\{X=3\}P\{Y=2|X=3\}+P\{X=4\}P\{Y=2|X=4\}$$
$$=\frac{1}{4}\times\left(0+\frac{1}{2}+\frac{1}{3}+\frac{1}{4}\right)=\frac{13}{48}.$$

第 2 章　随机变量及其概率分布

一、学习要求

1. 理解随机变量的概念.

2. 理解随机变量分布函数的概念及性质,理解离散型随机变量的分布律及其性质,理解连续型随机变量的概率密度及其性质,会应用概率分布计算有关事件的概率.

3. 掌握(0-1)分布、二项分布、泊松分布、正态分布、均匀分布和指数分布.

4. 会求简单随机变量函数的概率分布.

二、概念网络图

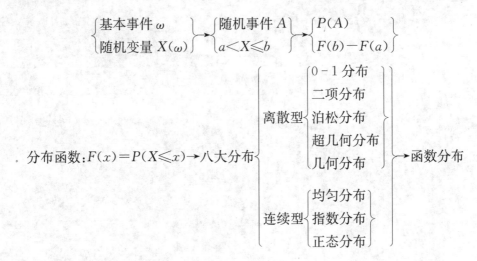

三、重要概念、定理结合范例分析

(一) 随机变量的概念及分类

1. 定义

在条件 S 下,随机试验的每一个可能的结果 ω 都用一个实数 $X = X(\omega)$ 来表示,且实数 X 满足:

(1) X 是由 ω 唯一确定;

(2) 对于任意给定的实数 x,事件 $\{X \leqslant x\}$ 都是有概率的,则称 X 为一**随机变量**. 一般用英文大写字母 X、Y、Z 等表示.

问题 (1) X 由 ω 唯一确定,说明实值函数 $X=X(\omega)$ 满足什么性质?

(2) 为什么要规定事件 $\{X \leqslant x\}$ 是有概率的? 可否改成 $\{X < x\}$?

2. 分类

$$\text{随机变量 } X \begin{cases} \text{离散型:取值至多可列个} \\ \text{非离散型} \begin{cases} \text{连续型} \\ \text{其他} \end{cases} \end{cases}$$

3. 分布

(1) 离散型随机变量的分布形式

（Ⅰ）分布律

$$P(X = x_k) = p_k, \ k = 1, 2, \cdots,$$

即 X 的概率分布是由公式的形式给出.

（Ⅱ）分布列

X	x_1	x_2	$\cdots$	x_k	$\cdots$
$P(X=x_k)$	p_1	p_2	$\cdots$	p_k	$\cdots$

即 X 的概率分布是由列表的形式给出.

（Ⅲ）分布阵

$$\begin{bmatrix} x_1 & x_2 & \cdots & x_k & \cdots \\ p_1 & p_2 & \cdots & p_k & \cdots \end{bmatrix},$$

即 X 的概率分布是由矩阵的形式给出的.

这里 p_k 有下列性质：

① $p_k \geqslant 0, \ k = 1, 2, \cdots$;

② $\sum_{k=1}^{\infty} p_k = 1.$

一般来说,对于实数集 $\mathbf{R}$ 中任一个区间 D,都有

$$P(X \in D) = \sum_{x_i \in D} P(X = x_i).$$

例 1 掷两枚匀称的骰子, $X = \{点数之和\}$,求 X 的分布.

答案是: $X \sim \begin{bmatrix} 2 & 3 & \cdots & 12 \\ 1/36 & 2/36 & \cdots & 1/36 \end{bmatrix}.$

问题 例 1 中 X 的分布律如何确定？

(2) 连续型随机变量的分布形式

连续型随机变量 X 的分布密度函数 $f(x)$ 有下列性质：

① $f(x) \geqslant 0, \ -\infty < x < +\infty$;

② $\int_{-\infty}^{+\infty} f(x) \mathrm{d}x = P\{-\infty < x < +\infty\} = P(\Omega) = 1.$

与离散型随机变量类似,对于实数集 $\mathbf{R}$ 中任一区间 D,事件 $(X \in D)$ 的概率都可以由分布密度算出：

$$P(X \in D) = \int_D f(x) \mathrm{d}x,$$

其中 $f(x)$ 为一可求积函数.

例 2　设 $f(x) = \begin{cases} \dfrac{1}{1+x^2}, & x > 0, \\ 0, & x \leqslant 0, \end{cases}$　$f(x)$ 是否为分布密度函数？如何改造？

解　由于

$$\int_{-\infty}^{+\infty} f(x)\,\mathrm{d}x = \frac{\pi}{2},$$

所以 $f(x)$ 不是分布密度函数. 令

$$p(x) = \frac{2}{\pi} f(x) = \begin{cases} \dfrac{2}{\pi} \cdot \dfrac{1}{1+x^2}, & x > 0, \\ 0, & x \leqslant 0. \end{cases}$$

则 $p(x)$ 是分布密度函数.

例 3　设随机变量 X 的分布密度函数为

$$f(x) = \begin{cases} Cx, & 0 \leqslant x \leqslant 1, \\ 0, & \text{其他.} \end{cases}$$

求 (1) 常数 C；(2) $P(0.3 \leqslant X \leqslant 0.7)$；(3) $P(-0.5 \leqslant X < 0.5)$.

解　(1) 由 $f(x)$ 的性质，有

$$1 = \int_{-\infty}^{+\infty} f(x)\,\mathrm{d}x = \int_0^1 Cx\,\mathrm{d}x = C \cdot \frac{x^2}{2} \Big|_0^1 = \frac{1}{2}C,$$

所以 $C = 2$.

(2) $P(0.3 \leqslant X \leqslant 0.7) = \int_{0.3}^{0.7} 2x\,\mathrm{d}x = x^2 \big|_{0.3}^{0.7} = 0.4$.

(3) $P(-0.5 \leqslant X \leqslant 0.5) = \int_{-0.5}^{0} 0\,\mathrm{d}x + \int_0^{0.5} 2x\,\mathrm{d}x = x^2 \big|_0^{0.5} = 0.25$.

问题　若连续型随机变量 X 的分布密度函数 $f(x)$ 为不可求积函数，如何计算 $P(X \in D)$ 呢？

(3) 一般的随机变量的分布形式

一般的随机变量 X 的分布函数

$$F(x) = P(X \leqslant x) = \begin{cases} \displaystyle\sum_{x_i \leqslant x} P(X = x_i), & X \text{ 为离散型随机变量,} \\ \displaystyle\int_{-\infty}^{x} f(t)\,\mathrm{d}t, & X \text{ 为连续型随机变量，并且 } f(x) \text{ 可求积.} \end{cases}$$

分布函数是一个以全体实数为其定义域，以事件 $\{\omega \mid -\infty < X(\omega) \leqslant x\}$ 的概率为函数值的一个实值函数. 分布函数 $F(x)$ 具有以下的基本性质：

① $0 \leqslant F(x) \leqslant 1$;

② $F(x)$ 是非减函数;

③ $F(x)$ 是右连续的;

④ $\lim\limits_{x \to -\infty} F(x) = 0$, $\lim\limits_{x \to +\infty} F(x) = 1$.

例 4　从一批有 13 个正品和 2 个次品的产品中任意取 3 个,求抽得的次品数 X 的分布列和分布函数,并求 $P\left(\dfrac{1}{2} < X \leqslant \dfrac{5}{2}\right)$.

解　先求 X 的分布列,X 的所有可能取值为 0、1、2,由古典概型的概率计算公式知

$$P(X=0) = \frac{C_{13}^3}{C_{15}^3} = \frac{22}{35}, \ P(X=1) = \frac{C_2^1 C_{13}^2}{C_{15}^3} = \frac{12}{35}, \ P(X=2) = \frac{C_2^2 C_{13}^1}{C_{15}^3} = \frac{1}{35}.$$

故 X 的分布列为

x_i	0	1	2
p_i	$\dfrac{22}{35}$	$\dfrac{12}{35}$	$\dfrac{1}{35}$

为了求 X 的分布函数 $F(x)$,我们将 $(-\infty, +\infty)$ 分成 $(-\infty, 0)$、$[0, 1)$、$[1, 2)$、$[2, +\infty)$ 四个区间.

当 $x < 0$ 时,$F(x) = P(X \leqslant x) = 0$.

当 $0 \leqslant x < 1$ 时,$F(x) = P(X=0) = \dfrac{22}{35}$.

当 $1 \leqslant x < 2$ 时,$F(x) = P(X=0) + P(X=1) = \dfrac{34}{35}$.

当 $x \geqslant 2$ 时,$F(x) = P(X=0) + P(X=1) + P(X=2) = 1$.

综上有 X 的分布函数为

$$F(x) = \begin{cases} 0, & x < 0, \\ \dfrac{22}{35}, & 0 \leqslant x < 1, \\ \dfrac{34}{35}, & 1 \leqslant x < 2, \\ 1, & x \geqslant 2. \end{cases}$$

由分布函数可求出

$$P\left(\frac{1}{2} < X \leqslant \frac{5}{2}\right) = F\left(\frac{5}{2}\right) - F\left(\frac{1}{2}\right) = 1 - \frac{22}{35} = \frac{13}{35}.$$

例 5　设连续型随机变量 X 的分布函数

$$F(x) = \begin{cases} A + Be^{-\frac{x^2}{2}}, & x > 0, \\ 0, & x \leqslant 0, \end{cases}$$

求系数 A 和 B.

解   由 $\lim\limits_{x \to +\infty} F(x) = 1$, 知 $A = 1$. 再由 $F(x)$ 在 $x = 0$ 处的连续性可知

$$0 = \lim_{x \to 0} F(x) = \lim_{x \to 0 + 0} (A + Be^{-\frac{x^2}{2}}) = A + B,$$

故 $B = -A = -1.$

例 6   设连续型随机变量 X 的分布函数为

$$F(x) = \frac{A}{1 + e^{-x}}, \quad -\infty < x < +\infty,$$

求 (1) 常数 A;(2)X 的分布密度函数 $f(x)$;(3) $P(X \leqslant 0)$.

答案是:(1) $A = 1$. (2) $f(x) = \dfrac{e^{-x}}{(1 + e^{-x})^2}$, $-\infty < x < +\infty$. (3) $P(X \leqslant 0) = F(0) = \dfrac{1}{2}$.

问题   (1) 离散型随机变量的概率分布与分布函数之间有什么关系?

(2) 连续型随机变量的概率分布密度与分布函数之间有什么关系?

(3) 如何利用分布函数计算 $P(X \in D)$,其中 $D = (a, b]$?

(4) 如何确定分布函数中的待定常数?

例 7   设 X 服从指数分布,则 $Y = \min\{X, 2\}$ 的分布函数(   ).

(A) 连续   (B) 至少有两个间断点

(C) 阶梯函数   (D) 恰有一个间断点

答案是:D.

分析   **方法 1**   由题设可知 $X \sim E(\lambda)$, 有

$$f(x) = \begin{cases} \lambda e^{-\lambda x}, & x > 0, \\ 0, & x \leqslant 0. \end{cases}$$

令 $X_1 = X$, $X_2 = 2$, 则

$$F_1(x) = \begin{cases} 0, & x \leqslant 0, \\ 1 - e^{-\lambda x}, & x > 0; \end{cases} \qquad F_2(x) = \begin{cases} 0, & x < 2, \\ 1, & x \geqslant 2. \end{cases}$$

于是,$Y = \min\{X, 2\} = \min\{X_1, X_2\}$ 的分布函数为

$$F(y) = 1 - [1 - F_1(y)][1 - F_2(y)]$$

$$= \begin{cases} 0, & y \leqslant 0, \\ 1 - e^{-\lambda y}, & 0 < y < 2, \\ 1, & y \geqslant 2. \end{cases}$$

可见它只有一个间断点 $y = 2$.

方法 2　从图 2 - 1 中,容易看出它只有一个间断点 $y = 2$.

问题　(1) 例 7 中的 X 与 Y 都是连续型吗? 为什么?

(2) 如何判断非离散型中的其他类型的随机变量?

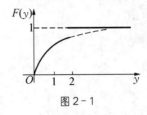

图 2 - 1

(二) 常见分布

1. 几种常见的离散型随机变量的概率分布

(1) 0 - 1 分布

设随机变量 X 的分布为

$$P(X = 1) = p, \, P(X = 0) = 1 - p, \, 0 < p < 1,$$

则称 X 服从参数为 p 的 0 - 1 分布,记为 $X \sim B(1, p)$.

(2) 二项分布

设随机变量 X 的分布为

$$P(X = k) = C_n^k p^k q^{n-k} (k = 0, 1, 2, \cdots, n; \, 0 < p < 1, \, q = 1 - p),$$

则称 X 服从参数为 n、p 的二项分布,记为 $X \sim B(n, p)$.

(3) 几何分布

设随机变量 X 的分布为

$$P(X = k) = pq^{k-1} (k = 1, 2, \cdots, n, \cdots; \, 0 < p < 1, \, q = 1 - p),$$

则称 X 服从参数为 p 的几何分布,记为 $X \sim G(p)$.

(4) 泊松(Poisson)分布

设随机变量 X 的分布为

$$P(X = k) = \frac{\lambda^k}{k!} e^{-\lambda} (k = 0, 1, 2, \cdots, n, \cdots; \lambda > 0),$$

则称 X 服从参数为 λ 的泊松分布,记为 $X \sim P(\lambda)$.

(5) 超几何分布

设随机变量 X 的分布为

$$P\{X = k\} = \frac{C_M^k C_{N-M}^{n-k}}{C_N^n} (k = 0, 1, 2, \cdots, l; \, n < N - M, \, l = \min(M, n)),$$

则称 X 服从参数为 n、M、N 的超**几**何分布,记为 $X \sim H(n, M, N)$.

问题　上面几种常见分布之间有哪些关系?

例 8　设随机变量 $X \sim B(1, p)$,即

$$P(X = 1) = p, \, P(X = 0) = 1 - p,$$

则

$$F(x) = \begin{cases} 0, & x < 0, \\ 1-p, & 0 \leqslant x < 1, \\ 1, & x \geqslant 1. \end{cases}$$

其图形为阶梯形,见图 2-2.

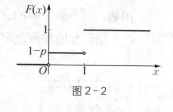

图 2-2

例 9　一袋中装有 5 只球,编号为 1、2、3、4、5. 在袋中同时取 3 只球,用 X 表示取出的 3 只球中的最小号码数,求 X 的分布函数.

解　X 的可能取值为 3、2、1,则

$$P(X=3) = C_2^2/C_5^3 = \frac{1}{10}, \ P(X=2) = C_3^2/C_5^3 = \frac{3}{10}, \ P(X=1) = C_4^2/C_5^3 = \frac{6}{10},$$

即 X 的分布阵为

$$\begin{bmatrix} 1 & 2 & 3 \\ \dfrac{6}{10} & \dfrac{3}{10} & \dfrac{1}{10} \end{bmatrix},$$

从而 X 的分布函数为

$$F(x) = \begin{cases} 0, & x < 1, \\ \dfrac{6}{10}, & 1 \leqslant x < 2, \\ \dfrac{9}{10}, & 2 \leqslant x < 3, \\ 1, & x \geqslant 3. \end{cases}$$

问题　例 9 是常见分布吗? 为什么?

2. 几种常见的连续型随机变量的分布

(1) 均匀分布

设随机变量 X 的分布密度函数为

$$f(x) = \begin{cases} \dfrac{1}{b-a}, & a \leqslant x \leqslant b, \\ 0, & 其他. \end{cases}$$

则称 X 服从参数为 a、b 的**均匀分布**,记为 $X \sim U(a, b)$.

(2) 指数分布

设随机变量 X 的分布密度函数为

$$f(x) = \begin{cases} \lambda e^{-\lambda x}, & x \geqslant 0, \\ 0, & x < 0. \end{cases}$$

则称 X 服从参数为 $\lambda(\lambda > 0)$ 的指数分布,记为 $X \sim E(\lambda)$.

(3) 正态分布

设随机变量 X 的分布密度函数为

$$f(x) = \frac{1}{\sqrt{2\pi}\sigma} e^{\frac{(x-\mu)^2}{2\sigma^2}}, \quad -\infty < x < +\infty,$$

其中 μ、σ 为常数且 $\sigma > 0$,则称 X 服从参数为 μ、σ^2 的**正态分布**,记为 $X \sim N(\mu, \sigma^2)$.

特别地,称 $\mu = 0$,$\sigma^2 = 1$ 的正态分布为**标准正态分布**,其分布密度函数为

$$f(x) = \frac{1}{\sqrt{2\pi}} e^{-\frac{x^2}{2}}.$$

问题　上面三个常见分布的分布密度函数哪些是可求积的?

例 10　设 $X \sim U(a, b)$,即

$$f(x) = \begin{cases} \dfrac{1}{b-a}, & a \leqslant x \leqslant b, \\ 0, & \text{其他}. \end{cases}$$

则

$$F(x) = \begin{cases} 0, & x < a, \\ \dfrac{x-a}{b-a}, & a \leqslant x < b, \\ 1, & x \geqslant b. \end{cases}$$

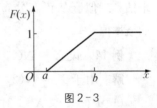

图 2-3

其图形是一条连续的曲线,见图 2-3.

问题　试画出指数分布、正态分布的分布函数图形,并总结连续型随机变量分布函数图形的共同点.

例 11　设 $X \sim N(0, 1)$,求 $P(X < 2.35)$,$P(X < -1.25)$ 以及 $P(|X| < 1.55)$.

解　$P(X < 2.35) = \Phi(2.35) \xrightarrow{\text{查表}} 0.9906.$

$P(X < -1.25) = \Phi(-1.25) = 1 - \Phi(1.25) = 1 - 0.8944 = 0.1056.$

$P(|X| < 1.55) = P(-1.55 < X < 1.55) = \Phi(1.55) - \Phi(-1.55)$
$= 2\Phi(1.55) - 1 = 2 \times 0.9394 - 1 = 0.8788.$

例 12　设 $X \sim N(1, 2^2)$,求 $P(0 < X \leqslant 5)$.

解　这里 $\mu = 1$,$\sigma = 2$,$\beta = 5$,$\alpha = 0$,有

$$\frac{\beta-\mu}{\sigma}=2,\ \frac{\alpha-\mu}{\sigma}=-0.5.$$

于是

$$P(0<X\leqslant 5)=\Phi(2)-\Phi(-0.5)=\Phi(2)-[1-\Phi(0.5)]$$
$$=\Phi(2)+\Phi(0.5)-1=0.9772+0.6915-1=0.6687.$$

例 13 若 $X\sim N(\mu,\sigma^2)$，求 (1) $P\{\mu-\sigma<X<\mu+\sigma\}$；(2) $P\{\mu-2\sigma<X<\mu+2\sigma\}$；(3) $P\{\mu-3\sigma<X<\mu+3\sigma\}$.

解 (1) 由于 $X\sim N(\mu,\sigma^2)$，故

$$P\{\mu-\sigma<X<\mu+\sigma\}=\Phi\left(\frac{\mu+\sigma-\mu}{\sigma}\right)-\Phi\left(\frac{\mu-\sigma-\mu}{\sigma}\right)$$
$$=\Phi(1)-\Phi(-1)=2\Phi(1)-1=0.6826\approx 0.68.$$

同理有：

(2) $P\{\mu-2\sigma<X<\mu+2\sigma\}=2\Phi(2)-1=0.9545\approx 0.95.$

(3) $P\{\mu-3\sigma<X<\mu+3\sigma\}=2\Phi(3)-1=0.9973\approx 0.99.$

由上面的例子我们可以看出，服从正态分布 $N(\mu,\sigma^2)$ 的随机变量 X，落在 $(\mu-3\sigma,\ \mu+3\sigma)$ 内的概率为 99.73%，几乎是必然事件；而落在 $(\mu-3\sigma,\ \mu+3\sigma)$ 之外的概率很小，几乎是不可能事件. 服从正态分布的随机变量 X 的这个重要性质，称为"3σ"原则(见图 2-4).

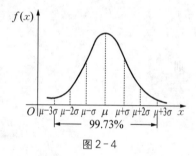

图 2-4

在一些实际问题中，我们也可以利用例 13 的结果，来估算近似服从正态分布的随机变量落入一些区间内的概率值.

例 14 设 $X\sim N(2,3^2)$，求：(1) $P\{-1\leqslant X\leqslant 8\}$；(2) $P\{X\geqslant -4\}$；(3) $P\{X\leqslant 11\}$.

解 由于 $X\sim N(2,3^2)$，即 $\mu=2$，$\sigma=3$，因此

(1) $P\{-1\leqslant X\leqslant 8\}=P\{2-3\leqslant X\leqslant 2+2\times 3\}$
$$=P\{2-3\leqslant X<2\}+P\{2\leqslant X\leqslant 2+2\times 3\}$$
$$=\frac{1}{2}P\{2-3\leqslant X<2+3\}+\frac{1}{2}P\{2-2\times 3\leqslant X<2+2\times 3\}$$
$$\approx\frac{0.68}{2}+\frac{0.95}{2}=0.815.$$

(2) $P\{X\geqslant -4\}=P\{-4\leqslant X<+\infty\}=P\{2-2\times 3\leqslant X\leqslant 2\}+P\{X\geqslant 2\}$
$$\approx\frac{0.95}{2}+\frac{1}{2}=0.975.$$

(3) $P\{X\leqslant 11\}=P\{-\infty<X\leqslant 11\}=P\{-\infty<X\leqslant 2\}+P\{2\leqslant X\leqslant 2+3\times 3\}$

$$\approx \frac{1}{2} + \frac{0.99}{2} = 0.995.$$

例 15　设 $X \sim N(3, \sigma^2)$，且 $P(3 \leqslant X \leqslant 7) = 0.4$，求 $P(X \leqslant -1)$.

答案是：0.1.

分析　（略）.

例 16　设某机器生产的螺栓的长度（cm）服从参数 $\mu = 10.05$，$\sigma = 0.06$ 的正态分布，规定长度在范围 (10.05 ± 0.12) cm 内为合格品，求螺栓的次品率.

答案是：0.0455（或 0.05）.

分析　（略）.

(三) 函数的分布

已知随机变量 X 的分布 $Y = f(X)$，求 Y 的分布.

1. 离散型对离散型

X	x_1	x_2	$\cdots$	x_n	$\cdots$
$P(X = x_i)$	p_1	p_2	$\cdots$	p_n	$\cdots$

记 $y_i = f(x_i)$ $(i = 1, 2, \cdots)$. 如果 $f(x_i)$ 的值全都不相等，那么 Y 的概率分布为

Y	y_1	y_2	$\cdots$	y_n	$\cdots$
$P(Y = y_i)$	p_1	p_2	$\cdots$	p_n	$\cdots$

但是，如果 $f(x_i)$ 的值中有相等的，那么就把那些相等的值分别合并，并根据概率加法公式把相应的概率相加，便得到 Y 的分布.

例 17　设随机变量 X 的分布为

X	-2	-1	0	1	2
$P(X = x_i)$	$\frac{1}{5}$	$\frac{1}{5}$	$\frac{1}{5}$	$\frac{1}{10}$	$\frac{3}{10}$

求 $Y = X^2 + 1$ 的概率分布.

解　由 $y_i = x_i^2 + 1$ $(i = 1, 2, \cdots, 5)$ 及 X 的分布，得到

$X^2 + 1$	$(-2)^2 + 1$	$(-1)^2 + 1$	$0^2 + 1$	$1^2 + 1$	$2^2 + 1$
$P(X = x_i)$	$\frac{1}{5}$	$\frac{1}{5}$	$\frac{1}{5}$	$\frac{1}{10}$	$\frac{3}{10}$

把 $f(x_i) = x_i^2 + 1$ 相同的值合并起来，并把相应的概率相加，便得到 Y 的分布，即

$$P(Y=5) = P(X=-2) + P(X=2) = \frac{1}{2},$$

$$P(Y=2) = P(X=-1) + P(X=1) = \frac{3}{10},$$

$$P(Y=1) = P(X=0) = \frac{1}{5}.$$

所以

Y	5	2	1
$P(Y=y_i)$	$\frac{1}{2}$	$\frac{3}{10}$	$\frac{1}{5}$

2. 连续型随机变量函数的分布

(1) 定义法

设 X 是连续型随机变量,其分布密度函数为 $f_X(x)$. 对于给定的一个其导函数是连续的函数 $g(x)$,我们用分布函数的定义导出 $Y=g(X)$ 的分布.

为了讨论方便,对于 X 有正概率密度的区间上的一切 x,令

$$a = \min_x\{g(x)\},\ \beta = \max_x\{g(x)\}.$$

于是,对于 $\alpha > -\infty$, $\beta < +\infty$ 情形, 有

当 $y < \alpha$ 时,$\{g(X) \leqslant y\}$ 是一个不可能事件,故 $F(y) = P(g(X) \leqslant y) = 0$;而当 $y \geqslant \beta$ 时,$\{g(X) \leqslant y\}$ 是一个必然事件,故 $F(y) = P(g(X) \leqslant y) = 1$. 这样,我们可设 Y 的分布函数为

$$F(y) = \begin{cases} 0, & y \leqslant \alpha, \\ *, & \alpha < y < \beta, \\ 1, & y \geqslant \beta. \end{cases}$$

对于 $\alpha = -\infty$ 或 $\beta = +\infty$ 的情形,只要去掉相应区间上 $F(y)$ 的表达式即可. 这里我们只需讨论 $\alpha < y < \beta$ 的情形,根据分布函数的定义有

$$* = P(Y \leqslant y) = P(g(X) \leqslant y) = P(X \in D_y) = \int_{D_y} f_X(x)\,\mathrm{d}x,$$

其中 $D_y = \{x \mid g(x) \leqslant y\}$,即 D_y 是由满足 $g(x) \leqslant y$ 的所有 x 组成的集合,它可由 y 的值及 $g(x)$ 的函数形式解出. 根据 $f_Y(y) = F'(y)$,并考虑到常数的导数为 0,于是 Y 的分布密度为

$$f_Y(y) = \begin{cases} \left[\int_{D_y} f_X(x)\,\mathrm{d}x\right]'_y, & \alpha < y < \beta, \\ 0, & \text{其他}. \end{cases}$$

例 18　设 $X \sim U(0, 1)$，并且 $Y = X^2$，求 Y 的分布密度 $f_Y(y)$.

解　X 的分布密度函数为

$$f_X(x) = \begin{cases} 1, & x \in [0, 1], \\ 0, & \text{其他}. \end{cases}$$

对于函数 $y = x^2$，当 $x \in [0, 1]$ 时，

$$u = \min\{x^2\} = 0, \ \beta = \max\{x^2\} = 1,$$

于是

$$F(y) = \begin{cases} 0, & y \leqslant 0, \\ *, & 0 < y < 1, \\ 1, & y \geqslant 1. \end{cases}$$

当 $0 < y < 1$ 时，

$$F(y) = P(Y \leqslant y) = P(X^2 \leqslant y) = P(X \leqslant \sqrt{y})$$
$$= \int_{-\infty}^{\sqrt{y}} f_X(x) \mathrm{d}x = \int_{-\infty}^{0} 0 \mathrm{d}x + \int_{0}^{\sqrt{y}} 1 \mathrm{d}x = \sqrt{y}.$$

由

$$f_Y(y) = F'(y) = (\sqrt{y})' = \frac{1}{2\sqrt{y}},$$

故随机变量 Y 的分布密度函数为

$$f_Y(y) = \begin{cases} \dfrac{1}{2\sqrt{y}}, & 0 < y < 1, \\ 0, & \text{其他}. \end{cases}$$

问题　在例 18 中，由 $P(Y \leqslant y) = P(X^2 \leqslant y)$ 导出

(1) $P(-\sqrt{y} < X \leqslant \sqrt{y})$；(2) $P(0 \leqslant X < \sqrt{y})$；(3) $P(-\infty < X \leqslant \sqrt{y})$

哪一个正确？为什么？

(2) 公式法

利用上述方法可以推出，当函数 $y = g(x)$ 为单调函数时，随机变量 Y 的分布密度可由下面的公式得到

$$f_Y(y) = \begin{cases} f_X(g^{-1}(y)) \cdot |(g^{-1}(y))'|, & \alpha < y < \beta, \\ 0, & \text{其他}. \end{cases}$$

其中 $g^{-1}(y)$ 为 $g(x)$ 的反函数，$f_X(x)$ 为随机变量 X 的分布密度函数.

在例 18 中 $g^{-1}(y) = \sqrt{y}$，$(g^{-1}(y))' = (\sqrt{y})' = \dfrac{1}{2\sqrt{y}}$，而当 $0 < y < 1$ 时，$0 < x <$

1,有

$$f_X(\sqrt{y}) = f_X(x) = 1.$$

由公式可得到 Y 的分布密度函数

$$f_Y(y) = \begin{cases} 1 \cdot \dfrac{1}{2\sqrt{y}}, & 0 < y < 1, \\ 0, & \text{其他}, \end{cases}$$

$$= \begin{cases} \dfrac{1}{2\sqrt{y}}, & 0 < y < 1, \\ 0, & \text{其他}. \end{cases}$$

例 19　设随机变量 $X \sim U\left(-\dfrac{\pi}{2}, \dfrac{\pi}{2}\right)$，求随机变量 $Y = \sin X$ 的分布密度 $f_Y(y)$.

解　X 的分布密度函数为

$$f_X(x) = \begin{cases} \dfrac{1}{\pi}, & x \in \left[-\dfrac{\pi}{2}, \dfrac{\pi}{2}\right], \\ 0, & \text{其他}. \end{cases}$$

因为 $y = \sin x$ 在 $\left(-\dfrac{\pi}{2}, \dfrac{\pi}{2}\right)$ 内单调增加，所以存在反函数 $x = \arcsin y$，其导数为

$$x'_y = \frac{1}{\sqrt{1-y^2}}.$$

利用公式求出 Y 的分布密度函数，首先计算

$$\alpha = \min_{-\frac{\pi}{2} \leqslant x \leqslant \frac{\pi}{2}} \{\sin x\} = -1, \quad \beta = \max_{-\frac{\pi}{2} \leqslant x \leqslant \frac{\pi}{2}} \{\sin x\} = 1,$$

于是

$$f_Y(y) = \begin{cases} f_X(g^{-1}(y)) \cdot |x'_y|, & -1 < y < 1, \\ 0, & \text{其他}, \end{cases}$$

$$= \begin{cases} \dfrac{1}{\pi} \cdot \dfrac{1}{\sqrt{1-y^2}}, & -1 < y < 1, \\ 0, & \text{其他}. \end{cases}$$

例 20　设随机变量 $X \sim U(0, \pi)$，$Y = \sin X$，求随机变量 Y 的分布密度 $f_Y(y)$.

解　X 的分布密度函数为

$$f_X(x) = \begin{cases} \dfrac{1}{\pi}, & x \in [0, \pi], \\ 0, & \text{其他}. \end{cases}$$

$$\alpha = \min_{0 \leqslant x \leqslant \pi} \{\sin x\} = 0, \ \beta = \max_{0 \leqslant x \leqslant \pi} \{\sin x\} = 1.$$

当 $0 < y < 1$ 时,

$$F(y) = P(Y \leqslant y) = P(\sin X \leqslant y)$$
$$= P(0 \leqslant X \leqslant \arcsin y) + P(\pi - \arcsin y \leqslant X \leqslant \pi)$$
$$= \frac{2}{\pi} \arcsin y,$$

所以

$$F(y) = \begin{cases} 0, & y \leqslant 0, \\ \dfrac{2}{\pi} \arcsin y, & 0 < y < 1, \\ 1, & y \geqslant 1, \end{cases} \quad \text{即} \quad f_Y(y) = \begin{cases} \dfrac{2}{\pi \sqrt{1 - y^2}}, & 0 < y < 1, \\ 0, & \text{其他.} \end{cases}$$

问题   当函数 $y = g(x)$ 不是单调函数时,可否使用公式法?

例题与解答

2-1   设随机变量 X 的分布律分别为

(1) $P\{X = k\} = \dfrac{A}{N}$, $k = 1, 2, \cdots, N$;

(2) $P\{X = k\} = B \cdot \dfrac{\lambda^k}{k!}$, $k = 0, 1, 2, \cdots, \lambda > 0$ 且 λ 为常数.

试确定常数 A 和 B.

解   (1) 由分布律的性质可知

$$1 = \sum_{k=1}^{N} P(X = k) = \sum_{k=1}^{N} \frac{A}{N} = \frac{A}{N} \cdot N = A,$$

因此, $A = 1$. 于是, X 的分布律为

$$P(X = k) = \frac{1}{N}(k = 1, 2, \cdots, N).$$

称这样的分布为**离散型的均匀分布**.

(2) 由分布律的性质,有

$$1 = \sum_{k=0}^{\infty} B \frac{\lambda^k}{k!} = B \sum_{k=0}^{\infty} \frac{\lambda^k}{k!} = B \cdot e^{\lambda},$$

解得 $B = e^{-\lambda}$. 于是

$$P(X = k) = \frac{\lambda^k}{k!} e^{-\lambda}.$$

这表明 X 服从参数为 λ 的泊松分布.

2-2 某店内有 4 名售货员,据经验每名售货员平均在 1 h 内只用秤 15 min,问该店通常情况下应配制几台秤?

分析 设 $X_i=\{$第 i 个售货员使用秤$\}$,则 $X_i \sim B(1, 0.25)$. 令 $S=\sum\limits_{i=1}^{4} X_i$,于是 $S \sim B(4, 0.25)$. 考虑到

$$P(S \leqslant 2) = 1 - P(S > 2) = 1 - P(S = 3) - P(S = 4)$$
$$= 1 - C_4^3 (0.25)^3 (0.75) - (0.25)^4$$
$$= 1 - 0.0469 - 0.0039 \approx 0.95,$$

故该商店通常情况下应配制 2 台秤.

问题 如何理解题意?

2-3 设平面区域 D 是由 $x=1$, $y=0$, $y=x$ 所围成(如图 2-5),今向 D 内随机地投入 10 个点,求这 10 个点中至少有 2 个点落在由曲线 $y=x^2$ 与 $y=x$ 所围成的区域 D_1 内的概率.

分析 分两步进行. 第一步:先计算任投一点落入 D_1 的概率. 设 $A=\{$任一点落入 $D_1\}$,则根据几何概型,有

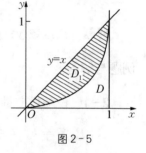

图 2-5

$$P(A) = \frac{L(A)}{L(\Omega)} = \frac{\dfrac{1}{2} - \dfrac{1}{3}}{\dfrac{1}{2}} = \frac{1}{3}.$$

第二步:设 $X=\{$落入 D_1 内的点数$\}$,则 $X \sim B\left(10, \dfrac{1}{3}\right)$,于是

$$P(X \geqslant 2) = 1 - P(X = 0) - P(X = 1)$$
$$= 1 - \left(\frac{2}{3}\right)^{10} - C_{10}^1 \left(\frac{1}{3}\right) \left(\frac{2}{3}\right)^9 \approx 0.896.$$

问题 本题可否使用其他方法.

2-4 设随机变量 X 具有连续的分布函数 $F_X(x)$,求 $Y=F_X(X)$ 的分布函数 $F_Y(y)$.

(或证明题:设 X 的分布函数 $F_X(x)$ 是连续函数,证明随机变量 $Y=F_X(X)$ 在区间 $(0,1)$ 上服从均匀分布.)

分析 由于 $F_X(x)$ 为 X 的连续分布函数,可知

$$\alpha = \min\{F_1(x)\} = F_X(-\infty) = 0,$$
$$\beta = \max\{F_1(x)\} = F_X(+\infty) = 1.$$

因为 $F_X(x)$ 是单调递增函数,所以 $F_X^{-1}(y)$ 存在(单调函数必有单值反函数存在),因而有

$$F_Y(y) \stackrel{\text{def}}{=\!=\!=} P(Y \leqslant y) = \begin{cases} 0, & y < 0, \\ *, & 0 \leqslant y < 1, \\ 1, & y \geqslant 1. \end{cases}$$

当 $0 \leqslant y < 1$ 时,

$$* = F_Y(y) = P(F_X(X) \leqslant y) = P(X \leqslant F_X^{-1}(y))$$
$$= F_X(F_X^{-1}(y)) = y.$$

代入 $F_Y(y)$ 表达式有

$$F_Y(y) = \begin{cases} 0, & y < 0, \\ y, & 0 \leqslant y < 1, \\ 1, & y \geqslant 1. \end{cases}$$

因此, Y 的分布密度函数为

$$f_Y(y) = \begin{cases} 1, & 0 \leqslant y \leqslant 1, \\ 0, & \text{其他}. \end{cases}$$

即
$$Y \sim U(0, 1).$$

问题　请你根据此题编制一些具体分布的例题. 如:

1. 设 $X \sim E(2)$, 证明 $Y = 1 - \mathrm{e}^{-2X} \sim U(0, 1)$.

分析　由于 $X \sim E(2)$, 因此

$$f_X(x) = \begin{cases} 2\mathrm{e}^{-2x}, & x > 0, \\ 0, & x \leqslant 0. \end{cases}$$

当 $x = 0$ 时, $y = 0 = \alpha$; 当 $x \to +\infty$ 时, $y \to 1 = \beta$. 因为 $y = 1 - \mathrm{e}^{-2x}$ 单调增加, 所以其反函数为 $x = -\dfrac{1}{2}\ln(1 - y)$, 有

$$x'_y = -\frac{1}{2} \cdot \frac{-1}{1-y} = \frac{1}{2} \cdot \frac{1}{1-y}.$$

方法 1(公式法)由公式法得,

$$f_Y(y) = \begin{cases} p_1(f^{-1}(y)) \mid (f^{-1}(y))' \mid, & 0 \leqslant y \leqslant 1, \\ 0, & \text{其他}. \end{cases}$$

$$= \begin{cases} 2 \cdot (1-y) \cdot \dfrac{1}{2} \cdot \dfrac{1}{1-y}, & 0 \leqslant y \leqslant 1, \\ 0, & \text{其他}. \end{cases}$$

$$= \begin{cases} 1, & 0 \leqslant y \leqslant 1, \\ 0, & \text{其他}. \end{cases}$$

即 $Y \sim U(0, 1)$.

方法 2（定义法） 由分布函数的定义

$$F_Y(y) = \begin{cases} 0, & y < 0, \\ *, & 0 \leqslant y \leqslant 1, \\ 1, & y > 1. \end{cases}$$

当 $0 \leqslant y \leqslant 1$ 时，有

$$F_Y(y) = P(Y \leqslant y) = P(1 - \mathrm{e}^{-2X} \leqslant y) = P\left(X \leqslant -\frac{1}{2}\ln(1-y)\right)$$

$$= F_X\left(-\frac{1}{2}\ln(1-y)\right) = 1 - \mathrm{e}^{-2(-\frac{1}{2}\ln(1-y))}$$

$$= 1 - (1-y) = y,$$

因此

$$F_Y(y) = \begin{cases} 0, & y < 0, \\ y, & 0 \leqslant y \leqslant 1, \\ 1, & y > 1, \end{cases}$$

即 $Y \sim U(0, 1)$.

2. 设随机变量 X 的概率密度为

$$f(x) = \begin{cases} \dfrac{1}{3\sqrt[3]{x^2}}, & x \in [1, 8], \\ 0, & \text{其他}, \end{cases}$$

$F(x)$ 是 X 的分布函数. 求随机变量 $Y = F(X)$ 的分布函数.

解 易见，当 $x < 1$ 时，$F(x) = 0$；当 $x > 8$ 时，$F(x) = 1$.
对于 $x \in [1, 8]$，有

$$F(x) = \int_1^x \frac{1}{3\sqrt[3]{t^2}}\mathrm{d}t = \sqrt[3]{x} - 1.$$

设 $G(y)$ 是随机变量 $Y = F(X)$ 的分布函数. 显然，当 $y \leqslant 0$ 时，$G(y) = 0$；当 $y \geqslant 1$ 时，

$$G(y) = 1.$$

对于 $y \in (0, 1)$，有

$$G(y) = P\{Y \leqslant y\} = P\{F(X) \leqslant y\} = P\{\sqrt[3]{X} - 1 \leqslant y\}$$

$$= P\{X \leqslant (y+1)^3\} = F[(y+1)^3] = y,$$

于是，$Y = F(X)$ 的分布函数为

$$G(y) = \begin{cases} 0, & y \leqslant 0, \\ y, & 0 < y < 1, \\ 1, & y \geqslant 1. \end{cases}$$

即 $Y \sim U(0, 1)$.

2-5　设随机变量 $X \sim U(0, 5)$,求方程 $4x^2 + 4Xx + X + 2 = 0$ 有实根的概率.

分析　因为 X 在 $(0, 5)$ 上服从均匀分布,故 X 的分布密度为

$$f(x) = \begin{cases} \dfrac{1}{5}, & 0 \leqslant x \leqslant 5, \\ 0, & \text{其他.} \end{cases}$$

而方程 $4x^2 + 4Xx + X + 2 = 0$ 有实根的条件是

$$\Delta = 16X^2 - 16(X + 2) \geqslant 0,$$

即

$$(X + 1)(X - 2) \geqslant 0.$$

解得 $X \leqslant -1$ 或 $X \geqslant 2$. 舍去 $X \leqslant -1$,最后得 $2 \leqslant X \leqslant 5$. 因此,所求概率为

$$P(2 \leqslant X \leqslant 5) = \int_2^5 \frac{1}{5} \mathrm{d}x = \frac{3}{5}.$$

问题　本题可否使用其他方法?

2-6　设随机变量 X 的绝对值不大于 1,即 $|X| \leqslant 1$,且 $P(X = -1) = \dfrac{1}{8}$, $P(X = 1) = \dfrac{1}{4}$. 在事件 $\{-1 < X < 1\}$ 出现的条件下,X 在 $(-1, 1)$ 内的任一子区间上取值的条件概率与该子区间长度成正比. 试求:(1) X 的分布函数 $F(x)$;(2) $P(X < 0)$(即 X 取负值的概率).

分析　(1) 由题设,我们有 $x < -1$ 时, $F(x) = 0$; $x \geqslant 1$ 时, $F(x) = 1$. 以下考虑 $-1 < x < 1$ 时 的情形. 由于

$$1 = P(|X| \leqslant 1) = P(X = -1) + P(-1 < X < 1) + P(X = 1),$$

故

$$P(-1 < X < 1) = 1 - \frac{1}{8} - \frac{1}{4} = \frac{5}{8}.$$

另据条件,有

$$P(-1 < X \leqslant x \mid -1 < X < 1) = \frac{1}{2}(x + 1),$$

于是,对于 $-1 < x < 1$,有 $(-1, x] \subset (-1, 1)$,因此

$$\begin{aligned}P(-1<X\leqslant x)&=P(-1<X\leqslant x,\,-1<X<1)\\&=P(-1<X<1)P(-1<X\leqslant x\mid -1<X<1)\\&=\frac{5}{8}\times\frac{1}{2}(x+1)=\frac{5}{16}(x+1),\end{aligned}$$

所以，

$$F(x)=P(X\leqslant -1)+P(-1<X\leqslant x)=\frac{5x+7}{16}.$$

当 $x=-1$ 时，

$$\begin{aligned}F(x)=F(-1)&=P(X\leqslant -1)\\&=P\{X=-1\}=\frac{1}{8}.\end{aligned}$$

综上，有

$$F(x)=\begin{cases}0, & x<-1,\\ (5x+7)/16, & -1\leqslant x<1,\\ 1, & x\geqslant 1.\end{cases}$$

(2) $P(X<0)=P(X\leqslant 0)-P(X=0)=F(0)=7/16.$

问题 (1) 本题中的 X 是什么类型的随机变量？

(2) $P(-1<X\leqslant x\mid -1<X<1)=\frac{1}{2}(x+1)$ 是如何得到的？

2-7 射击用的靶子是一个半径为 R 的圆盘，已知每次射击都能击中靶子，并且击中靶子上任一以靶心为圆心的圆盘的概率与该盘的面积成正比. 设随机变量 X 表示击中点与靶心的距离，求 X 的分布密度函数.

分析 根据分布函数的定义及几何概型，由图 2-6 有

$$F(x)=P(X\leqslant x)=\frac{\pi x^2}{\pi R^2}=\frac{x^2}{R^2}(0\leqslant x\leqslant R),$$

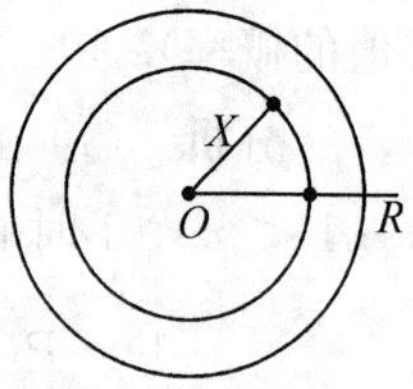

图 2-6

于是
$$f(x)=F'(x)=\frac{2x}{R^2},$$

因此

$$f(x)=\begin{cases}\frac{2x}{R^2}, & 0\leqslant x\leqslant R,\\ 0, & \text{其他}.\end{cases}$$

说明 (1) 注意其分布函数应为

$$F(x) = \begin{cases} 0, & x < 0, \\ \dfrac{x^2}{R^2}, & 0 \leqslant x \leqslant R, \\ 1, & x > R. \end{cases}$$

(2) 本题也可用二维均匀分布计算.

2-8 点随机地落在中心在原点,半径为 R 的圆周上,并且对弧长均匀地分布,求:(1)落点的横坐标 X 的概率分布密度函数 $f_X(x)$;(2)落点与点 $(-R, 0)$ 的弦长 Y 的概率分布密度函数 $f_Y(y)$.

(提示:落点的极角 θ 均匀地分布在 $(0, 2\pi)$ 上)

分析 设落点的极角为 Θ,落点 P 的横坐标为 X,落点与 $(-R, 0)$ 点的弦长为 Y,则由题设可知

$$\Theta \sim U(0, 2\pi),$$

即

$$f_\Theta(\theta) = \begin{cases} \dfrac{1}{2\pi}, & 0 < \theta < 2\pi, \\ 0, & \text{其他}. \end{cases}$$

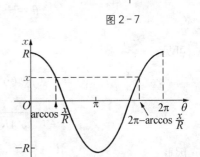

图 2-7

由图 2-7 不难看出

$$X = R\cos\Theta, \quad Y = 2R\cos\frac{\Theta}{2}.$$

(1) 定义法

试求点 P 的横坐标 $X = R\cos\Theta$ 的密度函数. 因为 $x = R\cos\theta (0 \leqslant \theta < 2\pi)$ 不是单调函数,由图 2-8 得到,使 $R\cos\theta \leqslant x$ 成立的 θ 应满足

$$\arccos\frac{x}{R} \leqslant \theta \leqslant 2\pi - \arccos\frac{x}{R}.$$

于是,对 $-R \leqslant x \leqslant R$,有

$$F_X(x) - P(X \leqslant x) - P(R\cos\Theta \leqslant x) = \int_{R\cos\theta \leqslant x} f_\Theta(\theta)\mathrm{d}\theta$$

$$= \int_{\arccos\frac{x}{R}}^{2\pi-\arccos\frac{x}{R}} \frac{1}{2\pi}\mathrm{d}\theta = 1 - \frac{1}{\pi}\arccos\frac{x}{R}.$$

对 $x < -R$,有

$$F_X(x) = P(X \leqslant x) = P(R\cos\Theta \leqslant x) = P(\varnothing) = 0.$$

对 $x > R$,有

$$F_X(x) = P(X \leqslant x) = P(R\cos\Theta \leqslant x) = P(\Omega) = 1,$$

即

$$F_X(x) = \begin{cases} 0, & x \leqslant -R, \\ 1 - \dfrac{1}{\pi}\arccos\dfrac{x}{R}, & -R < x < R, \\ 1, & x \geqslant R. \end{cases}$$

所以 X 的分布密度函数为

$$f_X(x) = F'_X(x) = \begin{cases} \dfrac{1}{\pi\sqrt{R^2-x^2}}, & -R < x < R, \\ 0, & 其他. \end{cases}$$

(2) 公式法

设 $\theta \in (-\pi, \pi)$. 由 $y = 2R\cos\dfrac{\theta}{2}$, 有

当 $0 \leqslant \theta \leqslant \pi$ 时, y 单调递减, 则

$$\theta = 2\arccos\dfrac{y}{2R}, \quad \theta'_y = \dfrac{-2}{\sqrt{4R^2-y^2}}.$$

当 $-\pi \leqslant \theta \leqslant 0$ 时, y 单调递增, 则

$$\theta = -2\arccos\dfrac{y}{2R}, \quad \theta'_y = \dfrac{2}{\sqrt{4R^2-y^2}}.$$

可见

$$f_Y(y) = f_\theta(f_X^{-1}(y)) \mid (f_X^{-1}(y))'_y \mid$$
$$= \dfrac{1}{2\pi} \cdot \dfrac{2}{\sqrt{4R^2-y^2}} + \dfrac{1}{2\pi} \mid \dfrac{-2}{\sqrt{4R^2-y^2}} \mid = \dfrac{2}{\pi} \cdot \dfrac{1}{\sqrt{4R^2-y^2}}.$$

因此

$$f_Y(y) = \begin{cases} \dfrac{2}{\pi\sqrt{4R^2-y^2}}, & 0 \leqslant y < 2R, \\ 0, & 其他. \end{cases}$$

2-9 设随机变量 X 的概率密度函数为

$$f(x) = \begin{cases} \dfrac{1}{3}, & x \in [0, 1], \\ \dfrac{2}{9}, & x \in [3, 6], \\ 0, & 其他. \end{cases}$$

若使得 $P(X \geqslant k) = \dfrac{2}{3}$，则 k 的取值范围是_____．

分析　由图 2-9 可知

$$P(3 \leqslant X \leqslant 6) = \frac{2}{9} \times (6-3) = \frac{2}{3},$$

因此 $k \in [1, 3]$ 时，

$$P(X \geqslant k) = P(3 \leqslant X \leqslant 6) = \frac{2}{3}.$$

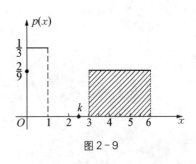

图 2-9

2-10　设随机变量 X 的分布函数为 $F(x)$，则 $Y = -2\ln F(X)$ 的分布密度函数 $f_Y(y) =$_____．

分析　用定义法求出 Y 的分布，首先求出 Y 的分布函数．

当 $y > 0$ 时，有

$$\begin{aligned}
F_Y(y) &= P(Y \leqslant y) = P(-2\ln F(X) \leqslant y) \\
&= P(F(X) \geqslant e^{-\frac{y}{2}}) \\
&= P(X \geqslant F^{-1}(e^{-\frac{y}{2}})) \\
&= 1 - F(F^{-1}(e^{-\frac{y}{2}})) \\
&= 1 - e^{-\frac{y}{2}}.
\end{aligned}$$

当 $y \leqslant 0$ 时，$F_Y(y) = 0$．

因此
$$F_Y(y) = \begin{cases} 1 - e^{-\frac{y}{2}}, & y > 0, \\ 0, & y \leqslant 0. \end{cases}$$

再求出 Y 的分布密度函数

$$f_Y(y) = F_Y'(y) = \begin{cases} \dfrac{1}{2} e^{-\frac{y}{2}}, & y > 0, \\ 0, & y \leqslant 0. \end{cases}$$

2-11　设随机变量 $X \sim U\left(-\dfrac{\pi}{2}, \dfrac{\pi}{2}\right)$，并且 $Y = \tan X$，求 Y 的分布密度函数 $f_Y(y)$．

分析　由 $X \sim U\left(\dfrac{\pi}{2}, \dfrac{\pi}{2}\right)$，有

$$f_X(x) = \begin{cases} \dfrac{1}{\pi}, & x \in \left[-\dfrac{\pi}{2}, \dfrac{\pi}{2}\right], \\ 0, & \text{其他.} \end{cases}$$

下面利用公式法求出 $Y = \tan X$ 的分布，为此先求出：

$$\alpha = -\infty, \quad \beta = +\infty.$$
$$x = f^{-1}(y) = \arctan y,$$
$$x'_y = (f^{-1}(y))'_y = \frac{1}{1+y^2}.$$

于是有

$$f_Y(y) = f_X(f^{-1}(y)) \cdot |(f^{-1}(y))'_y|$$
$$= \frac{1}{\pi} \cdot \frac{1}{1+y^2} \quad (-\infty < y < +\infty).$$

2-12 某种电池的寿命 ξ 服从正态 $N(a, \sigma^2)$ 分布,其中 $a = 300$(小时),$\sigma = 35$(小时).

(1) 求电池寿命在 250 小时以上的概率;

(2) 求 x,使寿命在 $a-x$ 与 $a+x$ 之间的概率不小于 0.9.

解 (1) $P(\xi > 250) = P\left(\frac{\xi-300}{35} > -1.43\right) = 1 - P\left(\frac{\zeta-300}{35} < -1.43\right)$

$$= P\left(\frac{\xi-300}{35} < 1.43\right) = \Phi(1.43) \approx 0.9236.$$

(2) $P(a-x < \xi < a+x) = P\left(-\frac{x}{35} < \frac{\xi-300}{35} < \frac{x}{35}\right)$

$$= \Phi\left(\frac{x}{35}\right) - \Phi\left(-\frac{x}{35}\right) = 2\Phi\left(\frac{x}{35}\right) - 1 \geqslant 0.9,$$

即

$$\Phi\left(\frac{x}{35}\right) \geqslant 0.95.$$

所以

$$\frac{x}{35} \geqslant 1.65,$$

即

$$x \geqslant 57.75.$$

2-13 某城市每天用电量不超过一百万度,以 ξ 表示每天的耗电率(即用电量除以一百万度),它具有分布密度函数为

$$f(x) = \begin{cases} 12x(1-x)^2, & 0 < x < 1, \\ 0, & 其他. \end{cases}$$

若该城市每天的供电量仅有 80 万度,请问:供电量不足的概率是多少? 如每天供电量 90

万度又是怎样呢?

解 $P(\xi > 0.8) = \int_{0.8}^{1} 12x(1-x)^2 \mathrm{d}x = 0.0272,$

$$P(\xi > 0.9) = \int_{0.9}^{1} 12x(1-x)^2 \mathrm{d}x = 0.0037.$$

因此,若该城市每天的供电量为 80 万度,供电量不足的概率为 0.0272,若每天的供电量为 90 万度,则供电量不足的概率为 0.0037.

2-14 设某类电子管的寿命(以小时计)具有如下分布密度函数:

$$f(x) = \begin{cases} \dfrac{100}{x^2}, & x > 100, \\ 0, & x \leqslant 100. \end{cases}$$

一台电子管收音机在最初使用的 150 小时中,请问:三个这类电子管没有一个要替换的概率是多少? 三个这类电子管全部要替换的概率又是多少?(假设这三个电子管的寿命分布是相互独立的)

解 设这类电子管的寿命为 ξ,则

$$P(\xi > 150) = \int_{150}^{\infty} \frac{100}{x^2} \mathrm{d}x = \frac{2}{3}.$$

所以三个这类电子管没有一个要替换的概率为 $(2/3)^3 = 8/27$;三个这类电子管全部要替换的概率是 $(1 - 2/3)^3 = 1/27$.

四、练习题与答案

(一) 练习题

1. 一袋中有 4 个黑球,2 个白球,每次取一个,不放回,直到取到黑球为止,令 $X(\omega)$ 为"取得白球的个数",求 X 的分布律.

2. 给出随机变量 X 的取值及其对应的概率如下:

X	1	2	$\cdots$	k	$\cdots$
p	$\dfrac{1}{3}$	$\dfrac{1}{3^2}$	$\cdots$	$\dfrac{1}{3^k}$	$\cdots$

判断它是否为随机变量 X 的分布律.

3. 设离散随机变量 X 的分布列为

X	-1	0	1	2
P	$\dfrac{1}{8}$	$\dfrac{1}{8}$	$\dfrac{1}{4}$	$\dfrac{1}{2}$

求 X 的分布函数,并求 $P\left(X \leqslant \dfrac{1}{2}\right)$, $P\left(1 < X \leqslant \dfrac{3}{2}\right)$, $P\left(1 \leqslant X \leqslant \dfrac{3}{2}\right)$.

4. 函数 $f_1(x) + f_2(x)$ 是概率密度函数的充分条件可否用下面的(1)、(2)表示.

(1) $f_1(x)$、$f_2(x)$ 均为概率密度函数;

(2) $0 \leqslant f_1(x) + f_2(x) \leqslant 1$.

5. 某人进行射击,设每次射击的命中率为 0.001,若独立地射击 5 000 次,试求射中的次数不少于两次的概率,用泊松分布来近似计算.

6. 设某时间段内通过一路口的汽车流量服从泊松分布,已知该时段内没有汽车通过的概率为 0.05,那么这段时间内至少有两辆汽车通过的概率约为多少?

7. 袋中装有 α 个白球及 β 个黑球,从袋中任取 $a+b$ 个球,试求其中含 a 个白球,b 个黑球的概率 $(a \leqslant \alpha, b \leqslant \beta)$.

8. 袋中装有 α 个白球及 β 个黑球,从袋中先后取 $a+b$ 个球(不放回),试求其中含 a 个白球,b 个黑球的概率 $(a \leqslant \alpha, b \leqslant \beta)$.

9. 袋中装有 α 个白球及 β 个黑球,从袋中先后取 $a+b$ 个球(放回),试求直到第 $a+b$ 次时才取到白球的概率 $(a \leqslant \alpha, b \leqslant \beta)$.

10. 袋中装有 4 个黑球,2 个白球,每次取一个,放回,直到取到黑球为止,令 $X(\omega)$ 为"抽取次数",求 X 的分布律.

11. 5 把钥匙,只有一把能打开,如果某次打不开不扔掉,求以下事件的概率.

(1)第一次打开;(2)第二次打开;(3)第三次打开.

12. 若随机变量 X 服从 $[1, 6]$ 上的均匀分布,求方程 $x^2 + Xx + 1 = 0$ 有实根的概率.

13. 设非负随机变量 X 的密度函数为 $f(x) = Ax^7 \mathrm{e}^{-\frac{x^2}{2}}$, $x > 0$, 则 $A = $ _____.

14. 设随机变量 $X \sim N(\mu, \sigma^2)$, 求 $P(|X - \mu| < 3\sigma)$.

15. 设随机变量 $X \sim N(2, \sigma^2)$ 且 $P(2 < X < 4) = 0.3$, 求 $P(X < 0)$.

16. 设随机变量 X 服从正态分布 $N(0, 1)$, 对给定的 $\alpha(0 < \alpha < 1)$, 数 u_α 满足 $P\{X > u_\alpha\} = \alpha$, 若 $P\{|X| < x\} = \alpha$, 则 x 等于(　　).

(A) $u_{\frac{\alpha}{2}}$ 　　　　(B) $u_{1-\frac{\alpha}{2}}$ 　　　　(C) $u_{\frac{1-\alpha}{2}}$ 　　　　(D) $u_{1-\alpha}$

17. 已知随机变量 X 的分布列为

X	0	$\dfrac{\pi}{2}$	π	$\cdots$	$\dfrac{\pi n}{2}$	$\cdots$
p	p	pq	pq^2	$\cdots$	pq^n	$\cdots$

其中 $p + q = 1$. 求 $Y = \sin X$ 的分布列.

18. 已知随机变量 X 的分布密度函数为 $f_X(x) = \dfrac{1}{x(1+x^2)}$, 求 $Y = 2X + 3$ 的密度函数 $f_Y(y)$.

19. 若有彼此独立工作的同类设备 90 台,每台发生故障的概率为 0.01. 现配备三个修理工人,每人分块包修 30 台,求设备发生故障而无人修理的概率. 若三人共同负责维修 90 台,这时设备发生故障而无人修理的概率是多少?

20. 判断下面两个条件是否为随机变量 X 满足 $P(X > h) = P(X > a + h \mid X > a)$ (a、h 均为正整数) 的充分条件.

(1) X 服从几何分布 $P(X = k) = p(1-p)^{k-1}$ ($k = 1, 2, \cdots$);

(2) X 服从二项分布 $P(X = k) = C_n^k p^k (1 - p)^{n-k}$ ($k = 0, 1, 2, \cdots, n$).

21. 实验器皿中产生甲乙两种细菌的机会是相等的,且产生细菌的数 X 服从参数为 λ 的泊松发布,试求:

(1) 产生了甲类细菌但没有乙类细菌的概率;

(2) 在已知产生了细菌而且没有甲类细菌的条件下,有两个乙类细菌的概率.

22. 设随机变量 X 服从 $[a, b]$ ($a > 0$) 的均匀分布,且 $P(0 < X < 1) = \dfrac{1}{4}$, $P(X > 4) = \dfrac{1}{2}$,求:(1)X 的概率密度;(2) $P(1 < X < 5)$.

23. 设随机变量 X、Y 相互独立,均服从 $U[1, 3]$,$A = (X \leqslant a)$,$B = (Y \leqslant a)$,若 $P(A \cup B) = \dfrac{5}{9}$,求 a.

24. 设顾客到某银行窗口等待服务的时间 X(单位:分)服从指数发布,其密度函数为

$$f(x) = \begin{cases} \dfrac{1}{5} e^{-\frac{x}{5}}, & x > 0, \\ 0, & x \leqslant 0. \end{cases}$$

某顾客在窗口等待服务,如超过 10 分钟,他就离开. 他一个月到银行 5 次,以 Y 表示一个月内他未等到服务而离开窗口的次数,求 Y 的分布列,并求 $P(Y \geqslant 1)$.

25. 设随机变量 $X \sim N(1, 1^2)$,求 $P(1 < X < 2)$.

26. 设随机变量 X 的概率密度为:$f(x) = \dfrac{1}{2} e^{-|x|}$,($-\infty < x < +\infty$),则其分布函数 $F(x)$ 是(　　).

(A) $F(x) = \begin{cases} \dfrac{1}{2} e^x, & x < 0, \\ 1, & x \geqslant 0 \end{cases}$

(B) $F(x) = \begin{cases} \dfrac{1}{2} e^x, & x < 0, \\ 1 - \dfrac{1}{2} e^{-x}, & x \geqslant 0 \end{cases}$

(C) $F(x) = \begin{cases} 1 - \dfrac{1}{2} e^{-x}, & x < 0, \\ 1, & x \geqslant 0 \end{cases}$

(D) $F(x) = \begin{cases} \dfrac{1}{2} e^{-x}, & x < 0, \\ 1 - \dfrac{1}{2} e^{-x}, & 0 \leqslant x < 1, \\ 1, & x \geqslant 1 \end{cases}$

27. 假设一设备开机后无故障工作的时间 X 服从指数分布,平均无故障工作的时间 (EX) 为 5 小时. 设备定时开机,出现故障时自动关机,而在无故障的情况下工作 2 小时便关机. 试求该设备每次开机无故障工作的时间 Y 的分布函数 $F_Y(y)$.

(二) 答案

1.
$X(\omega)$	0	1	2
p	$\dfrac{2}{3}$	$\dfrac{4}{15}$	$\dfrac{1}{15}$

2. 不是　**3.** $F(x) = \begin{cases} 0, & x < -1, \\ \dfrac{1}{8}, & -1 \leqslant x < 0, \\ \dfrac{1}{4}, & 0 \leqslant x < 1, \\ \dfrac{1}{2}, & 1 \leqslant x < 2, \\ 1, & x \geqslant 2; \end{cases}$ $\dfrac{1}{4}$; 0; $\dfrac{1}{4}$

4. 不可以　**5.** $1 - 6e^{-5}$　**6.** 0.8　**7.** $\dfrac{C_\alpha^a C_\beta^b}{C_{\alpha+\beta}^{a+b}}$　**8.** $\dfrac{C_\alpha^a C_\beta^b P_{\alpha+\beta}^{a+b}}{P_{\alpha+\beta}^{a+b}}$　**9.** $\left(\dfrac{\beta}{\alpha+\beta}\right)^{a+b-1} \dfrac{\alpha}{\alpha+\beta}$

10. $P(X=k) = \left(\dfrac{2}{6}\right)^{k-1}\left(\dfrac{4}{6}\right)$　$k = 0, 1, 2, \cdots$　**11.** $\dfrac{1}{5}$; $\dfrac{4}{25}$; $\dfrac{16}{125}$　**12.** $\dfrac{4}{5}$　**13.** $\dfrac{1}{48}$

14. $2\Phi(3) - 1$　**15.** 0.2　**16.** C　**17.**
Y	-1	0	1
p	$\dfrac{pq^3}{1-q^4}$	$\dfrac{p}{1-q^2}$	$\dfrac{pq}{1-q^4}$
　18. $f_Y(y) =$

$\dfrac{1}{2} \cdot \dfrac{1}{\dfrac{y-3}{2} \cdot \left[1 + \left(\dfrac{y-3}{2}\right)^2\right]} = \dfrac{4}{4(y-3) + (y-3)^3}$.　**19.** 0.1067, 0.0135　**20.** (1) 是;

(2) 不是.　**21.** (1) $e^{-\lambda}(e^{\frac{\lambda}{2}} - 1)$　(2) $\dfrac{\lambda^2}{8(e^{\frac{\lambda}{2}} - 1)}$　**22.** (1) $f(x) = \begin{cases} \dfrac{1}{4}, & 2 \leqslant x \leqslant 6, \\ 0, & \text{其他}; \end{cases}$

(2) $\dfrac{3}{4}$　**23.** $\dfrac{5}{3}$　**24.** $P(Y=k) = C_5^k e^{-2k}(1 - e^{-2})^{5-k}$, $k = 0, 1, \cdots 5$; $P(Y \geqslant 1) = 0.5167$

25. $\Phi(1) - \dfrac{1}{2}$　**26.** B　**27.** $F_Y(y) = \begin{cases} 0, & y \leqslant 0, \\ 1 - e^{-5y}, & 0 < y < 2, \\ 1, & y \geqslant 2. \end{cases}$

五、历年考研真题解析

1. (2006) 设随机变量 X 服从正态分布 $N(\mu_1, \sigma_1^2)$,Y 服从正态分布 $N(\mu_2, \sigma_2^2)$,且 $P\{|X - \mu_1| < 1\} > P\{|Y - \mu_2| < 1\}$,则必有(　　).

(A) $\sigma_1 < \sigma_2$　　　(B) $\sigma_1 > \sigma_2$　　　(C) $\mu_1 < \mu_2$　　　(D) $\mu_1 > \mu_2$

分析 由题设可得 $P\left\{\dfrac{|X-\mu_1|}{\sigma_1}<\dfrac{1}{\sigma_1}\right\}>P\left\{\dfrac{|Y-\mu_2|}{\sigma_2}<\dfrac{1}{\sigma_2}\right\}$，则

$$2\Phi\left(\frac{1}{\sigma_1}\right)-1>2\Phi\left(\frac{1}{\sigma_2}\right)-1,即\ \Phi\left(\frac{1}{\sigma_1}\right)>\Phi\left(\frac{1}{\sigma_2}\right).$$

其中 $\Phi(x)$ 是标准正态分布的分布函数. 又 $\Phi(x)$ 是单调不减函数,则 $\dfrac{1}{\sigma_1}>\dfrac{1}{\sigma_2}$,即 $\sigma_1<\sigma_2$. 故选(A).

2. (2010)设 $f_1(x)$ 为标准正态分布的概率密度,$f_2(x)$ 为 $[-1,3]$ 上的均匀分布的概率密度,若 $f(x)=\begin{cases}af_1(x),\ x\leqslant 0,\\ bf_2(x),\ x>0,\end{cases}a>0,b>0$ 为概率密度,则 a、b 应满足(　　).

(A) $2a+3b=4$ (B) $3a+2b=4$

(C) $a+b=1$ (D) $a+b=2$

分析 由题意知:$f_1(x)=\varphi(x)=\dfrac{1}{\sqrt{2\pi}}\mathrm{e}^{-\frac{x^2}{2}}$，$f_2(x)=\begin{cases}\dfrac{1}{4},\ -1\leqslant x\leqslant 3,\\ 0,\ \ 其他.\end{cases}$ 因为 $f(x)$

是概率密度函数,满足 $\displaystyle\int_{-\infty}^{+\infty}f(x)\mathrm{d}x=1$,所以有:

$$1=\int_{-\infty}^{+\infty}f(x)\mathrm{d}x=\int_{-\infty}^{0}af_1(x)\mathrm{d}x+\int_{0}^{+\infty}bf_2(x)\mathrm{d}x$$

$$=\int_{-\infty}^{0}a\ \frac{1}{\sqrt{2\pi}}\mathrm{e}^{-\frac{x^2}{2}}\mathrm{d}x+\int_{0}^{3}b\ \frac{1}{4}\mathrm{d}x=\frac{a}{2}+\frac{3b}{4},$$

即 $2a+3b=4$. 故选(A).

3. (2010)设随机变量 X 的分布函数 $F(x)=\begin{cases}0,\ \ \ \ \ \ x<0,\\ \dfrac{1}{2},\ \ \ \ \ \ 0\leqslant x<1,,\\ 1-\mathrm{e}^{-x},\ x\geqslant 1,\end{cases}$ 则 $P\{X=1\}=$

(　　).

(A) 0 (B) $\dfrac{1}{2}$

(C) $\dfrac{1}{2}-\mathrm{e}^{-1}$ (D) $1-\mathrm{e}^{-1}$

分析 由概率值与分布函数的定义知:

$$P\{X=1\}=P\{X\leqslant 1\}-P\{X<1\}=F(1)-F(1-0)=1-\mathrm{e}^{-1}-\frac{1}{2}=\frac{1}{2}-\mathrm{e}^{-1},$$

故选(C).

4. (2011)设 $F_1(x)$、$F_2(x)$ 为两个分布函数,其相应的概率密度 $f_1(x)$、$f_2(x)$ 是连续函数,则下列必为概率密度的是(　　).

(A) $f_1(x)f_2(x)$ (B) $2f_2(x)F_1(x)$

(C) $f_1(x)F_2(x)$ (D) $f_1(x)F_2(x)+f_2(x)F_1(x)$

分析 $\int_{-\infty}^{+\infty}[f_1(x)F_2(x)+f_2(x)F_1(x)]\mathrm{d}x = F_1(x)F_2(x)\Big|_{-\infty}^{+\infty}=1$，故选(D).

第 3 章　**多维随机变量及其分布**

一、学习要求

1. 了解二维随机变量的概念.

2. 了解二维随机变量的联合分布函数及其性质,了解二维离散型随机变量的联合分布律及其性质,了解二维连续型随机变量的联合概率密度及其性质,并会用它计算有关事件的概率.

3. 了解二维随机变量的边缘分布和条件分布.

4. 理解随机变量独立性的概念,掌握应用随机变量的独立性进行概率计算.

5. 会求两个独立随机变量的简单函数的分布.

二、概念网络图

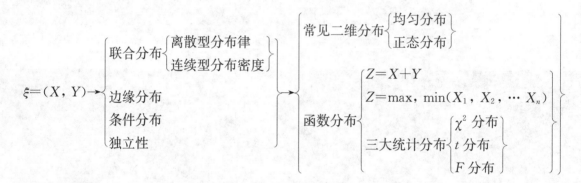

三、重要概念、定理结合范例分析

(一) 多维随机变量的概念及分类

我们把 n 个随机变量 X_1、X_2、$\cdots$、X_n 作为一个整体来考察称为一个 **n 维随机变量** 或 **n 维随机向量**,记为 $\xi=(X_1, X_2, \cdots, X_n)$,其中 X_i 称为 ξ 的第 i 个分量. 对于二维随机向量,用 $\xi=(X, Y)$ 表示,一般情况下我们只讨论离散型和连续型两大类.

1. 二维离散型随机向量联合概率分布及边缘分布

如果二维随机向量 (X, Y) 的所有可能取值为至多可列个有序对 (x, y) 时,那么称 ξ 为**离散型随机向量**.

设 $\xi=(X, Y)$ 的所有可能取值为 $(x_i, y_j)(i, j=1, 2, \cdots)$,且事件 $\{\xi=(x_i, y_j)\}$ 的概率为 p_{ij},称

$$P\{(X, Y)=(x_i, y_j)\}=p_{ij}(i, j=1, 2, \cdots)$$

为 $\xi=(X, Y)$ 的**分布律**或称为 X 和 Y 的**联合分布律**. 联合分布有时也用下面的概率分布表来表示:

X \ Y	y_1	y_2	$\cdots$	y_i	$\cdots$	$p_i.$
x_1	p_{11}	p_{12}	$\cdots$	p_{1j}	$\cdots$	$p_1.$
x_2	p_{21}	p_{22}	$\cdots$	p_{2j}	$\cdots$	$p_2.$
$\cdots$	$\cdots$	$\cdots$		$\cdots$		
x_i	p_{i1}	p_{i2}	$\cdots$	p_{ij}	$\cdots$	$p_i.$
$\cdots$	$\cdots$	$\cdots$		$\cdots$		
$p_{\cdot j}$	$p_{\cdot 1}$	$p_{\cdot 2}$	$\cdots$	$p_{\cdot j}$	$\cdots$	1

这里 p_{ij} 具有下面两个性质:

(1) $p_{ij} \geqslant 0(i, j = 1, 2, \cdots)$;

(2) $\sum_i \sum_j p_{ij} = 1$.

对于随机向量 (X, Y),称其分量 X(或 Y)的分布为 (X, Y) 的关于 X(或 Y)的**边缘分布**.上表中的最后一列(或行)给出了 X(或 Y)的边缘分布.

一般来说,当 (X, Y) 为离散型,并且其联合分布律为

$$P\{(X, Y) = (x_i, y_j)\} = p_{ij}(i, j = 1, 2, \cdots),$$

则 X 的边缘分布为

$$p_{i\cdot} = P(X = x_i) = \sum_j p_{ij}(i = 1, 2, \cdots),$$

Y 的边缘分布为

$$P_{\cdot j} = P(Y = y_j) = \sum_i p_{ij}(j = 1, 2, \cdots).$$

例 1 设二维随机向量 (X, Y) 共有 6 个取正概率的点,它们是 $(1, -1)$、$(2, -1)$、$(2, 0)$、$(2, 2)$、$(3, 1)$、$(3, 2)$,并且 (X, Y) 取得它们的概率相同,则 (X, Y) 的联合分布及边缘分布为

X \ Y	-1	0	1	2	$p_i.$
1	$\frac{1}{6}$	0	0	0	$\frac{1}{6}$
2	$\frac{1}{6}$	$\frac{1}{6}$	0	$\frac{1}{6}$	$\frac{1}{2}$
3	0	0	$\frac{1}{6}$	$\frac{1}{6}$	$\frac{1}{3}$
$p_{\cdot j}$	$\frac{1}{3}$	$\frac{1}{6}$	$\frac{1}{6}$	$\frac{1}{3}$	1

2. 二维连续型随机向量联合分布密度及边缘分布

对于二维随机向量 $\xi=(X,Y)$，如果存在非负函数 $f(x,y)(-\infty<x<+\infty,-\infty<y<+\infty)$，使对任意一个其邻边分别平行于坐标轴的矩形区域 D，即 $D=\{(x,y)\mid a<x<b,c<y<d\}$ 有

$$P\{(X,Y)\in D\}=\iint\limits_{D}f(x,y)\mathrm{d}x\mathrm{d}y,$$

那么称 ξ 为**连续型随机向量**；并称 $f(x,y)$ 为 $\xi=(X,Y)$ 的**分布密度**或称为 X 和 Y 的**联合分布密度**.

分布密度 $f(x,y)$ 具有下面两个性质：

(1) $f(x,y)\geqslant 0$；

(2) $\displaystyle\int_{-\infty}^{+\infty}\int_{-\infty}^{+\infty}f(x,y)\mathrm{d}x\mathrm{d}y=1$；

一般来说，当 (X,Y) 为连续型随机向量，并且其联合分布密度为 $f(x,y)$，则关于 X 和 Y 的边缘分布密度为

$$f_X(x)=\int_{-\infty}^{+\infty}f(x,y)\mathrm{d}y,\quad f_Y(y)=\int_{-\infty}^{+\infty}f(x,y)\mathrm{d}x.$$

例2　设 (X,Y) 的联合分布密度为

$$f(x,y)=\begin{cases}Ce^{-(3x+4y)},&x\geqslant 0,\ y\geqslant 0,\\0,&\text{其他}.\end{cases}$$

试求：(1) 常数 C；(2) $P\{0<X<1,0<Y<2\}$；(3) 关于 X 与 Y 的边缘分布密度 $f_X(x)$、$f_Y(y)$.

解　(1) 由 $f(x,y)$ 的性质，有

$$1=\int_{-\infty}^{+\infty}\int_{-\infty}^{+\infty}f(x,y)\mathrm{d}x\mathrm{d}y=\int_0^{+\infty}\int_0^{+\infty}Ce^{-(3x+4y)}\mathrm{d}x\mathrm{d}y$$

$$=C\cdot\int_0^{+\infty}e^{-3x}\mathrm{d}x\cdot\int_0^{+\infty}e^{-4y}\mathrm{d}y=\frac{1}{12}C,$$

即 $C=12$.

(2) 令 $D=\{(x,y)\mid 0<x<1,0<y<2\}$，有

$$P\{0<X<1,0<Y<2\}=P\{(X,Y)\in D\}=\iint\limits_{D}f(x,y)\mathrm{d}x\mathrm{d}y$$

$$=\iint\limits_{D}12e^{-(3x+4y)}\mathrm{d}x\mathrm{d}y=12\int_0^1 e^{-3x}\mathrm{d}x\int_0^2 e^{-4y}\mathrm{d}y=(1-e^{-3})(1-e^{-8}).$$

(3) 先求 X 的边缘分布密度：

① 当 $x<0$ 时，$f(x,y)=0$，于是

$$f_X(x) = \int_0^{+\infty} f(x, y)\mathrm{d}y = 0.$$

② 当 $x \geqslant 0$ 时,只有 $y \geqslant 0$ 时, $f(x, y) = 12\mathrm{e}^{-(3x+4y)}$,于是

$$f_X(x) = \int_0^{+\infty} 12\mathrm{e}^{-(3x+4y)}\mathrm{d}y = 3\mathrm{e}^{-3x}.$$

因此

$$f_X(x) = \begin{cases} 3\mathrm{e}^{-3x}, & x \geqslant 0, \\ 0, & x < 0. \end{cases}$$

同理

$$f_Y(y) = \begin{cases} 4\mathrm{e}^{-4y}, & y \geqslant 0, \\ 0, & y < 0. \end{cases}$$

下面介绍两种常见的连续型随机向量的分布.

(1) 均匀分布

设随机向量 (X, Y) 的分布密度函数为

$$f(x, y) = \begin{cases} \dfrac{1}{S_D}, & (x, y) \in D, \\ 0, & \text{其他}. \end{cases}$$

其中 S_D 为区域 D 的面积,则称 (X, Y) 服从 D 上的**均匀分布**,记为 $(X, Y) \sim U(D)$.

在以后的讨论中,我们经常遇到的区域 D 有下面 8 种情况(图 3-1—图 3-8):

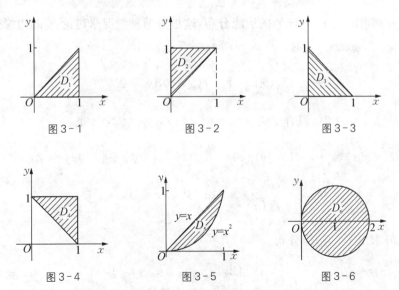

图 3-1　　　　　　　图 3-2　　　　　　　图 3-3

图 3-4　　　　　　　图 3-5　　　　　　　图 3-6

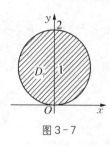 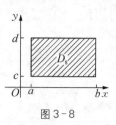

图 3-7   图 3-8

问题   试求出上面 8 种情况下二维均匀分布的边缘分布. 以 D_1 为例,其步骤如下:

(Ⅰ) 先用联立不等式表示区域 D_1:

$$D_1: \begin{cases} 0 \leqslant x \leqslant 1, \\ 0 \leqslant y \leqslant x. \end{cases}$$

(Ⅱ) 写出联合分布密度函数:由均匀分布的定义

$$f(x, y) = \begin{cases} \dfrac{1}{S_D}, & (x, y) \in D, \\ 0, & \text{其他}. \end{cases}$$

考虑到 $S_D = \dfrac{1}{2}$,因此

$$f(x, y) = \begin{cases} 2, & (x, y) \in D, \\ 0, & \text{其他}. \end{cases}$$

(Ⅲ) 分别求出关于 X 与 Y 的边缘分布,这里分两种情况来讨论 X 的边缘分布:

① 当 $x < 0$ 或 $x > 1$ 时,$f(x, y) \equiv 0$,于是

$$f_X(x) = \int_{-\infty}^{+\infty} f(x, y)\mathrm{d}y = 0.$$

② 当 $0 \leqslant x \leqslant 1$ 时,只有 $0 \leqslant y \leqslant x$ 时,$f(x, y) = 2$,于是

$$f_X(x) = \int_{-\infty}^{+\infty} f(x, y)\mathrm{d}y = \int_{-\infty}^{0} 0\mathrm{d}y + \int_{0}^{x} 2\mathrm{d}y + \int_{x}^{+\infty} 0\mathrm{d}y = 2x.$$

所以
$$f_X(x) = \begin{cases} 2x, & 0 \leqslant x \leqslant 1, \\ 0, & \text{其他}. \end{cases}$$

同理,可求出 Y 的边缘分布

$$f_Y(y) = \begin{cases} 2(1-y), & 0 \leqslant y \leqslant 1, \\ 0, & \text{其他}. \end{cases}$$

例 3　设二维连续型随机变量 (X, Y) 在区域 D 上服从均匀分布，其中

$$D = \{(x, y) \mid |x+y| \leqslant 1, |x-y| \leqslant 1\},$$

求 X 的边缘分布密度 $f_X(x)$。

解　区域 D 实际上是以 $(-1, 0)$、$(0, 1)$、$(1, 0)$、$(0, -1)$ 为顶点的正方形区域（见图 3-9），其边长为 $\sqrt{2}$，面积 $S_D = 2$，因此 (X, Y) 的联合密度是

$$f(x, y) = \begin{cases} \dfrac{1}{2}, & (x, y) \in D, \\ 0, & (x, y) \notin D. \end{cases}$$

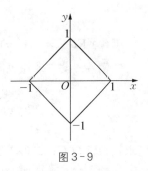

图 3-9

所以，

$$f_X(x) = \int_{-\infty}^{+\infty} f(x, y)\mathrm{d}y = \begin{cases} \displaystyle\int_{-1-x}^{x+1} \dfrac{1}{2}\mathrm{d}y, & -1 \leqslant x \leqslant 0, \\ \displaystyle\int_{x-1}^{1-x} \dfrac{1}{2}\mathrm{d}y, & 0 < x \leqslant 1, \\ 0, & \text{其他.} \end{cases}$$

即

$$f_X(x) = \begin{cases} 1+x, & -1 \leqslant x \leqslant 0, \\ 1-x, & 0 < x \leqslant 1, \\ 0, & \text{其他.} \end{cases}$$

（2）正态分布

设随机向量 (X, Y) 的分布密度函数为

$$f(x, y) = \frac{1}{2\pi\sigma_1\sigma_2\sqrt{1-\rho^2}} \mathrm{e}^{-\frac{1}{2(1-\rho^2)}\left[\left(\frac{x-\mu_1}{\sigma_1}\right)^2 - \frac{2\rho(x-\mu_1)(y-\mu_2)}{\sigma_1\sigma_2} + \left(\frac{y-\mu_2}{\sigma_2}\right)^2\right]},$$

其中 μ_1, μ_2, $\sigma_1 > 0$, $\sigma_2 > 0$, $|\rho| < 1$ 是 5 个参数，则称 (X, Y) 服从二维**正态分布**，记为 $(X, Y) \sim N(\mu_1, \mu_2, \sigma_1^2, \sigma_2^2, \rho)$。

由边缘密度的计算公式，可以推出二维正态分布的两个边缘分布仍为正态分布，即 $X \sim N(\mu_1, \sigma_1^2)$，$Y \sim N(\mu_2, \sigma_2^2)$。

3. 二维随机向量联合分布函数及其性质

设 (X, Y) 为二维随机变量，对于任意实数 x、y，二元函数

$$F(x, y) = P\{X \leqslant x, Y \leqslant y\}$$

称为二维随机变量 (X, Y) 的**分布函数**，或称为随机变量 X 和 Y 的**联合分布函数**。

分布函数是一个以全平面为其定义域，以事件 $\{(\omega_1, \omega_2) \mid -\infty < X(\omega_1) \leqslant x, -\infty < Y(\omega_2) \leqslant y\}$ 的概率为函数值的一个实值函数。分布函数 $F(x, y)$ 具有以下的基本性质：

（1）$0 \leqslant F(x, y) \leqslant 1$。

(2) $F(x, y)$分别对x和y是非减的,即

当$x_2 > x_1$时,有$F(x_2, y) \geqslant F(x_1, y)$;当$y_2 > y_1$时,有$F(x, y_2) \geqslant F(x, y_1)$.

(3) $F(x, y)$分别对x和y是右连续的,即

$$F(x, y) = F(x+0, y), \quad F(x, y) = F(x, y+0).$$

(4) $F(-\infty, -\infty) = F(-\infty, y) = F(x, -\infty) = 0, \quad F(+\infty, +\infty) = 1.$

例4 设二维随机向量(X, Y)的联合分布函数为

$$F(x, y) = \begin{cases} C - 3^{-x} - 3^{-y} + 3^{-x-y}, & x \geqslant 0, \ y \geqslant 0, \\ 0, & \text{其他.} \end{cases}$$

求:(1)常数C;(2)(X, Y)的联合分布密度$f(x, y)$.

解 (1) 由性质$F(+\infty, +\infty) = 1$,得到$C = 1$.

(2) 由公式:$f(x, y) = \dfrac{\partial^2 F(x, y)}{\partial x \partial y}$有

$$\frac{\partial F(x, y)}{\partial x} = 3^{-x}\ln 3 - 3^{-x-y}\ln 3,$$

$$\frac{\partial^2 F(x, y)}{\partial x \partial y} = \frac{\partial}{\partial y}(3^{-x}\ln 3 - 3^{-x-y}\ln 3) = 3^{-x-y}(\ln 3)^2.$$

故 $$f(x, y) = \begin{cases} 3^{-x-y}(\ln 3)^2, & x \geqslant 0, \ y \geqslant 0, \\ 0, & \text{其他.} \end{cases}$$

例5 设D_2是$x = 0, y = 0, y = 2x+1$围成的区域,$\xi = (X, Y)$在D_2上均匀分布,求$F(x, y)$.

答案是:

$$F(x, y) = \begin{cases} 0, & (x, y) \in D_1, \\ 2y(2x+1) - y^2, & (x, y) \in D_2, \\ (2x+1)^2, & (x, y) \in D_3, \\ 2y - y^2, & (x, y) \in D_4, \\ 1, & (x, y) \in D_5. \end{cases}$$

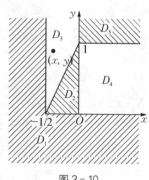

图 3 - 10

其中区域D_1、D_2、D_3、D_4、D_5如图3-10所示.

问题 (1) 在区域D_3内任找一点(x, y),$F(x, y) - P(X \leqslant x, Y \leqslant y) \xlongequal{\text{def}} P((X, Y) \in D)$,请将区域$D$在图3-10中表示出来.

(2) 如何计算$(x, y) \in D_i (i = 1, 2, 3, 4, 5)$的$F(x, y)$的值?

(3) 可否使用几何概型计算$F(x, y)$?

4. 条件分布

当 (X, Y) 为离散型,并且其联合分布律为

$$P\{(X, Y) = (x_i, y_j)\} = p_{ij}(i, j = 1, 2, \cdots),$$

则在已知 $Y = y_j$ 的条件下,X 取值的条件分布为

$$P(X = x_i \mid Y = y_j) = \frac{p_{ij}}{p_{\cdot j}}.$$

在已知 $X = x_i$ 的条件下,Y 取值的条件分布为

$$P(Y = y_j \mid X = x_i) = \frac{p_{ij}}{p_{i\cdot}},$$

其中 $p_{i\cdot}$、$p_{\cdot j}$ 分别为 X、Y 的边缘分布.

当 (X, Y) 为连续型随机向量,并且其联合分布密度为 $f(x, y)$,则在已知 $Y=y$ 的条件下,X 的条件分布密度为

$$f(x \mid y) = \frac{f(x, y)}{f_Y(y)},$$

在已知 $X = x$ 的条件下,Y 的条件分布密度为

$$f(y \mid x) = \frac{f(x, y)}{f_X(x)},$$

其中 $f_X(x) > 0$,$f_Y(y) > 0$ 分别为 X、Y 的边缘分布密度.

例 6　设二维随机向量 (X, Y) 的联合分布为

X \ Y	0.4	0.8
2	0.15	0.05
5	0.30	0.12
8	0.35	0.03

求:(1) X 与 Y 的边缘分布;

(2) X 关于 Y 取值 $y_1 = 0.4$ 的条件分布;

(3) Y 关于 X 取值 $x_2 = 5$ 的条件分布.

解　(1) 由公式

$$p_{i\cdot} = p(X = x_i) = \sum_j p_{ij}(i = 1, 2, 3),$$

x_i	2	5	8
$p_i.$	0.20	0.42	0.38

$$p_{\cdot j} = p(Y = y_j) = \sum_i p_{ij} \, (j = 1, 2),$$

y_j	0.4	0.8
$p_{\cdot j}$	0.80	0.20

(2) 计算下面各条件概率：

$$p(x_1 \mid y_1) = \frac{p(x_1, y_1)}{p(y_1)} = \frac{0.15}{0.80} = \frac{3}{16}, \quad p(x_2 \mid y_1) = \frac{p(x_2, y_1)}{p(y_1)} = \frac{0.30}{0.80} = \frac{3}{8},$$

$$p(x_3 \mid y_1) = \frac{p(x_3, y_1)}{p(y_1)} = \frac{0.35}{0.80} = \frac{7}{16}.$$

因此，X 关于 Y 取值 $y_1 = 0.4$ 的条件分布为

x_i	2	5	8
$p(x_i \mid y_1)$	$\frac{3}{16}$	$\frac{3}{8}$	$\frac{7}{16}$

(3) 同样方法求出 Y 关于 X 取值 $x_2 = 5$ 的条件分布为

y_i	0.4	0.8
$p(y_j \mid x_2)$	$\frac{5}{7}$	$\frac{2}{7}$

例 7 设二维随机向量 (X, Y) 的联合分布密度为

$$f(x, y) = \frac{1}{\pi} e^{-\frac{1}{2}(x^2 + 2xy + 5y^2)}.$$

求：(1) 关于 X 与 Y 的边缘分布密度；(2) 条件分布密度.

解 (1) 由公式

$$f_X(x) = \int_{-\infty}^{+\infty} f(x, y) \mathrm{d}y = \frac{1}{\pi} \int_{-\infty}^{+\infty} e^{-\frac{1}{2}(x^2 + 2xy + 5y^2)} \mathrm{d}y$$

$$= \frac{1}{\pi} e^{-\frac{x^2}{2}} e^{\frac{x^2}{10}} \sqrt{\frac{2}{5}} \int_{-\infty}^{+\infty} e^{-\left(\sqrt{\frac{5}{2}} y + \sqrt{\frac{1}{10}} x\right)^2} \mathrm{d}\left(\sqrt{\frac{5}{2}} y + \sqrt{\frac{1}{10}} x\right)$$

$$= \frac{1}{\pi} \sqrt{\frac{2}{5}} e^{-0.4x^2} \cdot \sqrt{\pi} = \sqrt{\frac{2}{5\pi}} e^{-0.4x^2},$$

这里应用了 $\int_{-\infty}^{+\infty}\mathrm{e}^{-u^2}\,\mathrm{d}u=\sqrt{\pi}$. 同理，可求得 Y 的边缘分布密度为

$$f_Y(y) = \sqrt{\frac{2}{\pi}}\,\mathrm{e}^{-2y^2}.$$

(2) 在给定 $Y=y$ 的条件下，X 的条件分布密度为

$$f(x \mid y) = \frac{f(x,\ y)}{f_Y(y)} = \frac{1}{\sqrt{2\pi}}\mathrm{e}^{-0.5(x+y)^2},$$

而在给定 $X=x$ 的条件下，Y 的条件分布密度为

$$f(y \mid x) = \frac{f(x,\ y)}{f_X(x)} = \frac{\sqrt{5}}{\sqrt{2\pi}}\mathrm{e}^{-0.1(x+5y)^2}.$$

(二) 随机变量的独立性

设 X、Y 是两个随机变量. 若对于任意的 $a<b,\ c<d$，事件 $\{a<X<b\}$ 与 $\{c<Y<d\}$ 相互独立，则称随机变量 X 与 Y 是**相互独立的**；否则，称 X 与 Y 是**相依的**.

(1) 对于离散型随机向量，可以证明：当 X、Y 的分布律分别为 $p_{i\cdot}=P(X=x_i),\ i=1,\ 2,\ \cdots;\ p_{\cdot j}=P(Y=y_j),\ j=1,\ 2,\ \cdots$ 时，则 X 与 Y 相互独立的充要条件是：对一切 i、j 有

$$P(X=x_i,\ Y=y_j) = P(X=x_i)P(Y=y_j),$$

即
$$p_{ij} = p_{i\cdot} \cdot p_{\cdot j}.$$

(2) 对于连续型随机向量，可以证明：当 X、Y 的分布密度分别是 $f_X(x)$、$f_Y(y)$ 时，则 X 与 Y 相互独立的充要条件是：二元函数 $f_X(x)f_Y(y)$ 为随机向量 $(X,\ Y)$ 的联合分布密度 $f(x,\ y)$，即

$$f(x,\ y) = f_X(x)f_Y(y).$$

(3) 对于一般类型随机向量，可以证明：当 X、Y 的分布函数分别是 $F_X(x)$、$F_Y(y)$ 时，则 X 与 Y 相互独立的充要条件是：二元函数 $F_X(x)F_Y(y)$ 为随机向量 $(X,\ Y)$ 的联合分布函数 $F(x,\ y)$，即

$$F(x,\ y) = F_X(x)F_Y(y).$$

例 8　利用上面的结论(1)，不难验证例 1 中的 X 与 Y 不独立.

问题　如何根据联合分布 p_{ij} 特点，直接看出 X 与 Y 不独立？

例 9　设随机变量 X 与 Y 相互独立，下表列出了二维随机向量 $(X,\ Y)$ 联合分布律及关于 X 和 Y 的边缘分布律中的部分数值，试将其余数值填入下表的空白处.

X ＼ Y	y_1	y_2	y_3	$P\{X=x_i\}=p_i.$
x_1		$\dfrac{1}{8}$		
x_2	$\dfrac{1}{8}$			
$P\{Y=y_j\}=p_{\cdot j}$	$\dfrac{1}{6}$			1

分析　应注意到 X 与 Y 相互独立.

解　由于

$$P(X=x_1,Y=y_1)=P(Y=y_1)-P(X=x_2,Y=y_1)$$

$$=\frac{1}{6}-\frac{1}{8}=\frac{1}{24},$$

考虑到 X 与 Y 相互独立,有

$$P(X=x_1)P(Y=y_1)=P(X=x_1,Y=y_1),$$

即

$$P\{X=x_1\}=\frac{\dfrac{1}{24}}{\dfrac{1}{6}}=\frac{1}{4}.$$

所以,同理,可以导出其他数值. 故 (X,Y) 的联合分布律为

X ＼ Y	y_1	y_2	y_3	$P\{X=x_i\}=p_i.$
x_1	$\dfrac{1}{24}$	$\dfrac{1}{8}$	$\dfrac{1}{12}$	$\dfrac{1}{4}$
x_2	$\dfrac{1}{8}$	$\dfrac{3}{8}$	$\dfrac{1}{4}$	$\dfrac{3}{4}$
$P\{Y=y_j\}=p_{\cdot j}$	$\dfrac{1}{6}$	$\dfrac{1}{2}$	$\dfrac{1}{3}$	1

例 10　由结论(2),不难验证例 2 中的 X 与 Y 是相互独立的.

问题　判断前面 69 页中给出的 8 种均匀分布中的 X 与 Y 的独立性,由此可以得到什么结论?

例 11　设随机变量 X 以概率 1 取值 0,而 Y 是任意的随机变量,证明: X 与 Y 相互独立.

证　X 的分布函数为

$$F_X(x) = \begin{cases} 0, & x < 0, \\ 1, & x \geqslant 0. \end{cases}$$

设 Y 的分布函数为 $F_Y(y)$，(X, Y) 的分布函数为 $F(x, y)$，则当 $x < 0$ 时，对任意的 y 有

$$F(x, y) = P\{X \leqslant x, Y \leqslant y\} = P(\{X \leqslant x\} \bigcap \{Y \leqslant y\})$$
$$= P(\varnothing \bigcap \{Y \leqslant y\}) = P(\varnothing) = 0 = F_X(x)F_Y(y).$$

当 $x \geqslant 0$ 时，对任意的 y 有

$$F(x, y) = P(\{X \leqslant x\} \bigcap \{Y \leqslant y\}) = P\{Y \leqslant y\} = F_Y(y) = F_X(x)F_Y(y).$$

因此，对任意的 x、y 均有

$$F(x, y) = F_X(x)F_Y(y),$$

即 X 与 Y 相互独立.

问题　这里的 X 是离散型，还是连续型随机变量？若是离散型，它有几个正概率点？

下面介绍有关随机变量独立性的几个重要结论.

(1) 设 (X, Y) 的分布密度函数为 $f(x, y)$，证明 X 与 Y 相互独立的充分必要条件是 $f(x, y)$ 可分离变量，即

$$f(x, y) = g(x) \cdot h(y).$$

证"⇒"必要性. 若 X 与 Y 相互独立，记它们的分布分别为 $f_X(x)$、$f_Y(y)$，由独立性可知

$$f(x, y) = f_X(x) \cdot f_Y(y),$$

则取 $g(x) = f_X(x)$，$h(y) = f_Y(y)$ 即可.

"⇐"充分性. 若 $f(x, y)$ 可分离变量，即

$$f(x, y) = g(x) \cdot h(y),$$

由于 $f(x, y) \geqslant 0$，可知 $g(x)$ 与 $h(y)$ 同号，不妨假设它们恒为正.

记 $\int_{-\infty}^{+\infty} g(x) \mathrm{d}x = a > 0$，由联合分布密度性质：

$$\int_{-\infty}^{+\infty} \int_{-\infty}^{+\infty} f(x, y) \mathrm{d}\sigma = 1$$

有 $\int_{-\infty}^{+\infty} h(y) \mathrm{d}y = \dfrac{1}{a}$. 令

$$f_X(x) = \frac{g(x)}{a}, \quad f_Y(y) = ah(y),$$

则 $f_X(x) \geqslant 0$，$f_Y(y) \geqslant 0$，且

$$\int_{-\infty}^{+\infty} f_X(x)\mathrm{d}x = 1, \quad \int_{-\infty}^{+\infty} f_Y(y)\mathrm{d}y = 1.$$

所以 $f_X(x)$、$f_Y(y)$ 分别为 X、Y 的边缘分布密度,且

$$f(x, y) = f_X(x)f_Y(y),$$

因此,X 与 Y 是相互独立的.

利用上述方法,不难验证下面的结论:

(2) 若 (X, Y) 服从二元正态分布,即 $(X, Y) \sim N(\mu_1, \mu_2, \sigma_1^2, \sigma_2^2, \rho)$,则 X 与 Y 相互独立的充要条件是:$\rho = 0$.

(3) 若随机变量 X 与 Y 相互独立,而 $f(x)$、$g(x)$ 为两个连续或分段连续函数时,令 $\xi = f(X)$,$\eta = g(Y)$,则 ξ 与 η 相互独立.

问题　(Ⅰ) 使用结论(1)判断独立性时,对正概率区域有什么要求?

(Ⅱ) 利用结论(1)分别讨论例 2 及例 3 中 X 与 Y 的独立性?

(Ⅲ) 结论(3)的逆命题是否成立? 为什么?

例 12　设 (X, Y) 的联合分布密度为

$$f(x, y) = \begin{cases} \dfrac{1+xy}{4}, & |x| < 1, \ |y| < 1, \\ 0, & \text{其他}. \end{cases}$$

试证明:(1) X 与 Y 是相依的;(2) X^2 与 Y^2 是相互独立的.

证明　(1) 先求 X 的边缘分布密度. 当 $|x| < 1$ 时,有

$$f_X(x) = \int_{-\infty}^{+\infty} f(x, y)\mathrm{d}y = \int_{-1}^{1} \frac{1+xy}{4}\mathrm{d}y = \frac{1}{2}.$$

当 $|x| \geqslant 1$ 时,$f_X(x) = 0$,因此

$$f_X(x) = \begin{cases} \dfrac{1}{2}, & |x| < 1, \\ 0, & \text{其他}. \end{cases}$$

同理

$$f_Y(y) = \begin{cases} \dfrac{1}{2}, & |y| < 1, \\ 0, & \text{其他}. \end{cases}$$

可见,当 $|x| < 1$,$|y| < 1$ 时

$$f(x, y) \neq f_X(x) \cdot f_Y(y),$$

所以 X 与 Y 不独立,即是相依的.

(2) 令 $\xi = X^2$, $\eta = Y^2$,其分布函数分别为 $F_\xi(x)$ 和 $F_\eta(y)$,于是当 $0 \leqslant x < 1$ 时,有

$$F_\xi(x) = P(X^2 \leqslant x) = P(-\sqrt{x} \leqslant X \leqslant \sqrt{x})$$
$$= \int_{-\sqrt{x}}^{\sqrt{x}} \frac{1}{2} \mathrm{d}x = \sqrt{x},$$

因此

$$F_\xi(x) = \begin{cases} 0, & x < 0, \\ \sqrt{x}, & 0 \leqslant x < 1, \\ 1, & x \geqslant 1. \end{cases}$$

同理可求得 Y^2 的分布函数

$$F_\eta(y) = \begin{cases} 0, & y < 0, \\ \sqrt{y}, & 0 \leqslant y < 1, \\ 1, & y \geqslant 1. \end{cases}$$

如图 3-11 所示,将 xOy 平面分成 5 块区域来讨论,并将 (ξ, η) 的分布函数记为 $G(x, y)$,则

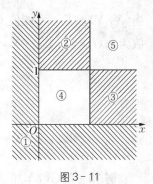

图 3-11

① 当 $x < 0$ 或 $y < 0$ 时,$G(x, y) = 0$.

② 当 $0 \leqslant x < 1$, $y \geqslant 1$ 时,

$$G(x, y) = P(X^2 \leqslant x, Y^2 \leqslant y) = P(X^2 \leqslant x) = \sqrt{x}.$$

③ 当 $0 \leqslant y < 1$, $x \geqslant 1$ 时,同理 $G(x, y) = \sqrt{y}$.

④ 当 $0 \leqslant x < 1$, $0 \leqslant y < 1$ 时,

$$G(x, y) = P(X^2 \leqslant x, Y^2 \leqslant y)$$
$$= P(-\sqrt{x} \leqslant X \leqslant \sqrt{x}, -\sqrt{y} \leqslant Y \leqslant \sqrt{y})$$
$$= \int_{-\sqrt{x}}^{\sqrt{x}} \mathrm{d}s \int_{-\sqrt{y}}^{\sqrt{y}} \frac{1+st}{4} \mathrm{d}t = \sqrt{xy}.$$

⑤ 当 $x \geqslant 1$, $y \geqslant 1$ 时,

$$G(x, y) = P(X^2 \leqslant x, Y^2 \leqslant y) = \int_{-1}^{1} \int_{-1}^{1} \frac{1+xy}{4} \mathrm{d}x\mathrm{d}y = 1.$$

综合起来得到

$$G(x, y) = \begin{cases} 0, & x < 0 \text{ 或 } y < 0, \\ \sqrt{x}, & 0 \leqslant x < 1,\, y \geqslant 1, \\ \sqrt{y}, & 0 \leqslant y < 1,\, x \geqslant 1, \\ \sqrt{xy}, & 0 \leqslant x < 1,\, 0 \leqslant y < 1, \\ 1, & x \geqslant 1,\, y \geqslant 1. \end{cases}$$

不难验证,对于所有 x、y 都有

$$G(x, y) = F_\xi(x) \cdot F_\eta(y),$$

所以 ξ 与 η 相互独立,即 X^2 与 Y^2 相互独立.

(三) 函数的分布

1. 设 $\xi = (X, Y)$ 的联合分布为 $F(x, y)$,由 $Z = g(X, Y)$ 确定 Z 的分布

(1) 当 ξ 为离散型时,确定 Z 的分布

设 (X, Y) 的联合分布律为

$$p_{ij} = P(X = x_i, Y = y_i)(i, j = 1, 2, \cdots),$$

当 (X, Y) 取某一可能值 (x_i, y_i) 时,$Z = g(X, Y)$ 取值为 $g(x_i, y_i)$. 设 Z 的一切可能取值为 $z_k(k = 1, 2, \cdots)$,令

$$C_k = \{(x_i, y_j) \mid g(x_i, y_i) = z_k\},$$

则有

$$P(Z = z_k) = P\{(X, Y) \in C_k\} = \sum_{(x_i,\, y_j) \in C_k} P(X = x_i, Y = y_j).$$

例 13 设 (X, Y) 的联合分布为

X \ Y	0	1	2
0	$\dfrac{1}{12}$	$\dfrac{1}{6}$	$\dfrac{1}{12}$
1	$\dfrac{1}{3}$	$\dfrac{1}{6}$	$\dfrac{1}{6}$

求:(1) $Z_1 = X + Y$;(2) $Z_2 = X - Y$;(3) $Z_3 = XY$ 的分布列.

解 (1) $Z_1 = X + Y$ 的正概率点为 0、1、2、3. 因为

$$\{Z_1 = 0\} = \{X = 0, Y = 0\},$$

所以

$$P(Z_1 = 0) = P(X = 0, Y = 0) = \frac{1}{12}.$$

又因为

$$\{Z_1 = 1\} = \{X = 0, Y = 1\} + \{X = 1, Y = 0\},$$

所以

$$P(Z_1 = 1) = P(X = 0, Y = 1) + P(X = 1, Y = 0) = \frac{1}{6} + \frac{1}{3} = \frac{1}{2}.$$

同理　　　　$$P(Z_1 = 2) = \frac{1}{12} + \frac{1}{6} = \frac{1}{4}, \ P(Z_1 = 3) = \frac{1}{6}.$$

故 Z_1 的分布列为

Z_1	0	1	2	3
p_k	$\frac{1}{12}$	$\frac{1}{2}$	$\frac{1}{4}$	$\frac{1}{6}$

(2) 略.

(3) 略.

(2) 当 ξ 为连续型时,确定 Z 的分布

设 (X, Y) 的联合分布密度为 $f(x, y)$,利用一维连续型随机变量函数分布的定义法,分两步完成:

（Ⅰ）$$F_Z(z) = P(Z \leqslant z) = P(g(X, Y) \leqslant z) = \iint\limits_{D} f(x, y) \mathrm{d}\sigma,$$

其中　　　　　　　　　$$D = \{(x, y) \mid g(x, y) \leqslant z\}.$$

（Ⅱ）$$p(z) = \frac{\mathrm{d}}{\mathrm{d}z}(F_Z(z)).$$

下面以和的分布为例给予说明,并导出相应的公式.

设随机向量 (X, Y) 的联合分布密度为 $f(x, y)$,随机变量 $Z = X + Y$,求 Z 的分布密度.

下面我们从 Z 的分布函数出发,导出 $p_Z(z)$ 来(见图 3-12).因为

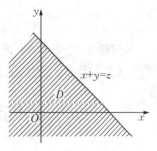

图 3-12

$$F_Z(z) = P(Z \leqslant z) = P(X + Y \leqslant z)$$
$$= \iint\limits_{D} f(x, y) \mathrm{d}x\mathrm{d}y (\text{其中 } D = \{(x, y) \mid x + y \leqslant z\})$$

$$= \int_{-\infty}^{+\infty} \mathrm{d}x \int_{-\infty}^{z-x} f(x, y)\mathrm{d}y$$

$$\xlongequal{\text{令 } u = x+y} \int_{-\infty}^{+\infty} \mathrm{d}x \int_{-\infty}^{z} f(x, u-x)\mathrm{d}u$$

$$= \int_{-\infty}^{z} \left[\int_{-\infty}^{+\infty} f(x, u-x)\mathrm{d}x \right] \mathrm{d}u,$$

所以 $$p_Z(z) = \int_{-\infty}^{+\infty} f(x, z-x)\mathrm{d}x.$$

特别,当 X 和 Y 相互独立时,有

$$p_Z(z) = \int_{-\infty}^{+\infty} f_X(x) f_Y(z-x)\mathrm{d}x.$$

利用上述公式,可以证明:若 $X \sim N(\mu_1, \sigma_1^2)$, $Y \sim N(\mu_2, \sigma_2^2)$,并且 X 与 Y 相互独立,则

$$X+Y \sim N(\mu_1+\mu_2, \sigma_1^2+\sigma_2^2).$$

例 14 设 X 和 Y 是两个相互独立的随机变量,且 $X \sim U(0, 1)$, $Y \sim E(1)$,求 $Z = X+Y$ 的分布密度函数 $f_Z(z)$.

解 由 $X \sim U(0, 1)$, $Y \sim E(1)$,有

$$f_X(x) = \begin{cases} 1, & 0 \leqslant x \leqslant 1, \\ 0, & \text{其他}. \end{cases} \qquad f_Y(y) = \begin{cases} \mathrm{e}^{-y}, & y > 0, \\ 0, & y \leqslant 0. \end{cases}$$

因为 X 与 Y 相互独立,所以 (X, Y) 的联合分布密度函数为

$$f(x, y) = f_X(x) f_Y(y) = \begin{cases} \mathrm{e}^{-y}, & 0 \leqslant x \leqslant 1, y > 0, \\ 0, & \text{其他}. \end{cases}$$

要使 $f(x, y) > 0$,即 $f_X(x) > 0$, $f_Y(y) > 0$,应满足 $0 \leqslant x \leqslant 1$ 同时 $y > 0$,考虑到 $z = x+y$,于是

$$\begin{cases} 0 \leqslant x \leqslant 1, \\ y > 0 \end{cases} \Rightarrow \begin{cases} 0 \leqslant x \leqslant 1, \\ z-x > 0 \end{cases} \Rightarrow \begin{cases} 0 \leqslant x \leqslant 1, \\ x < z. \end{cases} \tag{3-1}$$

方法 1(分析法)下面分三种情况讨论:

(Ⅰ)当 $z > 1$ 时,式(3-1)合并为 $0 \leqslant x \leqslant 1$,于是

$$f_Z(z) = \int_{-\infty}^{+\infty} f_X(x) f_Y(z-x)\mathrm{d}x = \int_0^1 1 \cdot \mathrm{e}^{-(z-x)}\mathrm{d}x$$
$$= (\mathrm{e}-1)\mathrm{e}^{-z}.$$

(Ⅱ)当 $0 < z \leqslant 1$ 时,式(3-1)合并为 $0 \leqslant x < z$,于是

$$f_Z(z) = \int_{-\infty}^{+\infty} f_X(x) f_Y(z-x)\mathrm{d}x = \int_0^z 1 \cdot \mathrm{e}^{-(z-x)}\mathrm{d}x$$
$$= 1-\mathrm{e}^{-z}.$$

（Ⅲ）当 $z \leqslant 0$ 时，式(3-1)发生矛盾，因此，$f(x,y)=0$，于是

$$f_Z(z) = \int_{-\infty}^{+\infty} 0 \mathrm{d}x = 0.$$

故 Z 的分布密度函数为

$$f_Z(z) = \begin{cases} 0, & z \leqslant 0. \\ 1 - \mathrm{e}^{-z}, & 0 < z \leqslant 1, \\ (\mathrm{e} - 1)\mathrm{e}^{-z}, & z > 1, \end{cases}$$

方法 2（图解法，见图 3-13）

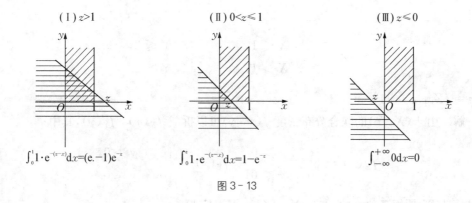

$$\int_0^1 1 \cdot \mathrm{e}^{-(z-x)} \mathrm{d}x = (\mathrm{e}-1)\mathrm{e}^{-z} \qquad \int_0^z 1 \cdot \mathrm{e}^{-(z-x)} \mathrm{d}x = 1 - \mathrm{e}^{-z} \qquad \int_{-\infty}^{+\infty} 0 \mathrm{d}x = 0$$

图 3-13

综上可得 z 的分布密度函数为

$$f_Z(z) = \begin{cases} 0, & z \leqslant 0, \\ 1 - \mathrm{e}^{-z}, & 0 < z \leqslant 1, \\ (\mathrm{e} - 1)\mathrm{e}^{-z}, & z > 1. \end{cases}$$

例 15　设随机变量 X 与 Y 相互独立，其中 X 的概率分布为

$$X \sim \begin{bmatrix} 1 & 2 \\ 0.3 & 0.7 \end{bmatrix},$$

而 Y 的概率密度为 $f(y)$，求随机变量 $U = X + Y$ 的概率密度 $g(u)$.

解　设 $F(y)$ 是 Y 的分布函数，则由全概率公式，知 $U = X + Y$ 的分布函数为

$$\begin{aligned} G(u) &= P\{X + Y \leqslant u\} \\ &= 0.3 P\{X + Y \leqslant u \mid X = 1\} + 0.7 P\{X + Y \leqslant u \mid X = 2\} \\ &= 0.3 P\{Y \leqslant u - 1 \mid X = 1\} + 0.7 P\{Y \leqslant u - 2 \mid X = 2\}. \end{aligned}$$

由于 X 和 Y 相互独立，可见

$$\begin{aligned} G(u) &= 0.3 P\{Y \leqslant u - 1\} + 0.7 P\{Y \leqslant u - 2\} \\ &= 0.3 F(u - 1) + 0.7 F(u - 2). \end{aligned}$$

由此,得 U 的概率密度

$$
\begin{aligned}
g(u) = G'(u) &= 0.3F'(u-1) + 0.7F'(u-2) \\
&= 0.3f(u-1) + 0.7f(u-2).
\end{aligned}
$$

2. 设 $\xi = (X, Y)$ 的联合分布为 $F(x, y)$,由 $Z_1 = f_1(X, Y)$, $Z_2 = f_2(X, Y)$,确定二维随机变量 $\eta = (Z_1, Z_2)$

例 16 设 (X, Y) 的联合分布密度函数为

$$
f(x, y) = \begin{cases} \mathrm{e}^{-(x+y)}, & x > 0, \ y > 0, \\ 0, & \text{其他}. \end{cases}
$$

并且

$$
Z_1 = \begin{cases} 1, & X \leqslant 1, \\ 2, & X > 1; \end{cases} \qquad Z_2 = \begin{cases} 3, & Y \leqslant 2, \\ 4, & Y > 2. \end{cases}
$$

求 $\eta = (Z_1, Z_2)$ 的分布.

解 由于 (X, Y) 的联合分布密度 $f(x, y)$ 可以拆成 $f_X(x)$、$f_Y(y)$,其中

$$
f_X(x) = \begin{cases} \mathrm{e}^{-x}, & x > 0 \\ 0, & x \leqslant 0; \end{cases} \qquad f_Y(y) = \begin{cases} \mathrm{e}^{-y}, & y > 0, \\ 0, & y \leqslant 0. \end{cases}
$$

可见 X 与 Y 是相互独立的,并且 $X \sim E(1)$, $Y \sim E(1)$.

又由于 Z_1 的取值为 1、2; Z_2 的取值为 3、4,因此 $\eta = (Z_1, Z_2)$ 的取值为

$$(1, 3)、(1, 4)、(2, 3)、(2, 4),$$

其概率分布为

$$
\begin{aligned}
P(Z_1 = 1, Z_2 = 3) &= P(X \leqslant 1, Y \leqslant 2) = P(X \leqslant 1) \cdot P(Y \leqslant 2) \\
&= F_X(1) \cdot F_Y(2) = (1 - \mathrm{e}^{-1})(1 - \mathrm{e}^{-2}) \\
&= 1 - \mathrm{e}^{-1} - \mathrm{e}^{-2} + \mathrm{e}^{-3},
\end{aligned}
$$

$$
\begin{aligned}
P(Z_1 = 1, Z_2 = 4) &= P(X \leqslant 1, Y > 2) = P(X \leqslant 1)P(Y > 2) \\
&= F_X(1)(1 - F_Y(2)) = (1 - \mathrm{e}^{-1})\mathrm{e}^{-2} = \mathrm{e}^{-2} - \mathrm{e}^{-3},
\end{aligned}
$$

$$
\begin{aligned}
P(Z_1 = 2, Z_2 = 3) &= P(X > 1, Y \leqslant 2) = P(X > 1) \cdot P(Y \leqslant 2) \\
&= [1 - F_X(1)]F_Y(2) = \mathrm{e}^{-1}(1 - \mathrm{e}^{-2}) = \mathrm{e}^{-1} - \mathrm{e}^{-3},
\end{aligned}
$$

$$
\begin{aligned}
P(Z_1 = 2, Z_2 = 4) &= P(X > 1, Y > 2) = P(X > 1) \cdot P(Y > 2) \\
&= [1 - F_X(1)][1 - F_Y(2)] = \mathrm{e}^{-1} \cdot \mathrm{e}^{-2} = \mathrm{e}^{-3}.
\end{aligned}
$$

故 $\eta = (Z_1, Z_2)$ 的分布列为

Z_1 \ Z_2	3	4
1	$1-\mathrm{e}^{-1}-\mathrm{e}^{-2}+\mathrm{e}^{-3}$	$\mathrm{e}^{-2}-\mathrm{e}^{-3}$
2	$\mathrm{e}^{-1}-\mathrm{e}^{-3}$	e^{-3}

(四) 几个重要结论

研究多个独立随机变量函数的分布在数理统计中占有重要的地位,为了讨论有关内容,先引进下面的定义:

定义 称随机变量 X_1, X_2, $\cdots$, X_n 是**相互独立**的,如果对于任意的 $a_i < b_i (i = 1, 2, \cdots, n)$,事件 $\{a_1 < X_1 < b_1\}$, $\{a_2 < X_2 < b_2\}$, $\cdots$, $\{a_n < X_n < b_n\}$ 相互独立. 此时,若所有的 X_1, X_2, $\cdots$, X_n 都有共同的分布,则称 X_1, X_2, $\cdots$, X_n 是**独立同分布**的随机变量.

(1) 对于独立同 $N(\mu, \sigma^2)$ 分布的随机变量 X_1, X_2, $\cdots$, X_n,可以证明有下面三个重要结论:

(Ⅰ) 设 $S = \sum_{i=1}^{n} X_i$,则 $S \sim N(n\mu, n\sigma^2)$.

(Ⅱ) 设 $\overline{X} = \dfrac{1}{n} \sum_{i=1}^{n} X_i$,则 $\overline{X} \sim N\left(\mu, \dfrac{\sigma^2}{n}\right)$.

(Ⅲ) 设 $U = \dfrac{\overline{X} - \mu}{\dfrac{\sigma}{\sqrt{n}}}$,则 $U \sim N(0, 1)$.

(2) 设 n 个随机变量 X_1, X_2, $\cdots$, X_n 相互独立,且服从标准正态分布,可以证明它们的平方和

$$W = \sum_{i=1}^{n} X_i^2$$

的分布密度为

$$f(u) = \begin{cases} \dfrac{1}{2^{\frac{n}{2}} \Gamma\left(\dfrac{n}{2}\right)} u^{\frac{n}{2}-1} \mathrm{e}^{-\frac{u}{2}}, & u \geqslant 0, \\ 0, & u < 0. \end{cases}$$

我们称随机变量 W 服从自由度为 n 的 **χ^2 分布**,记为 $W \sim \chi^2(n)$,其中

$$\Gamma\left(\frac{n}{2}\right) = \int_0^{+\infty} x^{\frac{n}{2}-1} \mathrm{e}^{-x} \mathrm{d}x.$$

所谓**自由度**是指独立正态随机变量的个数,它是随机变量分布中的一个重要参数.

χ^2 分布满足可加性:设

$$Y_i \sim \chi^2(n_i), \, i = 1, \, 2, \, \cdots, \, k,$$

则

$$Z = \sum_{i=1}^{k} Y_i \sim \chi^2(n_1 + n_2 + \cdots + n_k).$$

(3) 设 X、Y 是两个相互独立的随机变量,且

$$x \sim N(0, \, 1), \, Y \sim \chi^2(n),$$

可以证明函数

$$T = \frac{X}{\sqrt{Y/n}}$$

的概率密度为

$$f(t) = \frac{\Gamma\left(\frac{n+1}{2}\right)}{\sqrt{n\pi}\Gamma\left(\frac{n}{2}\right)} \left(1 + \frac{t^2}{n}\right)^{-\frac{n+1}{2}} (-\infty < t < +\infty).$$

我们称随机变量 T 服从自由度为 n 的 t 分布,记为 $T \sim t(n)$.

(4) 设 $X \sim \chi^2(n_1)$,$Y \sim \chi^2(n_2)$,且 X 与 Y 独立,可以证明 $F = \dfrac{X/n_1}{Y/n_2}$ 的概率密度函数为

$$f(y) = \begin{cases} \dfrac{\Gamma\left(\dfrac{n_1+n_2}{2}\right)}{\Gamma\left(\dfrac{n_1}{2}\right)\Gamma\left(\dfrac{n_2}{2}\right)} \left(\dfrac{n_1}{n_2}\right)^{\frac{n_1}{2}} y^{\frac{n_1}{2}-1} \left(1 + \dfrac{n_1}{n_2}y\right)^{\frac{n_1+n_2}{2}}, & y \geqslant 0, \\ 0, & y < 0. \end{cases}$$

我们称随机变量 F 服从第一个自由度为 n_1,第二个自由度为 n_2 的 **F 分布**,记为 $F \sim F(n_1, \, n_2)$.

例 17 设 X_1,X_2,$\cdots$,X_{10} 相互独立同 $N(0, \, 2^2)$ 分布,求常数 a、b、c、d 使

$$Y - aX_1^2 + b(X_2 + X_3)^2 + c(X_4 + X_5 + X_6)^2 + d(X_7 + X_8 + X_9 + X_{10})^2$$

服从 χ^2 分布,并求自由度 n.

分析 若 $X \sim N(0, \, 1)$,则 $X^2 \sim \chi^2(1)$. 现 $X_1 \sim N(0, \, 2^2)$,则 $\dfrac{X_1}{2} \sim N(0, \, 1)$,故 $\dfrac{1}{4}X_1^2 \sim \chi^2(1)$.

同理

$$X_2 + X_3 \sim N(0, 2 \cdot 2^2), \frac{1}{8}(X_2 + X_3)^2 \sim \chi^2(1), \cdots.$$

解　由于 $X_i (i = 1, 2, \cdots, 10)$ 独立同 $N(0, 2^2)$ 分布,有

$$X_1 \sim N(0, 4), \ X_2 + X_3 \sim N(0, 8),$$
$$X_4 + X_5 + X_6 \sim N(0, 12), \ X_7 + X_8 + X_9 + X_{10} \sim N(0, 16).$$

因此

$$\frac{1}{4}X_1^2 \sim \chi^2(1), \ \frac{1}{8}(X_2 + X_3)^2 \sim \chi^2(1), \ \frac{1}{12}(X_4 + X_5 + X_6)^2 \sim \chi^2(1),$$

$$\frac{1}{16}(X_7 + X_8 + X_9 + X_{10})^2 \sim \chi^2(1).$$

由 χ^2 分布可加性

$$\frac{1}{4}X_1^2 + \frac{1}{8}(X_2 + X_3)^2 + \frac{1}{12}(X_4 + X_5 + X_6)^2 + \frac{1}{16}(X_7 + X_8 + X_9 + X_{10})^2 \sim \chi^2(4).$$

所以,当 $a = \frac{1}{4}$, $b = \frac{1}{8}$, $c = \frac{1}{12}$, $d = \frac{1}{16}$ 时,Y 服从自由度为 4 的 χ^2 分布.

例 18　设随机变量 X 与 Y 相互独立同服从 $N(0, 3^2)$ 分布,$X_1, X_2, \cdots, X_9$ 以及 $Y_1, Y_2, \cdots, Y_9$ 是分别来自总体 X、Y 的样本,求统计量

$$K = \frac{\sum\limits_{i=1}^{9} X_i}{\sqrt{\sum\limits_{i=1}^{9} Y_i^2}}$$

的分布.

解　由于 $X_i \sim N(0, 3^2)$, $Y_i \sim N(0, 3^2) (i = 1, 2, \cdots, 9)$,有

$$X_i \sim N(0, 3^2), \ \frac{1}{3}Y_i \sim N(0, 1).$$

令 $\overline{X} = \frac{1}{9}\sum\limits_{i=1}^{9} X_i$,则 $\overline{X} \sim N(0, 1)$,而 $\overline{Y} = \sum\limits_{i=1}^{9} \left(\frac{1}{3}Y_i\right)^2 \sim \chi^2(9)$,于是

$$K = \frac{\sum\limits_{i=1}^{9} X_i}{\sqrt{\sum\limits_{i=1}^{9} Y_i^2}} = \frac{\frac{1}{9}\sum\limits_{i=1}^{9} X_i}{\sqrt{\frac{1}{9}\sum\limits_{i=1}^{9} \left(\frac{1}{3}Y_i\right)^2}} = \frac{\overline{X}}{\sqrt{\frac{\overline{Y}}{9}}} \sim t(9),$$

即统计量 K 服从自由度为 9 的 t 分布.

例 19 设随机变量 $X \sim t(n)(n > 1)$，求 $Y = \dfrac{1}{X^2}$ 的分布.

解 由题设，可知若 $X_1 \sim N(0, 1)$，$X_2 \sim \chi^2(n)$. 则

$$X = \frac{X_1}{\sqrt{X_2/n}} \sim t(n),$$

而
$$Y = \frac{1}{X^2} = \frac{X_2/n}{X_1^2}.$$

这里的 $X_1^2 \sim \chi^2(1)$，而 $X_2 \sim \chi^2(n)$，因此

$$Y = \frac{1}{X^2} \sim F(n, 1).$$

例题与解答

3-1 设随机变量 $X_i \sim \begin{pmatrix} -1 & 0 & 1 \\ \dfrac{1}{4} & \dfrac{1}{2} & \dfrac{1}{4} \end{pmatrix}$，$i = 1, 2$，且 $P(X_1 X_2 = 0) = 1$，求 $P(X_1 = X_2)$.

分析 下面给出 (X_1, X_2) 的联合分布：

X_1 \ X_2	-1	0	1	$p_i.$
-1	0	$\dfrac{1}{4}$	0	$\dfrac{1}{4}$
0	$\dfrac{1}{4}$	0	$\dfrac{1}{4}$	$\dfrac{1}{2}$
1	0	$\dfrac{1}{4}$	0	$\dfrac{1}{4}$
$p_{\cdot j}$	$\dfrac{1}{4}$	$\dfrac{1}{2}$	$\dfrac{1}{4}$	1

可见，$P\{X_1 = X_2\} = 0$，因此，答案是 0.

问题 如何由边缘分布确定联合分布？

3-2 设某班车起点站上车人数 X 服从参数为 $\lambda(\lambda > 0)$ 的泊松分布，每位乘客在中途下车的概率为 $p(0 < p < 1)$，并且他们在中途下车与否是相互独立的. 用 Y 表示在中途下车的人数，求：

(1) 在发车时有 n 个乘客的条件下，中途有 m 人下车的概率；

(2) 二维随机向量 (X, Y) 的概率分布.

分析 (1) 设事件 $A = \{$发车时有 n 个乘客上车$\}$，$B = \{$中途有 m 个人下车$\}$，则在发

车时有 n 个乘客的条件下,中途有 m 个人下车的概率是一个条件概率,即

$$P(B \mid A) = P\{Y = m \mid X = n\}.$$

根据二项概型,有

$$P(B \mid A) = C_n^m p^m (1 - p)^{n-m},$$

其中 $0 \leqslant m \leqslant n$, $n = 0, 1, 2, \cdots$.

（2）由乘法公式,我们有

$$P\{X = n, Y = m\} = P(AB) = P(B \mid A)P(A).$$

由于上车人数 $X \sim P(\lambda)$,因此

$$P(A) = P\{X = n\} = \frac{\lambda^n}{n!} \mathrm{e}^{-\lambda},$$

于是

$$(X, Y) \sim P\{X = n, Y = m\} = C_n^m p^m (1 - p)^{n-m} \cdot \frac{\lambda^n}{n!} \mathrm{e}^{-\lambda},$$

其中 $0 \leqslant m \leqslant n$, $n = 0, 1, 2, \cdots$.

说明　（1）这里的条件分布是在改变样本空间后,利用二项概型求出的.

（2）由乘客在中途下车与否是相互独立的,能推出 X 与 Y 独立吗? 为什么?

3-3　设二维随机变量 (X, Y) 的联合分布密度为

$$f(x, y) = \begin{cases} C(x+y), & 0 \leqslant y \leqslant x \leqslant 1, \\ 0, & \text{其他}. \end{cases}$$

（1）求 C;

（2）求 X、Y 的边缘分布;

（3）讨论 X 与 Y 的独立性;

（4）计算 $P(X + Y \leqslant 1)$.

分析　（1）由于 $\displaystyle\int_{-\infty}^{+\infty} \int_{-\infty}^{+\infty} f(x, y)\mathrm{d}\sigma = 1$, 即

$$\int_0^1 \mathrm{d}x \int_0^x C(x+y)\mathrm{d}y = 1,$$

可导出 $C = 2$.

（2）当 $x < 0$ 或 $x > 1$ 时,$f_X(x) = 0$;当 $0 \leqslant x \leqslant 1$ 时,

$$f_X(x) = \int_{-\infty}^{+\infty} f(x, y)\mathrm{d}y = \int_0^x 2(x+y)\mathrm{d}y = 3x^2.$$

因此
$$f_X(x) = \begin{cases} 3x^2, & 0 \leqslant x \leqslant 1, \\ 0, & \text{其他}. \end{cases}$$

同理
$$f_Y(y) = \begin{cases} 1+2y-3y^2, & 0 \leqslant y \leqslant 1, \\ 0, & \text{其他}. \end{cases}$$

(3) 由于 $f_X(x) \cdot f_Y(y) \neq f(x, y)$, 故 X 与 Y 不独立.

(4) $P(X+Y \leqslant 1) = \iint\limits_{\substack{x+y \leqslant 1 \\ 0 \leqslant y \leqslant 1}} 2(x+y)\mathrm{d}\sigma = \int_0^{\frac{1}{2}} \mathrm{d}y \int_y^{1-y} 2(x+y)\mathrm{d}x = \frac{1}{3}.$

问题 本题可否使用几何概型计算 $P(X+Y \leqslant 1)$?

3-4 设二维随机变量 $\xi = (X, Y)$ 的分布函数为

$$F(x, y) = A\left(B + \arctan\frac{x}{2}\right)\left(C + \arctan\frac{y}{3}\right).$$

求:(1)A、B、C 的值;(2)随机变量(X, Y) 的概率密度 $f(x, y)$;(3)分别关于 X 与 Y 的边缘概率密度 $f_X(x)$、$f_Y(y)$.

分析 (1) 由 $F(+\infty, +\infty) = A\left(B + \frac{\pi}{2}\right)\left(C + \frac{\pi}{2}\right) = 1,$

$$F(-\infty, +\infty) = A\left(B - \frac{\pi}{2}\right)\left(C + \frac{\pi}{2}\right) = 0,$$

$$F(+\infty, -\infty) = A\left(B + \frac{\pi}{2}\right)\left(C - \frac{\pi}{2}\right) = 0,$$

可导出 $A = \frac{1}{\pi^2}$, $B = C = \frac{\pi}{2}$.

(2) $f(x, y) = F''_{xy}(x, y) = \frac{1}{\pi^2} \cdot \dfrac{\frac{1}{2}}{1 + \left(\frac{x}{2}\right)^2} \cdot \dfrac{\frac{1}{3}}{1 + \left(\frac{y}{3}\right)^2} = \frac{6}{\pi^2} \cdot \frac{1}{4+x^2} \cdot \frac{1}{9+y^2}.$

(3) 由 $f(x, y) = f_X(x) \cdot f_Y(y)$, 其中

$$f_X(x) = \frac{2}{\pi} \cdot \frac{1}{4+x^2} (-\infty < x < +\infty),$$

$$f_Y(y) = \frac{3}{\pi} \cdot \frac{1}{9+y^2} (-\infty < y < +\infty).$$

考虑到 $\int_{-\infty}^{+\infty} f_X(x)\mathrm{d}x = 1$, $\int_{-\infty}^{+\infty} f_Y(y)\mathrm{d}y = 1$, 故

$$f_X(x) = \frac{2}{\pi} \cdot \frac{1}{4+x^2}, \quad f_Y(y) = \frac{3}{\pi} \cdot \frac{1}{9+y^2}.$$

3-5 设 X_1、X_2、X_3、X_4 是来自正态总体 $N(0, 2^2)$ 的简单随机样本,令

$$X = a(X_1 - 2X_2)^2 + b(3X_3 - 4X_4)^2,$$

则当 $a=$ _____，$b=$ _____ 时，统计量 X 服从 χ^2 分布，其自由度为 _____．

分析 本题中，如果 X 服从 χ^2 分布，则自由度为 2，并且要求 $\sqrt{a}(X_1-2X_2)$ 与 $\sqrt{b}(3X_3-4X_4)$ 相互独立且均服从标准正态分布 $N(0,1)$．由于 X_1、X_2、X_3、X_4 相互独立，因此 $\sqrt{a}(X_1-2X_2)$ 与 $\sqrt{b}(3X_3-4X_4)$ 也相互独立．

由于
$$E[\sqrt{a}(X_1-2X_2)]=\sqrt{a}[E(X_1)-2E(X_2)]=0,$$
$$E[\sqrt{b}(3X_3-4X_4)]=\sqrt{b}[3E(X_3)-4E(X_4)]=0,$$

并且
$$D[\sqrt{a}(X_1-2X_2)]=aD(X_1-2X_2)=5aD(X_1)=20a=1,$$
$$D[\sqrt{b}(X_3-2X_4)]=bD(3X_3-4X_4)=25bD(X_1)=100b=1,$$

因此
$$a=\frac{1}{20},\ b=\frac{1}{100}.$$

3-6 设二维随机变量 $\xi=(X,Y)$ 的联合概率密度
$$f(x,y)=\begin{cases}Axy^2, & 0\leqslant x\leqslant 2,\ 0\leqslant y\leqslant 1,\\ 0, & \text{其他}.\end{cases}$$

试求：(1)确定常数 A；(2)边缘分布密度；(3)讨论 X、Y 的独立性．

分析 (1) 由 $\displaystyle\int_{-\infty}^{+\infty}\int_{-\infty}^{+\infty}f(x,y)\mathrm{d}\sigma=1$，即 $\displaystyle\int_0^2\mathrm{d}x\int_0^1 Axy^2\mathrm{d}y=1$，解得 $A=\dfrac{3}{2}$．

(2) 由 $f_X(x)=\displaystyle\int_{-\infty}^{+\infty}f(x,y)\mathrm{d}y$，分情况讨论：

当 $x<0$ 或 $x>2$ 时，$f_X(x)=\displaystyle\int_{-\infty}^{+\infty}0\mathrm{d}y=0$；

当 $0\leqslant x\leqslant 2$ 时，$f_X(x)=\displaystyle\int_{-\infty}^{+\infty}f(x,y)\mathrm{d}y=\int_0^1\frac{3}{2}xy^2\mathrm{d}y=\frac{x}{2}$．

所以
$$f_X(x)=\begin{cases}\dfrac{x}{2}, & 0\leqslant x\leqslant 2,\\ 0, & \text{其他}.\end{cases}$$

同理，可求出
$$f_Y(y)=\begin{cases}3y^2, & 0\leqslant y\leqslant 1,\\ 0, & \text{其他}.\end{cases}$$

(3) 由于 $f_X(x) \cdot f_Y(y) = f(x, y)$，因此，$X$ 与 Y 相互独立.

说明 本题也可以使用其他方法讨论.

由于 $f(x, y)$ 可以拆成 $f_1(x) \cdot f_2(y)$，其中

$$f_1(x) = \begin{cases} ax, & 0 \leqslant x \leqslant 2, \\ 0, & \text{其他}; \end{cases} \qquad f_2(y) = \begin{cases} by^2, & 0 \leqslant y \leqslant 1, \\ 0, & \text{其他}. \end{cases}$$

由 $\int_{-\infty}^{+\infty} f_1(x)\mathrm{d}x = 1$，故 $a = \dfrac{1}{2}$. 同理 $b = 3$. 因此 $A = \dfrac{3}{2}$. 这时 $f(x, y) = f_X(x) \cdot f_Y(y)$，其中

$$f_X(x) = \begin{cases} \dfrac{x}{2}, & 0 \leqslant x \leqslant 2, \\ 0, & \text{其他}. \end{cases} \qquad f_Y(y) = \begin{cases} 3y^2, & 0 \leqslant y \leqslant 1, \\ 0, & \text{其他}. \end{cases}$$

可见，X 与 Y 是相互独立的.

3-7 设随机变量 X、Y 的分布密度分别为 $f_X(x)$、$f_Y(y)$ 且设

$$f(x, y) = f_X(x)f_Y(y) + h(x, y), \quad -\infty < x < +\infty, \ -\infty < y < +\infty$$

为二维随机向量 $\xi = (X, Y)$ 的联合分布密度，试证：

(1) $h(x, y) \geqslant -f_X(x)f_Y(y), \quad -\infty < x + \infty, \ -\infty < y < +\infty$；

(2) $\displaystyle\int_{-\infty}^{+\infty} \int_{-\infty}^{+\infty} h(x, y)\mathrm{d}\sigma = 0$.

分析 (1) 由 $f(x, y)$ 的性质：$f(x, y) \geqslant 0$，有

$$f_X(x)f_Y(y) + h(x, y) \geqslant 0,$$

即

$$h(x, y) \geqslant -f_X(x)f_Y(y), \quad -\infty < x < +\infty, \ -\infty < y < +\infty.$$

(2) 由于 $\displaystyle\int_{-\infty}^{+\infty} \int_{-\infty}^{+\infty} f(x, y)\mathrm{d}\sigma = 1$，有

$$\int_{-\infty}^{+\infty} \int_{-\infty}^{+\infty} \left[f_X(x)f_Y(y) + h(x, y) \right]\mathrm{d}\sigma = 1,$$

于是有

$$\int_{-\infty}^{+\infty} \int_{\infty}^{+\infty} h(x, y)\mathrm{d}\sigma = 1 - \int_{-\infty}^{+\infty} \int_{-\infty}^{+\infty} f_X(x)f_Y(y)\mathrm{d}x\mathrm{d}y$$

$$= 1 - \int_{-\infty}^{+\infty} f_X(x)\mathrm{d}x \cdot \int_{-\infty}^{+\infty} f_Y(y)\mathrm{d}y = 1 - 1 = 0.$$

3-8 设平面区域 D 是由 $y = \dfrac{1}{x}$ 与直线 $y = 0$，$x = 1$，$x = \mathrm{e}^2$ 所围成（如图 3-15），

二维随机向量 $\xi = (X, Y)$ 在 D 上服从均匀分布,求 (X, Y) 关于 X 的边缘分布密度在 $x = 2$ 处的值.

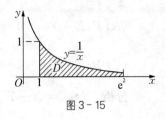

图 3 - 15

分析 区域 D 的面积为

$$S_D = \int_1^{e^2} \frac{1}{x} \mathrm{d}x = \ln x \mid_1^{e^2} = 2.$$

由题设可知,(X, Y) 的概率密度为

$$f(x, y) = \begin{cases} \dfrac{1}{S_D}, & (x, y) \in D, \\ 0, & \text{其他.} \end{cases}$$
$$= \begin{cases} \dfrac{1}{2}, & (x, y) \in D, \\ 0, & \text{其他.} \end{cases}$$

则 (X, Y) 关于 X 的边缘密度为

$$f_X(x) = \int_{-\infty}^{+\infty} f(x, y) \mathrm{d}y.$$

(1) 当 $x > e^2$ 或 $x < 1$ 时,

$$f_X(x) = 0;$$

(2) 当 $1 \leqslant x \leqslant e^2$ 时,有

$$f_X(x) = \int_{-\infty}^{+\infty} f(x, y) \mathrm{d}y = \int_0^{\frac{1}{x}} \frac{1}{2} \mathrm{d}y = \frac{1}{2x},$$

于是

$$f_X(x) = \begin{cases} \dfrac{1}{2x}, & 1 \leqslant x \leqslant e^2, \\ 0, & \text{其他.} \end{cases}$$

故

$$f_X(2) = \frac{1}{4}.$$

问题 本题可否直接求出,即

$$f_X(2) = \int_{-\infty}^{+\infty} f(2, y) \mathrm{d}y = \frac{1}{4}.$$

3-9 设两个相互独立的随机变量 X 与 Y 分别服从 $N(0, 1)$ 和 $N(1, 1)$,求 $P(X + Y \leqslant 1)$.

(或选择题为

(A) $P(X+Y \leqslant 0) = \dfrac{1}{2}$ (B) $P(X+Y \leqslant 1) = \dfrac{1}{2}$

(C) $P(X-Y \leqslant 0) = \dfrac{1}{2}$ (D) $P(X-Y \leqslant 1) = \dfrac{1}{2}$)

分析 令 $Z = X+Y \sim N(1, 2)$，则

$$P(X+Y \leqslant 1) = P(Z \leqslant 1) = \dfrac{1}{2}.$$

3-10 设随机变量 $X_i(i=1, 2, 3, 4)$ 相互独立同 $B(1, 0.4)$，求行列式

$$X = \begin{vmatrix} X_1 & X_2 \\ X_3 & X_4 \end{vmatrix}$$

的概率分布.

分析 记 $Y_1 = X_1 X_4$，$Y_2 = X_2 X_3$，则 $X = Y_1 - Y_2$，且 Y_1 和 Y_2 独立同分布：

$$P(Y_1 = 1) = P(Y_2 = 1) = P(X_2 = 1, X_3 = 1)$$
$$= P(X_2 = 1) \cdot P(X_3 = 1) = 0.16,$$
$$P(Y_1 = 0) = P(Y_2 = 0) = 1 - 0.16 = 0.84,$$

即

$$Y_i \sim B(1, 0.16)(i = 1.2).$$

随机变量 $X = Y_1 - Y_2$ 有三个可能值 -1、0、1.

$$P(X = -1) = P(Y_1 = 0, Y_2 = 1) = 0.84 \times 0.16 = 0.1344,$$
$$P(X = 1) = P(Y_1 = 1, Y_2 = 0) = 0.16 \times 0.84 = 0.1344,$$
$$P(X = 0) = 1 - 2 \times 0.1344 = 0.7312.$$

于是，行列式 X 的概率分布为

$$X \sim \begin{bmatrix} -1 & 0 & 1 \\ 0.1344 & 0.7312 & 0.1344 \end{bmatrix}.$$

3-11 设二维随机变量 (ξ, η) 的概率密度

$$f(x, y) = \begin{cases} \dfrac{1}{2} \sin(x+y), & 0 \leqslant x \leqslant \dfrac{\pi}{2}, 0 \leqslant y \leqslant \dfrac{\pi}{2}, \\ 0, & \text{其他}. \end{cases}$$

求 (ξ, η) 的分布函数.

解 当 $x < 0, y < 0$ 时，$f(x, y) = 0$，所以 $F(x, y) = 0$；

当 $0 \leqslant x \leqslant \dfrac{\pi}{2}$，$0 \leqslant y \leqslant \dfrac{\pi}{2}$ 时，

$$F(x, y) = P(\xi < x, \eta < y)$$

$$= \int_0^x \int_0^y \frac{1}{2} \sin(t+s) \mathrm{d}s \mathrm{d}t$$

$$= \frac{1}{2} \int_0^x [\cos t - \cos(t+y)] \mathrm{d}t$$

$$= \frac{1}{2} [\sin x + \sin y - \sin(x+y)];$$

当 $0 \leqslant x \leqslant \dfrac{\pi}{2}$, $y > \dfrac{\pi}{2}$ 时, $F(x, y) = P(\xi < x, \eta < y) = \displaystyle\int_0^1 \mathrm{d}t \int_0^x \dfrac{1}{2} \sin(t+s) \mathrm{d}s =$

$\dfrac{1}{2} (\sin x + 1 - \cos x);$

当 $x > \dfrac{\pi}{2}$, $0 \leqslant y \leqslant \dfrac{\pi}{2}$ 时, $F(x, y) = P(\xi < x, \eta < y) = \displaystyle\int_0^1 \mathrm{d}s \int_0^y \dfrac{1}{2} \sin(t+s) \mathrm{d}t =$

$\dfrac{1}{2} (1 + \sin y - \cos y);$

当 $x > \dfrac{\pi}{2}$, $y > \dfrac{\pi}{2}$ 时, $F(x, y) = 1.$

所以, (ξ, η) 的分布函数

$$F(x, y) = \begin{cases} 0, & x < 0, y < 0, \\ \dfrac{1}{2}[\sin x + \sin y - \sin(x+y)], & 0 \leqslant x \leqslant \dfrac{\pi}{2}, 0 \leqslant y \leqslant \dfrac{\pi}{2}, \\ \dfrac{1}{2}(\sin x + 1 - \cos x), & 0 \leqslant x \leqslant \dfrac{\pi}{2}, y > \dfrac{\pi}{2}, \\ \dfrac{1}{2}(1 + \sin y - \cos y), & x > \dfrac{\pi}{2}, 0 \leqslant y \leqslant \dfrac{\pi}{2}, \\ 1, & x > \dfrac{\pi}{2}, y > \dfrac{\pi}{2}. \end{cases}$$

3-12 设二维随机变量 (ξ, η) 的联合密度为

$$f(x, y) = \begin{cases} k\mathrm{e}^{-3x-4y}, & x > 0, y > 0, \\ 0, & \text{其他}. \end{cases}$$

(1) 求常数 k;

(2) 求 (ξ, η) 的分布函数;

(3) 求 $P(0 < \xi < 1, 0 < \eta < 2)$.

解　(1) 因为 $\displaystyle\int_0^\infty \int_0^\infty k\mathrm{e}^{-3x-4y} \mathrm{d}x\mathrm{d}y = \dfrac{k}{4} \int_0^\infty \mathrm{e}^{-3x} \mathrm{d}x = \dfrac{k}{12} = 1,$

所以 $k = 12.$

(2) 当 $x > 0$, $y > 0$ 时,

$$F(x, y) = \int_0^x \int_0^y 12e^{-3t-48} \mathrm{d}t\mathrm{d}s = 12\left(\int_0^x e^{-3t} \mathrm{d}t\right)\left(\int_0^y e^{-48} \mathrm{d}s\right)$$

$$= (1-e^{-3x})(1-e^{-4y}),$$

所以

$$F(x, y) = \begin{cases} (1-e^{-3x})(1-e^{-4y}), & x>0, y>0, \\ 0, & \text{其他}. \end{cases}$$

(3) $P(0<\xi<1, 0<\eta<2) = F(1, 2) - F(0, 2) - F(1, 0) + F(0, 0)$

$$= 1 - e^{-3} - e^{-8} + e^{-11}.$$

四、练习题与答案

(一) 练习题

1. 设随机变量 X 与 Y 相互独立,其中 X 的概率分布为

$$X \sim \begin{bmatrix} 1 & 2 \\ 0.4 & 0.6 \end{bmatrix},$$

而 $Y \sim E(1)$,求随机变量 $U = \dfrac{X}{Y+1}$ 的概率密度 $f_U(u)$.

2. 如下四个二元函数,( )项不能作为二维随机变量 (X, Y) 的分布函数.

(A) $F_1(x, y) = \begin{cases} (1-e^{-x})(1-e^{-y}), & 0<x<+\infty, 0<y<+\infty, \\ 0, & \text{其他} \end{cases}$

(B) $F_2(x, y) = \dfrac{1}{\pi^2}\left(\dfrac{\pi}{2} + \arctan\dfrac{x}{2}\right)\left(\dfrac{\pi}{2} + \arctan\dfrac{y}{3}\right)$

(C) $F_3(x, y) = \begin{cases} 1, & x+2y \geqslant 1, \\ 0, & x+2y < 1 \end{cases}$

(D) $F_4(x, y) = \begin{cases} 1-2^{-x} - 2^{-y} + 2^{-x-y}, & 0<x<+\infty, 0<y<+\infty, \\ 0, & \text{其他} \end{cases}$

3. 设 X 与 Y 是两个相互独立的随机变量,它们均匀地分布在 $(0, l)$ 内,试求方程 $t^2 + Xt + Y = 0$ 有实根的概率.

4. 将一枚均匀硬币连掷三次,以 X 表示三次试验中出现正面的次数,Y 表示出现正面的次数与出现反面的次数的差的绝对值,求 (X, Y) 的联合分布律.

5. 设随机变量 X 在区间 $(0, 1)$ 上服从均匀分布,在 $X = x(0<x<1)$ 的条件下,随机变量 Y 在区间 $(0, x)$ 上服从均匀分布,求:

(1) 随机变量 X 和 Y 的联合概率密度;

(2) Y 的概率密度;

(3) 概率 $P\{X+Y>1\}$.

6. 设随机变量 X 在 1、2、3、4 四个整数中等可能地取值，另一随机变量 Y 在 $1 \sim X$ 中等可能地取一整数值，试求 (X, Y) 的分布律及 X、Y 的边缘分布律，并判断独立性.

7. 设随机变量 X 与 Y 相互独立，并且 $P(X=1)=P(Y=1)=p$，$P(X=0)=P(Y=0)=1-p=q$，$0<p<1$. 定义随机变量 Z 为

$$Z = \begin{cases} 1, & X+Y \text{ 为偶数}, \\ 0, & X+Y \text{ 为奇数}. \end{cases}$$

问：当 p 取何值时，随机变量 X 与 Z 相互独立？

8. 设 (X, Y) 的分布密度函数为 $f(x, y) = \begin{cases} e^{-y}, & x>0, y>x, \\ 0, & \text{其他}. \end{cases}$

试求：(1) X、Y 的边缘密度函数，并判别其独立性；

(2) (X, Y) 的条件分布密度；

(3) $P(X>2 \mid Y<4)$.

9. 设随机变量 (X, Y) 的分布密度为

$$f(x, y) = \begin{cases} 3x, & 0<x<1, 0<y<x, \\ 0, & \text{其他}. \end{cases}$$

试求：$Z=X-Y$ 的分布密度.

10. 设随机变量 X 和 Y 的联合分布是正方形 $G=\{(x, y) \mid 1 \leqslant x \leqslant 3, 1 \leqslant y \leqslant 3\}$ 上的均匀分布，试求随机变量 $U=|X-Y|$ 的概率密度 $f_U(u)$.

11. 设某型号的电子元件寿命（以小时计）近似服从 $N(160, 20^2)$ 分布，随机选取 4 件，求其中没有一件寿命小于 180 小时的概率.

12. 对某种电子装置的输出测量了 5 次，得到的观察值分别为 X_1、X_2、X_3、X_4、X_5，设它们是相互独立的变量，且都服从同一分布

$$F(z) = \begin{cases} 1-e^{-\frac{z^2}{8}}, & z \geqslant 0, \\ 0, & \text{其他}. \end{cases}$$

试求：$\max\{X_1, X_2, X_3, X_4, X_5\} > 4$ 的概率.

(二) 答案

1. $f_U(u) = \begin{cases} \dfrac{0.4}{u^2}e^{1-\frac{1}{u}}+\dfrac{1.2}{u^2}e^{1-\frac{2}{u}}, & 0<u<2, \\ 0, & \text{其他} \end{cases}$　　**2.** C　**3.** 当 $l \leqslant 4$，概率 $P=\dfrac{l}{12}$；当 $l>4$，$1-\dfrac{4}{3\sqrt{l}}$

4.

X \ Y	1	3	$p_i.$
0	0	$\frac{1}{8}$	$\frac{1}{8}$
1	$\frac{3}{8}$	0	$\frac{3}{8}$
2	$\frac{3}{8}$	0	$\frac{3}{8}$
3	0	$\frac{1}{8}$	$\frac{1}{8}$
$p._j$	$\frac{3}{4}$	$\frac{1}{4}$	1

5. (1) $f(x, y) = \begin{cases} \dfrac{1}{x}, & 0 < y < x < 1, \\ 0, & 其他; \end{cases}$ (2) $f_Y(y) = \begin{cases} -\ln y, & 0 < y < 1, \\ 0, & 其他; \end{cases}$

(3) $1 - \ln 2$

6.

X \ Y	1	2	3	4	$P_i.$
1	$\frac{1}{4}$	0	0	0	$\frac{1}{4}$
2	$\frac{1}{8}$	$\frac{1}{8}$	0	0	$\frac{1}{4}$
3	$\frac{1}{12}$	$\frac{1}{12}$	$\frac{1}{12}$	0	$\frac{1}{4}$
4	$\frac{1}{16}$	$\frac{1}{16}$	$\frac{1}{16}$	$\frac{1}{16}$	$\frac{1}{4}$
$P._j$	$\frac{25}{48}$	$\frac{13}{48}$	$\frac{7}{48}$	$\frac{3}{48}$	1

且 X 与 Y 不相互独立

7. $\frac{1}{2}$ **8.** (1) $f_X(x) = \begin{cases} \mathrm{e}^{-x}, & x > 0, \\ 0, & 其他. \end{cases}$ $f_Y(y) = \begin{cases} y\mathrm{e}^{-y}, & y > 0, \\ 0, & 其他. \end{cases}$ 且 X 与 Y 不独立;

(2) $f(y \mid x) = \begin{cases} \mathrm{e}^{x-y}, & y > r > 0, \\ 0, & 其他. \end{cases}$ $f(x \mid y) = \begin{cases} \dfrac{1}{y}, & y > x > 0, \\ 0, & 其他; \end{cases}$ (3) $\dfrac{\mathrm{e}^{-2} - 3\mathrm{e}^{-4}}{1 - 5\mathrm{e}^{-4}}$

9. $f_Z(z) = \begin{cases} \dfrac{3}{2}(1 - z^2), & 0 \leqslant z < 1, \\ 0, & 其他 \end{cases}$ **10.** $f_U(u) = \begin{cases} \dfrac{1}{2}(2 - u), & 0 \leqslant u < 2, \\ 0, & 其他 \end{cases}$

11. 0.1587^4 **12.** $1 - (1 - \mathrm{e}^{-2})^5$

五、历年考研真题解析

1. (2003)设二维随机变量(X,Y)的概率密度为$f(x,y)=\begin{cases}6x, & 0\leqslant x\leqslant y\leqslant 1,\\ 0, & \text{其他},\end{cases}$则

$P\{X+Y\leqslant 1\}=$ _____.

分析　由题设,有

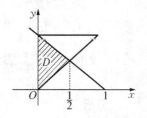

$$P\{X+Y\leqslant 1\}=\iint\limits_{x+y\leqslant 1}f(x,y)\mathrm{d}x\mathrm{d}y=\int_0^{\frac{1}{2}}\mathrm{d}x\int_x^{1-x}6x\mathrm{d}y$$

$$=\int_0^{\frac{1}{2}}(6x-12x^2)\mathrm{d}x=\frac{1}{4}.$$

2. (2006)设随机变量X与Y相互独立,且均服从区间$[0,3]$上的均匀分布,则$P\{\max\{X,Y\}\leqslant 1\}=$ _____.

分析　由题设知,X与Y具有相同的概率密度$f(x)=\begin{cases}\dfrac{1}{3}, & 0\leqslant x\leqslant 3,\\ 0, & \text{其他},\end{cases}$则

$P\{\max\{X,Y\}\leqslant 1\}=P\{X\leqslant 1,Y\leqslant 1\}=P\{X\leqslant 1\}P\{Y\leqslant 1\}=(P\{X\leqslant 1\})^2=\left(\int_0^1\dfrac{1}{3}\mathrm{d}x\right)^2=\dfrac{1}{9}.$

3. (2007)在区间$(0,1)$中随机地取两个数,则这两个数之差的绝对值小于$\dfrac{1}{2}$的概率为_____.

分析　设两个数分别为X和Y,则(X,Y)服从均匀分布,联合密度函数为

$$f(x,y)=\begin{cases}1, & 0<x<1,0<y<1,\\ 0, & \text{其他}.\end{cases}$$

故$P\left(|X-Y|<\dfrac{1}{2}\right)=P\left(X-\dfrac{1}{2}<Y<X+\dfrac{1}{2}\right)\xrightarrow{\text{几何概率}}\dfrac{3}{4}.$

4. (2007)设随机变量(X,Y)服从二维正态分布,且X与Y不相关,$f_X(x)$、$f_Y(y)$分别表示X、Y的概率密度,则在$Y=y$的条件下,X的条件概率密度$f_{X|Y}(x|y)$为（　　）.

　(A) $f_X(x)$　　　　(B) $f_Y(y)$　　　　(C) $f_X(x)f_Y(y)$　　　　(D) $\dfrac{f_X(x)}{f_Y(y)}$

分析　在(X,Y)服从二维正态分布时,若(X,Y)不相关,则X与Y相互独立.

所以$f_{X|Y}(x|y)=\dfrac{f(x,y)}{f_Y(y)}=\dfrac{f_X(x)f_Y(y)}{f_Y(y)}=f_X(x).$故选(A).

5. (2008)设随机变量X、Y独立同分布且X的分布函数为$F(x)$,则$Z=\max\{X,Y\}$的分布函数为（　　）.

(A) $F^2(x)$ 　　　　　　　　　　　(B) $F(x)F(y)$

(C) $1-[1-F(x)]^2$ 　　　　　　　(D) $[1-F(x)][1-F(y)]$.

分析　$F(z) = P(Z \leqslant z) = P\{\max\{X, Y\} \leqslant z\} = P(X \leqslant z)P(Y \leqslant z) = F(z)F(z) = F^2(z)$. 故应选(A).

6. (2009)设随机变量 X 与 Y 相互独立,且 X 服从标准正态分布 $N(0, 1)$,Y 的概率分布为 $P\{Y = 0\} = P\{Y = 1\} = \dfrac{1}{2}$,记 $F_Z(z)$ 为随机变量 $Z = XY$ 的分布函数,则函数 $F_Z(z)$ 的间断点个数为(　　).

(A) 0　　　　　(B) 1　　　　　(C) 2　　　　　(D) 3

分析

$$F_Z(z) = P(XY \leqslant z)$$
$$= P(XY \leqslant z \mid Y = 0)P(Y = 0) + P(XY \leqslant z \mid Y = 1)P(Y = 1)$$
$$= \frac{1}{2}[P(XY \leqslant z \mid Y = 0) + P(XY \leqslant z \mid Y = 1)]$$
$$= \frac{1}{2}[P(X \cdot 0 \leqslant z \mid Y = 0) + P(X \cdot 1 \leqslant z \mid Y = 1)]$$

由于 X、Y 相互独立,从而 $F_Z(z) = \dfrac{1}{2}[P(X \cdot 0 \leqslant z) + P(X \leqslant z)]$.

若 $z < 0$,则 $F_Z(z) = \dfrac{1}{2}\Phi(z)$;若 $z \geqslant 0$,则 $F_Z(z) = \dfrac{1}{2}(1 + \Phi(z))$.

因此 $z = 0$ 为间断点,故选(B).

7. (2005)设二维随机变量 (X, Y) 的概率密度为

$$f(x, y) = \begin{cases} 1, & 0 < x < 1, 0 < y < 2x, \\ 0, & \text{其他}. \end{cases}$$

求:(1) (X, Y) 的边缘概率密度 $f_X(x)$、$f_Y(y)$;

(2) $Z = 2X - Y$ 的概率密度 $f_Z(z)$.

(3) $P\left\{Y \leqslant \dfrac{1}{2} \mid X \leqslant \dfrac{1}{2}\right\}$.

分析　(1) $f_X(x) = \displaystyle\int_{-\infty}^{+\infty} f(x, y)\mathrm{d}y = \begin{cases} \displaystyle\int_0^{2x}\mathrm{d}y, & 0 < x < 1, \\ 0, & \text{其他} \end{cases} = \begin{cases} 2x, & 0 < x < 1, \\ 0, & \text{其他}. \end{cases}$

$$f_Y(y) = \int_{-\infty}^{+\infty} f(x, y)\mathrm{d}x = \begin{cases} \displaystyle\int_{\frac{y}{2}}^{1}\mathrm{d}x, & 0 < y < 2, \\ 0, & \text{其他} \end{cases} = \begin{cases} 1 - \dfrac{y}{2}, & 0 < y < 2, \\ 0, & \text{其他}. \end{cases}$$

(2) $F_Z(z) = P\{Z \leqslant z\} = P\{2X - Y \leqslant z\}$.

1) 当 $z < 0$ 时,$F_Z(z) = P\{2X - Y \leqslant z\} = 0$;

2) 当 $0 \leqslant z < 2$ 时，$F_Z(z) = P\{2X - Y \leqslant z\} = z - \dfrac{1}{4}z^2$；

3) 当 $z \geqslant 2$ 时，$F_Z(z) = P\{2X - Y \leqslant z\} = 1$.

所以，分布函数为 $F_Z(z) = \begin{cases} 0, & z < 0, \\ z - \dfrac{1}{4}z^2, & 0 \leqslant z < 2, \\ 1, & z \geqslant 2. \end{cases}$

故所求的概率密度为 $f_Z(z) = \begin{cases} 1 - \dfrac{1}{2}z, & 0 < z < 2, \\ 0, & \text{其他}. \end{cases}$

(3) $P\left\{ Y \leqslant \dfrac{1}{2} \,\middle|\, X \leqslant \dfrac{1}{2} \right\} = \dfrac{P\left\{ X \leqslant \dfrac{1}{2}, Y \leqslant \dfrac{1}{2} \right\}}{P\left\{ X \leqslant \dfrac{1}{2} \right\}} = \dfrac{3/16}{1/4} = \dfrac{3}{4}$.

8. (2006)设随机变量 X 的概率密度为 $f_X(x) = \begin{cases} \dfrac{1}{2}, & -1 < x < 0, \\ \dfrac{1}{4}, & 0 \leqslant x < 2, \\ 0, & \text{其他}. \end{cases}$

令 $Y = X^2$，$F(x, y)$ 为二维随机变量 (X, Y) 的分布函数.

求：(1)Y 的概率密度 $f_Y(y)$；(2)$F\left(-\dfrac{1}{2}, 4\right)$.

分析　(1) 设 Y 的分布函数为 $F_Y(y)$，即 $F_Y(y) = P(Y \leqslant y) = P(X^2 \leqslant y)$，则

1) 当 $y < 0$ 时，$F_Y(y) = 0$；

2) 当 $0 \leqslant y < 1$ 时，$F_Y(y) = P(X^2 < y) = P(-\sqrt{y} < X < \sqrt{y})$

$$= \int_{-\sqrt{y}}^{0} \dfrac{1}{2}\mathrm{d}x + \int_{0}^{\sqrt{y}} \dfrac{1}{4}\mathrm{d}x = \dfrac{3}{4}\sqrt{y}.$$

3) 当 $1 \leqslant y < 4$ 时，$F_Y(y) = P(X^2 < y) = P(-1 < X < \sqrt{y})$

$$= \int_{-1}^{0} \dfrac{1}{2}\mathrm{d}x + \int_{0}^{\sqrt{y}} \dfrac{1}{4}\mathrm{d}x = \dfrac{1}{4}\sqrt{y} + \dfrac{1}{2}.$$

4) 当 $y \geqslant 4$，$F_Y(y) = 1$.

所以

$$f_Y(y) = F_Y'(y) = \begin{cases} \dfrac{3}{8\sqrt{y}}, & 0 < y < 1, \\ \dfrac{1}{8\sqrt{y}}, & 1 \leqslant y \leqslant 4, \\ 0, & \text{其他}. \end{cases}$$

(2) $F\left(-\dfrac{1}{2}, 4\right) = P\left(X \leqslant -\dfrac{1}{2}, Y \leqslant 4\right) = P\left(X \leqslant -\dfrac{1}{2}, X^2 \leqslant 4\right)$

$\qquad = P\left(X \leqslant -\dfrac{1}{2}, -2 \leqslant X \leqslant 2\right) = P\left(-2 \leqslant X \leqslant -\dfrac{1}{2}\right)$

$\qquad = \displaystyle\int_{-1}^{-\frac{1}{2}} \dfrac{1}{2}\,\mathrm{d}x = \dfrac{1}{4}.$

9.（2007）设二维随机变量(X, Y)的概率密度为

$$f(x, y) = \begin{cases} 2 - x - y, & 0 < x < 1,\ 0 < y < 1, \\ 0, & \text{其他.} \end{cases}$$

求：(1) $P\{X > 2Y\}$；

(2) $Z = X + Y$ 的概率密度 $f_Z(z)$.

分析

(1) $P\{X > 2Y\} = \displaystyle\iint\limits_{x > 2y} f(x, y)\,\mathrm{d}x\mathrm{d}y = \int_0^{\frac{1}{2}} \mathrm{d}y \int_{2y}^1 (2 - x - y)\,\mathrm{d}x = \dfrac{7}{24}.$

(2) 先求 Z 的分布函数：

$$F_Z(z) = P(X + Y \leqslant Z) = \iint\limits_{x+y \leqslant z} f(x, y)\,\mathrm{d}x\mathrm{d}y.$$

当 $z < 0$ 时，$F_Z(z) = 0$；

当 $0 \leqslant z < 1$ 时，D_1 如图 1 所示，$F_Z(z) = \displaystyle\iint\limits_{D_1} f(x, y)\,\mathrm{d}x\mathrm{d}y = \int_0^z \mathrm{d}y \int_0^{z-y} (2 - x - y)\,\mathrm{d}x$

$$\qquad\qquad = z^2 - \dfrac{1}{3}z^3;$$

当 $1 \leqslant z < 2$ 时，D_2 如图 2 所示，$F_Z(z) = 1 - \displaystyle\iint\limits_{D_2} f(x, y)\,\mathrm{d}x\mathrm{d}y = 1 - \int_{z-1}^1 \mathrm{d}y \int_{z-y}^1 (2 -$

$x - y)\mathrm{d}x$

$$\qquad\qquad = 1 - \dfrac{1}{3}(2 - z)^3;$$

当 $z \geqslant 2$ 时，$F_Z(z) = 1$.

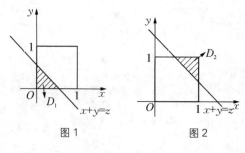

图 1   图 2

故 $Z = X + Y$ 的概率密度为

$$f_Z(z) = F'_Z(z) = \begin{cases} 2z - z^2, & 0 < z < 1, \\ (2-z)^2, & 1 \leqslant z < 2, \\ 0, & 其他. \end{cases}$$

10. (2008)设随机变量 X 与 Y 相互独立，X 的概率密度为 $P(X = i) = \dfrac{1}{3}$ $(i = -1,$ 0，$1)$，Y 的概率密度为 $f_Y(y) = \begin{cases} 1, & 0 \leqslant y < 1, \\ 0, & 其他. \end{cases}$ 记 $Z = X + Y.$

(1) 求 $P\left(Z \leqslant \dfrac{1}{2} \,\middle|\, X = 0\right)$；

(2) 求 Z 的概率密度 $f_Z(z)$.

分析

(1) **解法 1**

$$P\left(Z \leqslant \frac{1}{2} \,\middle|\, X = 0\right) = P\left(X + Y \leqslant \frac{1}{2} \,\middle|\, X = 0\right)$$
$$= P\left(Y \leqslant \frac{1}{2} \,\middle|\, X = 0\right) = P\left(Y \leqslant \frac{1}{2}\right) = \frac{1}{2}.$$

解法 2

$$P\left(Z \leqslant \frac{1}{2} \,\middle|\, X = 0\right) = \frac{P\left(X + Y \leqslant \dfrac{1}{2},\, X = 0\right)}{P(X = 0)}$$

$$= \frac{P\left(Y \leqslant \dfrac{1}{2},\, X = 0\right)}{P(X = 0)} = P\left(Y \leqslant \frac{1}{2}\right) = \frac{1}{2}.$$

(2) **解法 1** $\quad F_Z(z) = P\{Z \leqslant z\} = P\{X + Y \leqslant z\}$
$$= P\{X + Y \leqslant z,\, X = -1\} + P\{X + Y \leqslant z,\, X = 0\}$$
$$+ P\{X + Y \leqslant z,\, X = 1\}$$
$$= P\{Y \leqslant z+1,\, X = -1\} + P\{Y \leqslant z,\, X = 0\}$$
$$+ P\{Y \leqslant z-1,\, X = 1\}$$
$$= P\{Y \leqslant z+1\}P\{X = -1\} + P\{Y \leqslant z\}P\{X = 0\}$$
$$+ P\{Y \leqslant z-1\}P\{X = 1\}$$
$$= \frac{1}{3}\left[P\{Y \leqslant z+1\} + P\{Y \leqslant z\} + P\{Y \leqslant z-1\}\right]$$
$$= \frac{1}{3}\left[F_Y(z+1) + F_Y(z) + F_Y(z-1)\right],$$

所以，$f_Z(z) = F'_Z(z) = \dfrac{1}{3}\left[f_Y(z+1) + f_Y(z) + f_Y(z-1)\right] = \begin{cases} \dfrac{1}{3}, & -1 < z < 2, \\ 0, & 其他. \end{cases}$

解法2 $f_Z(z) = \sum_{i=-1}^{1} P(X=i) f_Y(z-i) = \dfrac{1}{3}\left[f_Y(z+1) + f_Y(z) + f_Y(z-1)\right]$

$$= \begin{cases} \dfrac{1}{3}, & -1 < z < 2, \\ 0, & \text{其他}. \end{cases}$$

11. (2009)袋中有 1 个红色球,2 个黑色球与 3 个白球,现有放回地从袋中取两次,每次取一球,以 X、Y、Z 分别表示两次取球所取得的红球、黑球与白球的个数.

(1) 求 $P\{X=1 \mid Z=0\}$;

(2) 求二维随机变量 (X, Y) 的概率分布.

分析

(1) 在没有取白球的情况下取了一次红球,利用压缩样本空间则相当于只有 1 个红球,2 个黑球放回摸两次,其中摸了一个红球的概率为

$$P(X=1 \mid Z=0) = \frac{C_2^1 \times 2}{C_3^1 \cdot C_3^1} = \frac{4}{9}.$$

(2) X、Y 取值范围为 0、1、2,故

$$P(X=0, Y=0) = \frac{C_3^1 \cdot C_3^1}{C_6^1 \cdot C_6^1} = \frac{1}{4}, \quad P(X=1, Y=0) = \frac{C_2^1 \cdot C_3^1}{C_6^1 \cdot C_6^1} = \frac{1}{6},$$

$$P(X=2, Y=0) = \frac{1}{C_6^1 \cdot C_6^1} = \frac{1}{36}, \quad P(X=0, Y=1) = \frac{C_2^1 \cdot C_2^1 \cdot C_3^1}{C_6^1 \cdot C_6^1} = \frac{1}{3},$$

$$P(X=1, Y=1) = \frac{C_2^1 \cdot C_2^1}{C_6^1 \cdot C_6^1} = \frac{1}{9}, \quad P(X=2, Y=1) = 0,$$

$$P(X=0, Y=2) = \frac{C_2^1 \cdot C_2^1}{C_6^1 \cdot C_6^1} = \frac{1}{9},$$

$$P(X=1, Y=2) = 0, \quad P(X=2, Y=2) = 0.$$

即 (X, Y) 的概率分布为

Y \ X	0	1	2
0	1/4	1/6	1/36
1	1/3	1/9	0
2	1/9	0	0

12. (2009)设二维随机变量 (X, Y) 的概率密度为 $f(x, y) = \begin{cases} e^{-x}, & 0 < y < x, \\ 0, & \text{其他}. \end{cases}$

(1) 求条件概率密度 $f_{Y|X}(y \mid x)$;

(2) 求条件概率 $P\{X \leqslant 1 \mid Y \leqslant 1\}$.

分析

(1) 由 $f(x, y) = \begin{cases} \mathrm{e}^{-x}, & 0 < y < x, \\ 0, & \text{其他} \end{cases}$ 得其边缘密度函数.

当 $x > 0$ 时, $f_X(x) = \int_0^x \mathrm{e}^{-x}\mathrm{d}y = x\mathrm{e}^{-x}$, 当 $x \leqslant 0$ 时, $f_X(x) = 0$.

故 $f_{Y|X}(y \mid x) = \dfrac{f(x, y)}{f_X(x)} = \dfrac{1}{x}$, $0 < y < x$.

即 $f_{Y|X}(y \mid x) = \begin{cases} \dfrac{1}{x}, & 0 < y < x, \\ 0, & \text{其他.} \end{cases}$

(2) $P\{X \leqslant 1 \mid Y \leqslant 1\} = \dfrac{P\{X \leqslant 1, Y \leqslant 1\}}{P\{Y \leqslant 1\}}$.

而 $P\{X \leqslant 1, Y \leqslant 1\} = \iint\limits_{\substack{x \leqslant 1 \\ y \leqslant 1}} f(x, y)\mathrm{d}x\mathrm{d}y = \int_0^1 \mathrm{d}x\int_0^x \mathrm{e}^{-x}\mathrm{d}y = \int_0^1 x\mathrm{e}^{-x}\mathrm{d}x = 1 - 2\mathrm{e}^{-1}$,

当 $y > 0$ 时, $f_Y(y) = \int_y^{+\infty} \mathrm{e}^{-x}\mathrm{d}x = -\mathrm{e}^{-x}\Big|_y^{+\infty} = \mathrm{e}^{-y}$, 当 $y \leqslant 0$ 时, $f_Y(y) = 0$.

所以, $P\{Y \leqslant 1\} = \int_0^1 \mathrm{e}^{-y}\mathrm{d}y = -\mathrm{e}^{-y}\Big|_0^1 = -\mathrm{e}^{-1} + 1 = 1 - \mathrm{e}^{-1}$.

因此, $P\{X \leqslant 1 \mid Y \leqslant 1\} = \dfrac{1 - 2\mathrm{e}^{-1}}{1 - \mathrm{e}^{-1}} = \dfrac{\mathrm{e} - 2}{\mathrm{e} - 1}$.

13. (2010) 设 (X, Y) 的概率密度为 $f(x, y) = A\mathrm{e}^{-2x^2+2xy-y^2}$, $(x \in \mathbf{R}, y \in \mathbf{R})$, 求常数 A 及条件概率密度 $f_{Y|X}(y \mid x)$.

分析

方法一 根据概率密度的性质, 有

$$1 = \int_{-\infty}^{+\infty}\int_{-\infty}^{+\infty} f(x, y)\mathrm{d}x\mathrm{d}y = A\int_{-\infty}^{+\infty}\int_{-\infty}^{+\infty} \mathrm{e}^{-2x^2+2xy-y^2}\mathrm{d}x\mathrm{d}y$$

$$= A\int_{-\infty}^{+\infty} \mathrm{e}^{-x^2}\mathrm{d}x\int_{-\infty}^{+\infty} \mathrm{e}^{-(y-x)^2}\mathrm{d}(y-x) = A \times \sqrt{\pi} \times \sqrt{\pi} = A\pi,$$

所以, $A = \dfrac{1}{\pi}$.

即 $\qquad f(x, y) = \dfrac{1}{\pi}\mathrm{e}^{-2x^2+2xy-y^2}$, $x \in \mathbf{R}, y \in \mathbf{R}$.

关于 X 的边缘概率密度函数为

$$f_X(x) = \int_{-\infty}^{+\infty} f(x, y)\mathrm{d}y = \int_{-\infty}^{+\infty} \dfrac{1}{\pi}\mathrm{e}^{-2x^2+2xy-y^2}\mathrm{d}y = \dfrac{1}{\pi}\mathrm{e}^{-x^2}\int_{-\infty}^{+\infty} \mathrm{e}^{-(y-x)^2}\mathrm{d}(y-x) = \dfrac{1}{\sqrt{\pi}}\mathrm{e}^{-x^2}.$$

所以, $f_{Y|X}(y \mid x) = \dfrac{f(x, y)}{f_X(x)} = \dfrac{1}{\sqrt{\pi}}\mathrm{e}^{-x^2+2xy-y^2}$, $x \in \mathbf{R}, y \in \mathbf{R}$.

【评注】充分利用积分 $\displaystyle\int_{-\infty}^{+\infty}\mathrm{e}^{-x^2}\mathrm{d}x=\sqrt{\pi}$ 简化计算.

方法二 概率密度函数可以变形为：

$$f(x,y)=A\mathrm{e}^{-2x^2+2xy-y^2}=A\mathrm{e}^{-x^2}\cdot\mathrm{e}^{-(y-x)^2}$$

$$=A\pi\cdot\frac{1}{\sqrt{2\pi}\cdot\frac{1}{\sqrt{2}}}\mathrm{e}^{-\frac{x^2}{2\cdot(\frac{1}{\sqrt{2}})^2}}\cdot\frac{1}{\sqrt{2\pi}\cdot\frac{1}{\sqrt{2}}}\mathrm{e}^{-\frac{(y-x)^2}{2\cdot(\frac{1}{\sqrt{2}})^2}}$$

利用概率密度函数的性质

$$1=\int_{-\infty}^{+\infty}\int_{-\infty}^{+\infty}f(x,y)\mathrm{d}x\mathrm{d}y$$

$$=A\pi\cdot\int_{-\infty}^{+\infty}\frac{1}{\sqrt{2\pi}\cdot\frac{1}{\sqrt{2}}}\cdot\mathrm{e}^{-\frac{x^2}{2\cdot(\frac{1}{\sqrt{2}})^2}}\mathrm{d}x\int_{-\infty}^{+\infty}\frac{1}{\sqrt{2\pi}\cdot\frac{1}{\sqrt{2}}}\cdot\mathrm{e}^{-\frac{(y-x)^2}{2\cdot(\frac{1}{\sqrt{2}})^2}}\mathrm{d}y=A\pi.$$

（利用 $\displaystyle\int_{-\infty}^{+\infty}\frac{1}{\sqrt{2\pi}\sigma}\mathrm{e}^{-\frac{(x-\mu)^2}{2\sigma^2}}\mathrm{d}x=1$，同时，把第二个积分中的 x 看作常数即可）

所以，$A=\dfrac{1}{\pi}$.

即 $f(x,y)=\dfrac{1}{\sqrt{2\pi}\cdot\frac{1}{\sqrt{2}}}\mathrm{e}^{-\frac{x^2}{2\cdot(\frac{1}{\sqrt{2}})^2}}\cdot\dfrac{1}{\sqrt{2\pi}\cdot\frac{1}{\sqrt{2}}}\mathrm{e}^{-\frac{(y-x)^2}{2\cdot(\frac{1}{\sqrt{2}})^2}}$,

所以，$f_X(x)=\displaystyle\int_{-\infty}^{+\infty}f(x,y)\mathrm{d}y=\dfrac{1}{\sqrt{\pi}}\mathrm{e}^{-x^2}\cdot\int_{-\infty}^{+\infty}\dfrac{1}{\sqrt{2\pi}\cdot\frac{1}{\sqrt{2}}}\mathrm{e}^{-\frac{(y-x)^2}{2\cdot(\frac{1}{\sqrt{2}})^2}}\mathrm{d}y=\dfrac{1}{\sqrt{\pi}}\mathrm{e}^{-x^2}$,

因此，$f_{Y|X}(y\mid x)=\dfrac{f(x,y)}{f_X(x)}=\dfrac{1}{\sqrt{\pi}}\mathrm{e}^{-x^2+2xy-y^2}$, $(x\in\mathbf{R},y\in\mathbf{R})$

【评注】充分利用 $\displaystyle\int_{-\infty}^{+\infty}\frac{1}{\sqrt{2\pi}\sigma}\mathrm{e}^{-\frac{(x-\mu)^2}{2\sigma^2}}\mathrm{d}x=1$.

14. (2011)二维随机变量(X,Y)在G上服从均匀分布，G由$x-y=0$，$x+y=2$与$y=0$所围成.(1)求边缘密度$f_X(x)$;(2)求条件分布$f_{X|Y}(x\mid y)$;(3)求概率$P(X-Y\geqslant1)$.

分析 (1) 如图1所示，$S_G=\dfrac{1}{2}\times1\times2=1$，由于二维随机变量$(X,Y)$在$G$上服从均匀分布，则联合密度函数为

$$f(x,y)=\begin{cases}1, & 0\leqslant y\leqslant1,\ y\leqslant x\leqslant2-y,\\ 0, & \text{其他},\end{cases}$$

故随机变量X边缘密度为

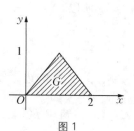

图1

$$f_X(x) = \int_{-\infty}^{+\infty} f(x, y)\mathrm{d}y = \begin{cases} \int_0^x 1\mathrm{d}y, & 0 \leqslant x \leqslant 1 \\ \int_0^{2-x} 1\mathrm{d}y, & 1 < x \leqslant 2 \\ 0, & \text{其他} \end{cases} = \begin{cases} x, & 0 \leqslant x \leqslant 1, \\ 2-x, & 1 < x \leqslant 2, \\ 0, & \text{其他}. \end{cases}$$

（2）随机变量 Y 边缘密度为

$$f_Y(y) = \int_{-\infty}^{+\infty} f(x, y)\mathrm{d}x = \begin{cases} \int_y^{2-y} 1\mathrm{d}x, & 0 \leqslant y \leqslant 1 \\ 0, & \text{其他} \end{cases} = \begin{cases} 2-2y, & 0 \leqslant y \leqslant 1, \\ 0, & \text{其他}. \end{cases}$$

所以，$f_{X|Y}(x \mid y) = \dfrac{f(x, y)}{f_Y(y)} = \begin{cases} \dfrac{1}{2-2y}, & 0 \leqslant y \leqslant 1, \ y \leqslant x \leqslant 2-y, \\ 0, & \text{其他}. \end{cases}$

（3）$P(X - Y \geqslant 1) = \iint\limits_{x-y \geqslant 1} f(x, y)\mathrm{d}x\mathrm{d}y = \int_0^{\frac{1}{2}} \mathrm{d}y \int_{y+1}^{2-y} 1\mathrm{d}x = \dfrac{1}{4}.$

注：第三问也可利用面积比去求.

第 4 章　随机变量的数字特征

一、学习要求

1. 理解数字期望和方差的概念,掌握它们的性质与计算.

2. 掌握二项分布、泊松分布和正态分布的数学期望和方差,了解均匀分布和指数分布的数学期望和方差.

3. 会计算随机变量函数的数学期望.

4. 了解矩、协方差和相关系数的概念与性质,并会计算.

二、概念网络图

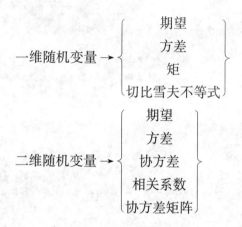

三、重要概念、定理结合范例分析

(一) 随机变量的数学期望的概念与性质

1. 数学期望的概念

设随机变量 X 的分布函数为 $F(x)$,则

$$E(X) \xlongequal{\text{def}} \int_{-\infty}^{+\infty} x\mathrm{d}F(x) = \begin{cases} \sum_i x_i p_i, & X \text{ 为离散型随机变量}, \\ \int_{-\infty}^{+\infty} xf(x)\mathrm{d}x, & X \text{ 为连续型随机变量}. \end{cases}$$

称为 X 的**数学期望或均值**. 当 X 为离散型随机变量,其可能取值 x_i 为可列个时,则要求 $\sum_{i=1}^{\infty} |x_i| p_i < +\infty$,当 X 为连续型随机变量时,则要求 $\int_{-\infty}^{+\infty} |x| f(x)\mathrm{d}x < +\infty$.

其中 $p_i(f(x))$ 分别为离散型(连续型)的分布列(概率密度函数).

例 1 设离散型随机变量 X 的概率分布为

$$P(X = n) = P(X = -n) = \frac{1}{2n(n+1)}(n = 1, 2, \cdots),$$

求 $E(X)$.

解 由于

$$\sum_{n=1}^{\infty} \mid x_n p_n \mid = \sum_{n=1}^{\infty} \frac{1}{n+1}$$

是发散的,因此 $E(X)$ 不存在.

例 2 设连续型随机变量 X 的分布密度为

$$f(x) = \frac{1}{\pi} \cdot \frac{1}{1+x^2},$$

这时,我们称 X 服从**哥西分布**,求 $E(X)$.

解 由于

$$\int_{-A}^{A} \mid x \mid \frac{1}{\pi} \cdot \frac{1}{1+x^2} \mathrm{d}x = \frac{2}{2\pi} \int_0^A \frac{\mathrm{d}(1+x^2)}{1+x^2} = \frac{1}{\pi} \ln(1+x^2) \mid_0^A = \frac{1}{\pi} \ln(1+A^2),$$

而

$$\int_{-\infty}^{+\infty} \mid x \mid \frac{1}{\pi} \cdot \frac{1}{1+x^2} \mathrm{d}x = \lim_{A \to +\infty} \frac{1}{\pi} \ln(1+A^2) = +\infty,$$

由数学期望定义,可知 $E(X)$ 不存在.

问题 离散型随机变量 X 的数学期望定义中,为什么要求级数

$$\sum_{i=1}^{\infty} \mid x_i \mid p_i < +\infty?$$

例 3 设连续型随机变量 X 的分布函数为 $F(x)$,并且其均值 $E(X)$ 存在,求证:当 $x \to +\infty$ 时,$1 - F(x)$ 是 $\frac{1}{x}$ 的高阶无穷小量.

证明 由于 X 的均值 $E(X)$ 存在,即

$$\int_{-\infty}^{+\infty} \mid x \mid f(x) \mathrm{d}x < +\infty,$$

因此,我们有

$$\frac{1-F(x)}{\frac{1}{x}} = x(1-P(X \leqslant x)) = x\left(1 - \int_{-\infty}^{x} f(t) \mathrm{d}t\right)$$

$$= x \int_x^{+\infty} f(t) \mathrm{d}t \leqslant \int_x^{+\infty} \mid t \mid f(t) \mathrm{d}t \to 0 (x \to +\infty),$$

即

$$1 - F(x) = o\left(\frac{1}{x}\right)(x \to +\infty),$$

亦即当 $x \to +\infty$ 时，$1 - F(x)$ 是 $\frac{1}{x}$ 的高阶无穷小量.

2. 数学期望的性质

利用数学期望的定义可以证明下述性质对一切随机变量都成立.

性质 1　$E(aX + b) = aE(X) + b$.

性质 2　设随机变量 X 与 Y 相互独立,则它们乘积的数学期望等于它们数学期望的积,即

$$E(XY) = E(X)E(Y).$$

问题　性质 2 中,X 与 Y 相互独立是 $E(XY) = E(X)E(Y)$ 的充要条件吗?

例 4　盒中有 5 个球,其中有 3 个白球,2 个红球. 从中任取两球,求白球个数 X 的数学期望.

解　由题意可知

$$P(X = k) = \frac{C_3^k \cdot C_2^{2-k}}{C_5^2}(k = 0,\ 1,\ 2),$$

因此

$$E(X) = 0 \times \frac{1}{10} + 1 \times \frac{6}{10} + 2 \times \frac{3}{10} = \frac{6}{5}.$$

例 5　某地区计划明年出生 1000 个婴儿,若男孩出生率为 $p = 0.512$,问:明年(1)出生多少男孩? (2)期望出生多少男孩?

答案:(1) 0~1000;　(2) 512.

分析　(略)

例 6　两台生产同一种零件的车床,一天中生产的次品数的概率分布分别是

甲台次品数	0	1	2	3
p	0.4	0.3	0.2	0.1
乙台次品数	0	1	2	3
p	0.3	0.5	0.2	0

如果两台车床的产量相同,问哪台车床好?

答案:乙好.

分析　(略)

例 7　设随机变量 X 的分布密度函数为

$$f(x) = \begin{cases} x, & 0 < x \leqslant 1, \\ 2-x, & 1 < x \leqslant 2, \\ 0, & 其他. \end{cases}$$

求 $E(X)$.

解　由定义,有

$$E(X) = \int_{-\infty}^{+\infty} x f(x) \mathrm{d}x = \int_0^1 x^2 \mathrm{d}x + \int_1^2 x(2-x) \mathrm{d}x$$

$$= \frac{1}{3} x^3 \Big|_0^1 + \left(x^2 - \frac{1}{3} x^3 \right) \Big|_1^2 = 1.$$

3. 随机变量函数的数学期望公式

若随机变量 X 的概率分布已确知,则随机变量函数 $g(X)$ 的数学期望为

$$E[g(X)] = \begin{cases} \sum g(x_i) p_i, & 当 X 为离散型时, \\ \int_{-\infty}^{+\infty} g(x) f(x) \mathrm{d}x, & 当 X 为连续型时, \end{cases}$$

这里要求上述的级数与积分都是绝对收敛的. 我们也称之为**表示性定理**.

例 8　设随机变量 X 的概率分布为

X	-2	-1	0	1	2
p_i	$\frac{1}{5}$	$\frac{1}{6}$	$\frac{1}{5}$	$\frac{1}{15}$	$\frac{11}{30}$

求 $E(X)$, $E(X + 3X^2)$.

答案: $E(X) = \frac{7}{30}$, $E(X + 3X^2) = \frac{116}{15}$.

例 9　设随机变量 $X \sim N(\mu, \sigma^2)$,求 $E(|X - \mu|)$.

答案: $\sqrt{\dfrac{2}{\pi}} \sigma$.

例 10　设随机变量 X 的分布密度函数为

$$f(x) = \begin{cases} \mathrm{e}^{-x}, & x > 0, \\ 0, & x \leqslant 0. \end{cases}$$

求 $Y = \mathrm{e}^{-2X}$ 的数学期望.

答案: $\dfrac{1}{3}$.

例 11　对球的直径作近似测量,设其值均匀分布在区间 $[a, b]$ 上,求球的体积的数学期望.

解 设球的直径为 X，则 $X \sim U(a, b)$，其密度函数为

$$f(x) = \begin{cases} \dfrac{1}{b-a}, & x \in [a, b], \\ 0, & \text{其他.} \end{cases}$$

又设球体积为 V，则 $V = \dfrac{\pi}{6} X^3$. 由表示性定理，有

$$E(V) = \int_a^b \frac{1}{b-a} \cdot \frac{1}{6} \pi x^3 \mathrm{d}x = \frac{\pi}{24}(a^3 + a^2 b + ab^2 + b^3).$$

问题 本题也可以先求出随机变量 V 的分布密度函数

$$f_Y(y) = \begin{cases} \dfrac{1}{b-a} \sqrt[3]{\dfrac{2}{9\pi}} y^{-\frac{2}{3}}, & \dfrac{\pi}{6} a^3 \leqslant y \leqslant \dfrac{\pi}{6} b^3, \\ 0, & \text{其他.} \end{cases}$$

再根据数学期望定义，得到

$$E(V) = \int_{-\infty}^{+\infty} y f_Y(y) \mathrm{d}y = \frac{\pi}{24}(a^3 + a^2 b + ab^2 + b^3).$$

比较两种解法哪一种比较简单？

(二) 随机变量的方差的概念与性质

1. 方差的概念

$$D(X) = E((X - E(X))^2) = \begin{cases} \sum_i (x_i - E(X))^2 p_i, & \text{当 } X \text{ 为离散型时,} \\ \int_{-\infty}^{+\infty} (x - E(X))^2 f(x) \mathrm{d}x, & \text{当 } X \text{ 为连续型时,} \end{cases}$$

由方差的定义和数学期望的性质，有

$$D(X) = E(X^2) - (E(X))^2.$$

这就是说，要计算随机变量 X 的方差，在求出 $E(X)$ 后，再根据随机变量函数的数学期望公式算出 $E(X^2)$ 即可.

根据方差的定义显然有 $D(X) \geqslant 0$，我们称方差的算术根 $\sqrt{D(X)}$ 为随机变量 X 的标准差(或均方差). 这样，随机变量的标准差、数学期望与随机变量本身有相同的计量单位.

2. 方差的性质

利用方差的定义可以证明下列性质对一切随机变量都成立.

性质 1 $D(aX + b) = a^2 D(X)$.

性质 2　设随机变量 X 与 Y 相互独立,则它们和的方差等于它们的方差的和,即

$$D(X+Y) = D(X) + D(Y).$$

性质 3　对于一般的随机变量 X 与 Y,则

$$D(X \pm Y) = D(X) + D(Y) \pm 2E[(X-E(X))(Y-E(Y))].$$

问题　性质 2 中 X 与 Y 相互独立是 $D(X+Y) = D(X) + D(Y)$ 的充要条件吗?

例 12　设 X 的均值、方差都存在,且 $D(X) \neq 0$,求 $Y = \dfrac{X-E(X)}{\sqrt{D(X)}}$ 的均值与方差.

解

$$E(Y) = E\left(\frac{X-E(X)}{\sqrt{D(X)}}\right) = \frac{1}{\sqrt{D(X)}}E(X-E(X))$$

$$= \frac{1}{\sqrt{D(X)}}(E(X)-E(X)) = 0.$$

$$D(Y) = D\left(\frac{X-E(X)}{\sqrt{D(X)}}\right) = \frac{1}{D(X)}D(X-E(X))$$

$$= \frac{1}{D(X)}[D(X)+D(-E(X))] = \frac{D(X)}{D(X)} = 1.$$

例 13　设随机变量 X 的概率密度为

$$f(x) = \frac{1}{2}e^{-|x|} \ (-\infty < x < +\infty),$$

求 $E(X)$ 及 $D(X)$.

答案:$E(X) = 0$, $D(X) = 2$.

例 14　已知随机变量 X 的分布函数

$$F(x) = \begin{cases} 0, & x \leqslant 0, \\ \dfrac{x}{4}, & 0 < x \leqslant 4, \\ 1, & x > 4. \end{cases}$$

求 $E(X)$、$D(X)$.

答案:$E(X) = 2$, $D(X) = \dfrac{4}{3}$.

例 15　设随机变量 $X \sim N(0,4)$,$Y \sim U\left(0, \dfrac{4}{3}\right)$,且 X、Y 相互独立,求 $E(XY)$、$D(X+Y)$ 及 $D(2X-3Y)$.

答案:$E(XY) = 0$, $D(X+Y) = \dfrac{16}{3}$, $D(2X-3Y) = 28$.

(三) 常见分布的数学期望与方差

分布名称	符号	均值	方差
0-1分布	$B(1, p)$	p	$p(1-p)$
二项分布	$B(n, p)$	np	$np(1-p)$
泊松分布	$P(\lambda)$	λ	λ
几何分布	$G(p)$	$\dfrac{1}{p}$	$\dfrac{1-p}{p^2}$
超几何分布	$H(n, M, N)$	$\dfrac{nM}{N}$	$\dfrac{nM}{N}\left(1-\dfrac{M}{N}\right)\left(\dfrac{N-n}{N-1}\right)$
均匀分布	$U(a, b)$	$\dfrac{a+b}{2}$	$\dfrac{(b-a)^2}{12}$
指数分布	$E(\lambda)$	$\dfrac{1}{\lambda}$	$\dfrac{1}{\lambda^2}$
正态分布	$N(\mu, \sigma^2)$	μ	σ^2

例 16　已知随机变量 X 服从二项分布,且 $E(X) = 2.4$,$D(X) = 1.44$,求二项分布的参数 n、p.

答案: $n = 6$,$p = 0.4$.

分析　由 $E(X) = np$,$D(X) = np(1-p)$ 得方程组

$$np = 2.4, \quad np(1-p) = 1.44.$$

解方程组即得 $n = 6$,$p = 0.4$.

例 17　设 (X, Y) 服从区域 $D = \{(x, y) \mid 0 \leqslant x \leqslant 1, 0 \leqslant y \leqslant 1\}$ 上的均匀分布,求 $E(X+Y)$、$E(X-Y)$、$E(XY)$、$D(X+Y)$、$D(2X-3Y)$.

答案: 1,0,$\dfrac{1}{4}$,$\dfrac{1}{6}$,$\dfrac{13}{12}$.

分析　由于 X 与 Y 相互独立,可知

$$E(X) = E(Y) = \frac{1}{2}, \quad D(X) = D(Y) = \frac{1}{12}.$$

(四) 随机变量矩、协方差和相关系数

1. 原点矩与中心矩

(1) 对于正整数 k,称随机变量 X 的 k 次幂的数学期望为 X 的 k 阶原点矩,记为 v_k,即

$$v_k = E(X^k), \quad k = 1, 2, \cdots.$$

于是,我们有

$$v_k = \begin{cases} \sum_i x_i^k p_i, & \text{当 } X \text{ 为离散型时}, \\ \int_{-\infty}^{+\infty} x^k f(x)\mathrm{d}x, & \text{当 } X \text{ 为连续型时}. \end{cases}$$

（2）对于正整数 k，称随机变量 X 与 $E(X)$ 差的 k 次幂的数学期望为 X 的 k 阶中心矩，记为 μ_k，即

$$\mu_k = E[X - E(X)]^k (k = 1,\ 2,\ \cdots).$$

于是，我们有

$$\mu_k = \begin{cases} \sum_i (x_i - E(X))^k p_i, & \text{当 } X \text{ 为离散型时}, \\ \int_{-\infty}^{+\infty} (x - E(X))^k f(x)\mathrm{d}x, & \text{当 } X \text{ 为连续型时}. \end{cases}$$

（3）对于随机变量 X 与 Y，如果有 $E(X^k Y^l)$ 存在，则称之为 X 与 Y 的 $k + l$ 阶**混合原点矩**，记为 v_{kl}，即

$$v_{kl} = E(X^k Y^l).$$

若有 $E[(X - E(X))^k (Y - E(Y))^l]$ 存在，则称之为 X 与 Y 的 $k + l$ 阶**混合中心矩**，记为 μ_{kl}，即

$$\mu_{kl} = E[(X - E(X))^k (Y - E(Y))^l].$$

2. 协方差与相关系数

（1）对于随机变量 X 与 Y，称它们的二阶混合中心矩 μ_{11} 为 X 与 Y 的**协方差或相关矩**，记为 σ_{XY} 或 $\mathrm{Cov}(X,\ Y)$，即

$$\sigma_{XY} = \mu_{11} = E[(X - E(X))(Y - E(Y))].$$

与记号 σ_{XY} 相对应，X 与 Y 的方差 $D(X)$ 与 $D(Y)$ 也可分别记为 σ_{XX} 与 σ_{YY}.

协方差有下面几个性质：

（Ⅰ）$\mathrm{Cov}(X,\ Y) = \mathrm{Cov}(Y,\ X)$.

（Ⅱ）$\mathrm{Cov}(aX,\ bY) = ab\,\mathrm{Cov}(X,\ Y)$.

（Ⅲ）$\mathrm{Cov}(X_1 + X_2,\ Y) = \mathrm{Cov}(X_1,\ Y) + \mathrm{Cov}(X_2,\ Y)$.

（Ⅳ）$\mathrm{Cov}(X,\ Y) = E(XY) - E(X)E(Y)$.

（2）对于随机变量 X 与 Y，若 $D(X) > 0,\ D(Y) > 0$，则称

$$\frac{\sigma_{XY}}{\sqrt{D(X)}\ \sqrt{D(Y)}}$$

为 X 与 Y 的**相关系数**，记作 ρ_{XY}（有时可简记为 ρ）.

不难验证：$|\rho| \leqslant 1$，并且当 $|\rho| = 1$ 时，称 X 与 Y 完全相关：

$$完全相关\begin{cases}正相关，当 \rho = 1 时， \\ 负相关，当 \rho = -1 时.\end{cases}$$

而当 $\rho = 0$ 时，称 X 与 Y 不相关.

（3）与相关系数有关的几个重要结论

（Ⅰ）若随机变量 X 与 Y 相互独立，则 $\rho_{XY} = 0$；反之不真.

（Ⅱ）若二维随机变量 $(X, Y) \sim N(\mu_1, \mu_2, \sigma_1^2, \sigma_2^2, \rho)$，则 X 与 Y 相互独立的充要条件是 $\rho = 0$.

（Ⅲ）以下五个命题是等价的：

① $\rho_{XY} = 0$.

② $\mathrm{Cov}(X, Y) = 0$.

③ $E(XY) = E(X)E(Y)$.

④ $D(X+Y) = D(X) + D(Y)$.

⑤ $D(X-Y) = D(X) + D(Y)$.

例 18　设随机变量 X 和 Y 的方差存在且不等于 0，则 $D(X+Y) = D(X) + D(Y)$ 是 X 和 Y（　　）.

（A）不相关的充分条件，且不是必要条件.

（B）独立的充分条件，但不是必要条件.

（C）不相关的充分必要条件.

（D）独立的充分必要条件.

答案：C.

分析　$\rho_{XY} = 0 \Leftrightarrow D(X+Y) = D(X) + D(Y)$. 因此，选择 C.

问题　若将（B）改为"独立的必要条件，但不是充分条件"，答案应是什么？

例 19　设 $D(X) = 25$，$D(Y) = 36$，$\rho_{XY} = 0.4$. 求 $D(X+Y)$ 及 $D(X-Y)$.

答案：85，37.

例 20　设 X 与 Y 相互独立都服从 $P(\lambda)$，令 $U = 2X+Y$，$Y = 2X-Y$. 求随机变量 U 和 Y 的相关系数 ρ_{UV}.

答案：$\dfrac{3}{5}$.

分析　由于 $X, Y \sim P(\lambda)$，因此有

$$E(X) = E(Y) = D(X) = D(Y) = \lambda,$$
$$E(X^2) = E(Y^2) = D(X) + (E(X))^2 = \lambda + \lambda^2,$$

于是

$$D(U) = D(V) = 4D(X) + D(Y) = 5\lambda,$$

而

$$\mathrm{Cov}(U, V) = \mathrm{Cov}(2X+Y, 2X-Y) = 4D(X) - D(Y) = 3\lambda,$$

因此

$$\rho_{UV} = \frac{\mathrm{Cov}(U, V)}{\sqrt{D(U)}\ \sqrt{D(V)}} = \frac{3\lambda}{5\lambda} = \frac{3}{5}.$$

例21　设 (X, Y) 服从 $D = \{(x, y) \mid x^2 + y^2 \leqslant 1\}$ 上的均匀分布,求 σ_{XY} 和 ρ_{XY},并且讨论 X 与 Y 的独立性.

解　D 是以原点为圆心、1 为半径的圆,其面积等于 π,故 (X, Y) 的密度函数为

$$f(x, y) = \begin{cases} \dfrac{1}{\pi}, & x^2 + y^2 \leqslant 1, \\ 0, & \text{其他.} \end{cases}$$

于是

$$
\begin{aligned}
E(X) &= \int_{-\infty}^{+\infty} \int_{-\infty}^{+\infty} x f(x, y) \mathrm{d}x \mathrm{d}y = \frac{1}{\pi} \iint\limits_{x^2+y^2 \leqslant 1} x \mathrm{d}x \mathrm{d}y \\
&= \frac{1}{\pi} \int_0^{2\pi} \int_0^1 r\cos\theta \cdot r \mathrm{d}r \mathrm{d}\theta = \frac{1}{\pi} \int_0^{2\pi} \cos\theta \mathrm{d}\theta \cdot \int_0^1 r^2 \mathrm{d}r \\
&= 0.
\end{aligned}
$$

同样地,$E(Y) = 0$. 而

$$
\begin{aligned}
\sigma_{XY} &= \int_{-\infty}^{+\infty} \int_{-\infty}^{+\infty} [x - E(X)] \cdot [y - E(Y)] f(x, y) \mathrm{d}x \mathrm{d}y \\
&= \frac{1}{\pi} \iint\limits_{x^2+y^2 \leqslant 1} xy \mathrm{d}x \mathrm{d}y = \frac{1}{\pi} \int_0^{2\pi} \int_0^1 r^2 \sin\theta\cos\theta \cdot r \mathrm{d}r \mathrm{d}\theta \\
&= \frac{1}{\pi} \int_0^{2\pi} \sin\theta\cos\theta \mathrm{d}\theta \cdot \int_0^1 r^3 \mathrm{d}r = 0.
\end{aligned}
$$

由此得 $\rho_{XY} = 0$.

下面讨论独立性. 当 $|x| \leqslant 1$ 时,

$$f_X(x) = \int_{-\sqrt{1-x^2}}^{\sqrt{1-x^2}} \frac{1}{\pi} \mathrm{d}y = \frac{2}{\pi} \sqrt{1-x^2}.$$

当 $|y| \leqslant 1$ 时,

$$f_Y(y) = \int_{-\sqrt{1-y^2}}^{\sqrt{1-y^2}} \frac{1}{\pi} \mathrm{d}x = \frac{2}{\pi} \sqrt{1-y^2}.$$

显然

$$f_X(x) \cdot f_Y(y) \neq f(x, y).$$

故 X 和 Y 不是相互独立的. 这说明 $\rho_{XY} = 0$ 不是 X、Y 相互独立的充分条件.

问题 根据第 3 章"有关随机变量独立性的几个重要结论(1)"可否判断本题中 X 与 Y 的独立性.

(五) 二维随机向量的数字特征

1. 均值向量

二维离散型随机向量 $\xi = (X, Y)$, 若其概率分布为 p_{ij}, 则其数学期望定义为 $E(\xi) \xmalloc{def} (E(X), E(Y))$, 其中

$$E(X) = \sum_i \sum_j x_i p_{ij}, \ E(Y) = \sum_i \sum_j y_j p_{ij}.$$

这里要求上述的级数都是绝对收敛的.

二维连续型随机向量 $\xi = (X, Y)$, 若其密度函数为 $f(x, y)$, 则其数学期望定义为 $E(\xi) \xmalloc{def} (E(X), E(Y))$, 其中

$$E(X) = \int_{-\infty}^{+\infty} \int_{-\infty}^{+\infty} xf(x, y)\mathrm{d}\sigma, \ E(Y) = \int_{-\infty}^{+\infty} \int_{-\infty}^{+\infty} yf(x, y)\mathrm{d}\sigma.$$

2. 表示性定理

若 $\xi = (X, Y)$ 的分布已知, 则随机向量的函数 $g(X, Y)$ 的数学期望为

$$E[g(X, Y)] = \begin{cases} \sum_i \sum_j f(x_i, y_j)p_{ij}, & \xi \text{ 为离散型随机向量}, \\ \int_{-\infty}^{+\infty} \int_{-\infty}^{+\infty} g(x, y)f(x, y)\mathrm{d}x\mathrm{d}y, & \xi \text{ 为连续型随机向量}, \end{cases}$$

这里要求上述的级数和积分都是绝对收敛的.

3. 方差向量

对于二维连续型随机向量 $\xi = (X, Y)$, 若其密度函数为 $f(x, y)$, 则其方差定义为 $D(\xi) \xmalloc{def} (D(X), D(Y))$, 其中

$$D(X) = \int_{-\infty}^{+\infty} \int_{-\infty}^{+\infty} [x - E(X)^2]f(x, y)\ \mathrm{d}x\mathrm{d}y,$$

$$D(Y) = \int_{-\infty}^{+\infty} \int_{-\infty}^{+\infty} [y - E(X)^2]f(x, y)\ \mathrm{d}x\mathrm{d}y,$$

离散型的情况也有类似的定义, 这里不再赘述了.

由二维随机向量数学期望和方差的定义可以算出, 若随机变量 $\xi \sim N(\mu_1, \mu_2, \sigma_1^2, \sigma_2^2,$

ρ),则

$$E(\xi) = (\mu_1, \mu_2), \ D(\xi) = (\sigma_1^2, \sigma_2^2).$$

又如,若 $\xi \sim U(D)$,其中 $D = \{(x, y) \mid a \leqslant x \leqslant b, c \leqslant y \leqslant d\}$,则

$$E(\xi) = \left(\frac{a+b}{2}, \frac{c+d}{2} \right), \ D(\xi) = \left(\frac{(b-a)^2}{12}, \frac{(d-c)^2}{12} \right).$$

4. 协方阵与相关阵

我们把矩阵 $\sum = \begin{bmatrix} \sigma_{XX} & \sigma_{XY} \\ \sigma_{YX} & \sigma_{YY} \end{bmatrix}$ 称为 X 、 Y 的**协方阵**;把矩阵 $R = \begin{bmatrix} \rho_{XX} & \rho_{XY} \\ \rho_{YX} & \rho_{YY} \end{bmatrix}$ 称为 X 、

Y 的**相关阵**.

这样二元正态分布密度就可由矩阵表示为

$$p(x, y) = (2\pi)^{-\frac{2}{2}} \mid \sum \mid^{-\frac{1}{2}} \exp\left(-\frac{1}{2} (X-\mu)' \sum^{-1} (X-\mu) \right),$$

其中

$$\sum = \begin{bmatrix} \sigma_{11} & \sigma_{12} \\ \sigma_{21} & \sigma_{22} \end{bmatrix}.$$

$\mid \sum \mid$ 为 $\sum$ 的行列式; $\sum^{-1}$ 为 $\sum$ 的逆矩阵; $(X-\mu)' = (x-\mu_1, y-\mu_2)$.

于是,我们可以把二维正态分布简记为

$$\xi \sim N(\mu, \sum),$$

其中

$$\mu = \begin{bmatrix} \mu_1 \\ \mu_2 \end{bmatrix}.$$

特别地,二维标准正态分布可由记号 $N(0, I)$ 表示,其中 I 为单位矩阵,对于多维正态分布也有类似的密度函数表达式.

问题　由二元正态分布密度的矩阵形式导出一般形式.

例 22　对于任意两个事件 A 和 B , $0 < P(A) < 1$, $0 < P(B) < 1$,

$$\rho = \frac{P(AB) - P(A)P(B)}{\sqrt{P(A)P(B)P(\overline{A})P(\overline{B})}}$$

称作事件 A 和 B 的相关系数.

(1) 证明事件 A 和 B 独立的充分必要条件是其相关系数等于零;

(2) 利用随机变量相关系数的基本性质,证明 $\mid \rho \mid \leqslant 1$.

证明 （1）由 ρ 的定义，可见 $\rho = 0$ 当且仅当

$$P(AB) - P(A)P(B) = 0,$$

而这恰好是二事件 A 和 B 独立的定义，即 $\rho = 0$ 是 A 和 B 独立的充分必要条件.

（2）考虑随机变量 X 和 Y：

$$X = \begin{cases} 1, & A \text{ 出现,} \\ 0, & A \text{ 不出现,} \end{cases} \qquad Y = \begin{cases} 1, & B \text{ 出现,} \\ 0, & B \text{ 不出现.} \end{cases}$$

由条件知，X 和 Y 都服从 $0-1$ 分布：

$$X \sim \begin{bmatrix} 0 & 1 \\ 1-P(A) & P(A) \end{bmatrix}, Y \sim \begin{bmatrix} 0 & 1 \\ 1-P(B) & P(B) \end{bmatrix}.$$

易见

$$E(X) = P(A), \; E(Y) = P(B),$$
$$D(X) = P(A)P(\overline{A}), \; D(Y) = P(B)P(\overline{B}),$$
$$\operatorname{Cov}(X, Y) = P(AB) - P(A)P(B).$$

因此，事件 A 和 B 的相关系数就是随机变量 X 和 Y 的相关系数.

于是，由二随机变量相关系数的基本性质，可见 $|\rho| \leqslant 1$.

（六）切比雪夫不等式

设随机变量 X 具有数学期望 $E(X) = \mu$，方差 $D(X) = \sigma^2$，则对于任意正数 ε，有下列切比雪夫不等式

$$P(|X - \mu| \geqslant \varepsilon) \leqslant \frac{\sigma^2}{\varepsilon^2}.$$

切比雪夫不等式给出了在未知 X 的分布的情况下，对概率

$$P(|X - \mu| \geqslant \varepsilon)$$

的一种估计，它在理论上有重要意义. 但是这种估计往往是太粗略了.

例 23 利用切比雪夫不等式估计随机变量与其数学期望之差大于 3 倍标准差的概率.

解 由切比雪夫不等式

$$P(|X - E(X)| > \varepsilon) \leqslant \frac{D(X)}{\varepsilon^2},$$

令 $\varepsilon = 3\sqrt{D(X)}$，有

$$P(\mid X - E(X) \mid > 3\sqrt{D(X)}) \leqslant \frac{D(X)}{(3\sqrt{D(X)})^2} = \frac{1}{9}.$$

分析　当 $X \sim N(\mu, \sigma^2)$ 时，由第 2 章中的"3σ"原则知道

$$P(\mid X - \mu \mid \geqslant 3\sigma) \approx 0.01 < \frac{1}{9}.$$

可见，用切比雪夫对概率估计太粗略了.

例 24　设随机变量 X 和 Y 的数学期望分别为 -2 和 2，方差分别为 1 和 4，相关系数为 -0.5，则根据切比雪夫不等式，有 $P(\mid X+Y \mid \geqslant 6) \leqslant$ ＿＿＿＿.

解　设 $Z = X + Y$，则 $E(Z) = E(X) + E(Y) = 0$，

$$D(Z) = D(X) + D(Y) + 2\sqrt{D(X)}\sqrt{D(Y)}\rho$$
$$= 1 + 4 + 2 \times 1 \times 2 \times (-0.5) = 3.$$

由切比雪夫不等式

$$P(\mid Z - E(Z) \mid \geqslant \varepsilon) \leqslant \frac{D(Z)}{\varepsilon^2},$$

令 $\varepsilon = 6$，而 $D(Z) = 3$，则有

$$P(\mid Z - 0 \mid \geqslant 6) \leqslant \frac{3}{36} = \frac{1}{12},$$

即

$$P(\mid X+Y \mid \geqslant 6) \leqslant \frac{1}{12}.$$

例题与解答

4-1　设 $X \sim N(1, 2)$，$Y \sim N(2, 4)$，且 X、Y 相互独立，求 $Z = 2X + Y - 3$ 的分布密度函数 $f(z)$.

分析　由题意 $E(Z) = 2E(X) + E(Y) - 3 = 1$，$D(Z) = 4D(X) + D(Y) = 12$. 因为 Z 为 X 与 Y 的线性组合，且 X、Y 相互独立，所以 $Z \sim N(\mu, \sigma^2)$，其中 $\mu = 1$，$\sigma^2 = 12$. 因此

$$f(z) = \frac{1}{\sqrt{2\pi}\sqrt{12}}e^{-\frac{(z-1)^2}{2 \times 12}} = \frac{1}{2\sqrt{6\pi}}e^{-\frac{(z-1)^2}{24}} \quad (-\infty < z < +\infty).$$

问题　在 X 与 Y 不独立的情况下，它们线性组合所确定的随机变量是否一定服从正态分布？

例如，设 $(X, Y) \sim N\left(1, 0, 3^2, 4^2, -\frac{1}{2}\right)$，求 $Z = \frac{1}{3}X + \frac{1}{2}Y$ 的分布.

由题设，我们有

$$f(x, y) = \frac{1}{2\pi \times 3 \times 4 \sqrt{1 - \left(-\frac{1}{2}\right)^2}} e^{\frac{1}{2\left(1 - \left(\frac{1}{2}\right)^2\right)} \left[\frac{(x-1)^2}{9} - \frac{2\left(-\frac{1}{2}\right)(x-1)y}{3 \times 4} + \frac{y^2}{16}\right]}$$

$$= \frac{1}{12\sqrt{3}\pi} e^{-\frac{2}{3} \left[\frac{(x-1)^2}{9} + \frac{(x-1)y}{12} + \frac{y^2}{16}\right]}.$$

因为

$$F(z) = P(Z \leqslant z) = P\left(\frac{1}{3}X + \frac{1}{2}Y \leqslant z\right) = P(2X + 3Y \leqslant 6z)$$

$$= P((X, Y) \in D_z) = \int_{-\infty}^{+\infty} dx \int_{-\infty}^{2z - \frac{2}{3}x} f(x, y) dy$$

$$\xrightarrow{u = \frac{2}{3}x + y} \int_{-\infty}^{+\infty} dx \int_{-\infty}^{2z} f\left(x, u - \frac{2}{3}x\right) du$$

$$= \int_{-\infty}^{2z} \left[\int_{-\infty}^{+\infty} f\left(x, u - \frac{2}{3}x\right) dx\right] du,$$

所以

$$f(z) = 2 \int_{-\infty}^{+\infty} f\left(x, 2z - \frac{2}{3}x\right) dx$$

$$= 2 \int_{-\infty}^{+\infty} \frac{1}{12\sqrt{3}\pi} e^{-\frac{2}{3} \left[\frac{(x-1)^2}{9} + \frac{(x-1)\left(2z - \frac{2}{3}x\right)}{12} + \frac{\left(2z - \frac{2}{3}x\right)^2}{16}\right]} dx$$

$$= \frac{1}{6\sqrt{3}\pi} \int_{-\infty}^{+\infty} e^{-\frac{2}{3} \times \frac{1}{36} \left[4(x-1)^2 + 2(x-1)(3z-x) + (3z-x)^2\right]} dx$$

$$= \frac{1}{6\sqrt{3}\pi} \int_{-\infty}^{+\infty} e^{-\frac{1}{54} \left[3(x-1)^2 + (3z-1)^2\right]} dx = \frac{1}{6\sqrt{3}\pi} e^{-\frac{1}{54}(3z-1)^2} \int_{-\infty}^{+\infty} e^{-\frac{1}{18}(x-1)^2} dx$$

$$= \frac{1}{\sqrt{6\pi}} e^{-\frac{1}{54}(3z-1)^2} \int_{-\infty}^{+\infty} \frac{1}{3\sqrt{2\pi}} e^{-\frac{(x-1)^2}{2 \times 3^2}} dx = \frac{1}{\sqrt{6\pi}} e^{-\frac{1}{2 \times (\sqrt{3})^2}\left(z - \frac{1}{3}\right)^2},$$

即

$$Z \sim N\left(\frac{1}{3}, 3\right).$$

说明　不难证明:当 X、Y 不独立时,只要其联合分布为二维正态 $N(\mu_1, \mu_2, \sigma_1^2, \sigma_2^2, \rho)$,则 $Z = X + Y$ 仍服从正态分布,即

$$Z \sim N(\mu_1 + \mu_2, \sigma_1^2 + \sigma_2^2 + 2\rho\sigma_1\sigma_2).$$

4-2　一辆送客汽车,载有 m 位乘客从起点站开出,沿途有 n 个车站可以下车,若到达一个车站,没有乘客下车就不停车. 设每位乘客在每一个车站下车是等可能的,试求汽车平均停车次数.

分析　由于所求的是汽车平均停车的次数,因此,我们从每一个车站有没有人下车来考虑,而不要着眼于每一个乘客在哪一站下车.这里,设

$$X_i = \begin{cases} 1, & \text{第 } i \text{ 站有人下车,} \\ 0, & \text{第 } i \text{ 站没有人下车.} \end{cases} (i = 1, 2, \cdots, n)$$

于是,我们有

$$P(X_i = 0) = \left(\frac{n-1}{n}\right)^m, \ P(X_i = 1) = 1 - \left(\frac{n-1}{n}\right)^m,$$

因此,随机变量 $X_i \sim B\left(1, 1 - \left(\frac{n-1}{n}\right)^m\right)$,其均值

$$E(X_i) = 1 - \left(\frac{n-1}{n}\right)^m.$$

又设停车次数为 S,于是有

$$S = \sum_{i=1}^{n} X_i,$$

其均值

$$E(S) = n\left(1 - \left(\frac{n-1}{n}\right)^m\right).$$

可见,汽车平均停车次数为 $n\left(1 - \left(\frac{n-1}{n}\right)^m\right)$.

4-3　地铁到达一站时间为每个整点的第 5 分钟、25 分钟、55 分钟,设一乘客在早 8 点~9 点之间随时到达,求候车时间的数学期望.

分析　已知 X 在 $[0, 60]$ 上服从均匀分布,其密度为

$$f(x) = \begin{cases} \frac{1}{60}, & 0 \leqslant x \leqslant 60, \\ 0, & \text{其他.} \end{cases}$$

设 Y 是乘客等候地铁的时间(单位:分),则

$$Y = g(X) = \begin{cases} 5 - X, & 0 < X \leqslant 5, \\ 25 - X, & 5 < X \leqslant 25, \\ 55 - X, & 25 < X \leqslant 55, \\ 60 - X + 5, & 55 < X \leqslant 60. \end{cases}$$

因此

$$E(Y) = E(g(X)) = \int_{-\infty}^{+\infty} g(x) \cdot f(x) dx = \frac{1}{60} \int_0^{60} g(x) dx$$

$$= \frac{1}{60} \left[\int_0^5 (5-x) dx + \int_5^{25} (25-x) dx + \int_{25}^{55} (55-x) dx + \int_{55}^{60} (65-x) dx \right]$$

$$= \frac{1}{60} [12.5 + 200 + 450 + 37.5] = 11.67.$$

问题

(1) 可否设 $X \sim U(8, 9)$;

(2) Y 的单位可否为小时.

4-4 有 3 个小球和 2 个杯子,将小球随机地放入杯中,设 X 为有小球的杯子数,则 X 的分布函数为_____, $E(X)=$_____.

分析 设 $A = \{$甲杯有球的个数$\}$, $B = \{$乙杯有球的个数$\}$. 当 $X = 1$ 或 2(见表 4-1)时,由加法公式有

$$P(X=1) = P(A=0, B=3) + P(A=3, B=0) = \frac{1}{2^3} + \frac{1}{2^3} = \frac{1}{4},$$

$$P(X=2) = 1 - \frac{1}{4} = \frac{3}{4},$$

因此
$$F(x) = \begin{cases} 0, & x < 1, \\ \frac{1}{4}, & 1 \leqslant x < 2, \\ 1, & x \geqslant 2, \end{cases}$$

$$E(X) = 1 \times \frac{1}{4} + 2 \times \frac{3}{4} = \frac{7}{4}.$$

表 4-1

	甲杯	乙杯
$X=1$	3 0	0 3
$X=2$	2 1	1 2

问题 考虑下式: $(a+b)^3 = a^3 + 3a^2b + 3ab^2 + b^3$ 与本题的关系.

4-5 设两个随机变量 X、Y 相互独立,都服从 $N\left(0, \frac{1}{2}\right)$,求 $D(|X-Y|)$.

分析 令 $Z = X - Y$,由于

$$X \sim N\left(0, \left(\frac{1}{\sqrt{2}}\right)^2\right), Y \sim N\left(0, \left(\frac{1}{\sqrt{2}}\right)^2\right),$$

且 X 和 Y 相互独立,故 $Z \sim N(0,1)$. 因为

$$D(|X - Y|) = D(|Z|) = E(|Z|^2) - [E(|Z|)]^2$$
$$= E(Z^2) - [E(|Z|)]^2,$$

而

$$E(Z^2) = D(Z) = 1,$$

$$E(|Z|) = \int_{-\infty}^{+\infty} |z| \frac{1}{\sqrt{2\pi}} e^{-\frac{z^2}{2}} dz = \frac{2}{\sqrt{2\pi}} \int_0^{+\infty} z e^{-\frac{z^2}{2}} dz = \sqrt{\frac{2}{\pi}},$$

所以 $D(|X - Y|) = 1 - \dfrac{2}{\pi}$.

问题　通过本题的讨论,应该学会使用什么方法解题?

4-6　设二维随机向量 (X, Y) 的联合分布密度函数

$$f(x, y) = \begin{cases} 2x e^{-(y-5)}, & 0 \leqslant x \leqslant 1, y \geqslant 5, \\ 0, & \text{其他.} \end{cases}$$

则 $E(XY) = $ _____.

分析　因为 $f(x, y) = f_X(x) \cdot f_Y(y)$,其中

$$f_X(x) = \begin{cases} 2x, & 0 \leqslant x \leqslant 1, \\ 0, & \text{其他;} \end{cases} \qquad f_Y(y) = \begin{cases} e^{-(y-5)}, & y \geqslant 5, \\ 0, & \text{其他.} \end{cases}$$

所以,X 与 Y 相互独立. 由于

$$E(X) = \int_{-\infty}^{+\infty} x f_X(x) dx = \int_0^1 2x^2 dx = \frac{2}{3},$$

$$E(Y) = \int_{-\infty}^{+\infty} y f_Y(y) dy = \int_5^{+\infty} y e^{-(y-5)} dy = 6,$$

因此

$$E(XY) = (E(X))(E(Y)) = \frac{2}{3} \times 6 = 4.$$

问题　本题可否使用表示性定理直接计算?

4-7 设二维随机变量 $\zeta = (X, Y)$ 的联合分布密度函数

$$f(x, y) = \begin{cases} \dfrac{1}{4} \sin x \sin y, & 0 \leqslant x \leqslant \pi, 0 \leqslant y \leqslant \pi, \\ 0, & \text{其他.} \end{cases}$$

求:$(1) E(\xi)$;$(2) D(\xi)$;$(3) \rho_{XY}$.

分析

方法 1　利用表示性定理

$$E[g(X, Y)] = \int_{-\infty}^{+\infty} \int_{-\infty}^{+\infty} g(x, y) f(x, y) \mathrm{d}\sigma$$

有

$$E(X) = \int_{-\infty}^{+\infty} \int_{-\infty}^{+\infty} x f(x, y) \mathrm{d}\sigma = \frac{\pi}{2}.$$

同理 $E(Y) = \frac{\pi}{2}$. 而

$$D(X) = \int_{-\infty}^{+\infty} \int_{-\infty}^{+\infty} (x - E(X))^2 f(x, y) \mathrm{d}\sigma = \frac{\pi^2}{4} - 2.$$

同理 $D(Y) = \frac{\pi^2}{4} - 2$. 因此

$$E(\xi) = \left(\frac{\pi}{2}, \frac{\pi}{2} \right), \quad D(\xi) = \left(\frac{\pi^2}{4} - 2, \frac{\pi^2}{4} - 2 \right),$$

$$\sigma_{XY} = \int_{-\infty}^{+\infty} \int_{-\infty}^{+\infty} (x - E(X))(y - E(Y)) f(x, y) \mathrm{d}\sigma = 0,$$

由此得

$$\rho_{XY} = \frac{\sigma_{XY}}{\sqrt{D(X)} \sqrt{D(Y)}} = 0.$$

方法 2　因为 $f(x, y) = f_X(x) \cdot f_Y(y)$, 其中

$$f_X(x) = \begin{cases} \dfrac{1}{2} \sin x, & 0 \leqslant x \leqslant \pi, \\ 0, & \text{其他}; \end{cases} \qquad f_Y(y) = \begin{cases} \dfrac{1}{2} \sin y, & 0 \leqslant y \leqslant \pi, \\ 0, & \text{其他}. \end{cases}$$

所以, X 与 Y 相互独立, 因此 $\rho_{XY} = 0$.

$$E(X) = \int_{-\infty}^{+\infty} x f_X(x) \mathrm{d}x = \frac{\pi}{2}, \quad E(X^2) = \int_{-\infty}^{+\infty} x^2 f_X(x) \mathrm{d}x = \frac{\pi^2}{2} - 2.$$

同理 $E(Y) = \frac{\pi}{2}$, $E(Y^2) = \frac{\pi^2}{2} - 2$.

$$D(X) = E(X^2) - (E(X))^2 = \frac{\pi^2}{2} - 2 - \frac{\pi^2}{4} = \frac{\pi^2}{4} - 2.$$

同理 $D(Y) = \frac{\pi^2}{4} - 2$. 因此

$$E(\xi) = \left(\frac{\pi}{2}, \frac{\pi}{2}\right), \quad D(\xi) = \left(\frac{\pi^2}{4} - 2, \frac{\pi^2}{4} - 2\right).$$

问题 比较上述两种方法,哪种方法比较简单?

4-8 市场上对某商品需求量为 $X \sim U(2000, 4000)$,每售出 1 吨可得 3 万元,若售不出而囤积在仓库中则每吨需保养费 1 万元,问需要组织多少货源,才能使收益最大?

分析 设准备出口商品量为 x_0,收益为 Y,则

$$Y = g(X) = \begin{cases} 3x_0, & X \geqslant x_0, \\ 3X - (x_0 - X), & X < x_0. \end{cases}$$

而

$$f_X(x) = \begin{cases} \dfrac{1}{2000}, & x \in [2000, 4000], \\ 0, & \text{其他.} \end{cases}$$

于是

$$\begin{aligned}
E(Y) &= \int_{-\infty}^{+\infty} g(x) f_X(x) \mathrm{d}x \\
&= \int_{-\infty}^{2000} g(x) \cdot 0 \mathrm{d}x + \int_{2000}^{x_0} (4x - x_0) \frac{1}{2000} \mathrm{d}x + \int_{x_0}^{4000} 3x_0 \frac{1}{2000} \mathrm{d}x + \int_{4000}^{+\infty} g(x) \cdot 0 \mathrm{d}x \\
&= \frac{1}{1000}(-x_0^2 + 7000x_0 - 4 \times 10^6).
\end{aligned}$$

令 $[E(Y)]'_{x_0} = \dfrac{1}{1000}(-2x_0 + 7000) = 0$,有 $x_0 = 3500$,并且考虑到

$$[E(Y)]''_{x_0} \big|_{x_0 = 3500} = -2 < 0,$$

因此,当组织 3500 吨货源时,才能使收益最大.

问题 通过本题的讨论,应该注意哪些问题?

4-9 设随机变量 $X \sim E(1)$,$Y_k = \begin{cases} 0, & X \leqslant k, \\ 1, & X > k \end{cases}$ $(k = 1, 2)$. 求:

(1) $\xi = (Y_1, Y_2)$ 的分布;

(2) Y_1 与 Y_2 边缘分布,并讨论他们的独立性;

(3) $E(Y_1 + Y_2)$.

分析 由于 Y_1 的取值为 0、1;Y_2 的取值为 0、1,因此 $\xi = (Y_1, Y_2)$ 的取值为

$$(0, 0)、(0, 1)、(1, 0)、(1, 1)$$

的离散型随机向量,其概率分布为

$$P(Y_1 = 0, Y_2 = 0) = P(X \leqslant 1, X \leqslant 2) = P(X \leqslant 1) = F_X(1) = 1 - \mathrm{e}^{-1}.$$

同理 $\qquad P(Y_1 = 0, Y_1 = 1) = P(X \leqslant 1, X > 2) = P(\varnothing) = 0.$

$P(Y_1 = 1, Y_2 = 0) = P(X > 1, X \leqslant 2) = P(1 < X \leqslant 2) = F(2) - F(1) = e^{-1} - e^{-2}.$

$$P(Y_1 = 1, Y_2 = 1) = P(X > 1, X > 2) = P(X > 2) = 1 - P(X \leqslant 2)$$
$$= 1 - F(2) = 1 - (1 - e^{-2}) = e^{-2}.$$

故 $\xi = (Y_1, Y_2)$ 的分布为

Y_1 \ Y_2	0	1
0	$1 - e^{-1}$	0
1	$e^{-1} - e^{-2}$	e^{-2}

(2) 由 ξ 的分布,我们有

$$Y_1 \sim \begin{pmatrix} 0 & 1 \\ 1 - e^{-1} & e^{-1} \end{pmatrix},$$

即 $Y_1 \sim B(1, e^{-1}).$

$$Y_2 \sim \begin{pmatrix} 0 & 1 \\ 1 - e^{-2} & e^{-2} \end{pmatrix},$$

即 $Y_2 \sim B(1, e^{-2}).$ 又因为

$$0 = P(Y_1 = 0, Y_2 = 1) \neq P(Y_1 = 0)P(Y_2 = 1) = (1 - e^{-1})e^{-2},$$

所以,Y_1 与 Y_2 不独立.

(3) 因为 $E(Y_1) = e^{-1}$, $E(Y_2) = e^{-2}$,所以

$$E(Y_1 + Y_2) = e^{-1} + e^{-2}.$$

4-10 设随机变量 ξ 具有密度函数

$$f(x) = \begin{cases} \dfrac{2}{\pi} \cos^2 x, & -\dfrac{\pi}{2} \leqslant x \leqslant \dfrac{\pi}{2}, \\ 0, & \text{其他.} \end{cases}$$

求 $E\xi$、$D\xi$.

解 $$E\xi = \int_{-\pi/2}^{\pi/2} x \frac{2}{\pi} \cos^2 x \, \mathrm{d}x = 0.$$

$$D\xi = E\xi^2 = \int_{-\pi/2}^{\pi/2} x^2 \frac{2}{\pi} \cos^2 x \, \mathrm{d}x = \frac{\pi^2}{12} - \frac{1}{2}.$$

4-11　设随机变量 ξ 具有密度函数

$$f(x) = \begin{cases} x, & 0 < x \leqslant 1, \\ 2-x, & 1 < x < 2, \\ 0, & \text{其他}. \end{cases}$$

求 $E\xi$ 及 $D\xi$.

解　$E\xi = \int_0^1 x^2 \mathrm{d}x + \int_1^2 x(2-x)\mathrm{d}x = 1,$

$E\xi^2 = \int_0^1 x^3 \mathrm{d}x + \int_1^2 x^2(2-x)\mathrm{d}x = 7/6,$

$D\xi = E\xi^2 - (E\xi)^2 = 1/6.$

4-12　设随机变量 ξ 的分布函数为

$$F(x) = \begin{cases} 0, & x < -1, \\ a + b\arcsin x, & -1 \leqslant x < 1, \\ 1, & x \geqslant 1. \end{cases}$$

试确定常数 a、b,并求 $E\xi$ 与 $D\xi$.

解　由分布函数的左连续性,

$$\begin{cases} a + b \cdot \arcsin 1 = 1, \\ a + b \cdot \arcsin(-1) = 0, \end{cases}$$

故 $a = 1/2$, $b = 1/\pi$.

$$E\xi = \int_{-1}^1 x \cdot \mathrm{d}\left(\frac{1}{2} + \frac{1}{\pi}\arcsin x\right) = \int_{-1}^1 \frac{x}{\pi\sqrt{1-x^2}}\mathrm{d}x = 0,$$

$$D\xi = E\xi^2 = \int_{-1}^1 \frac{x^2}{\pi\sqrt{1-x^2}}\mathrm{d}x = \frac{2}{\pi}\int_0^1 \frac{x^2 \mathrm{d}x}{\sqrt{1-x^2}} = \frac{2}{\pi}\int_0^{\pi/2} \sin^2 t \mathrm{d}t = 1/2.$$

4-13　设随机变量 ξ 具有密度函数

$$f(x) = \begin{cases} A \cdot x^\alpha \cdot \mathrm{e}^{-x/\beta}, & x > 0, \\ 0, & x \leqslant 0, \end{cases}$$

其中 $\alpha > 1$, $\beta > 0$,求常数 A、$E\xi$ 及 $D\xi$.

解　$1 = \int_0^{+\infty} A \cdot x^\alpha \cdot \mathrm{e}^{-x/\beta}\mathrm{d}x = A \cdot \int_0^{+\infty} \beta^{\alpha+1} y^\alpha \mathrm{e}^{-y}\mathrm{d}y$

$\qquad = A\beta^{\alpha+1}\Gamma(\alpha+1),$

故

$$A = \frac{1}{\beta^{\alpha+1} \cdot \Gamma(\alpha+1)}.$$

$$E\xi = \int_0^\infty A \cdot x^{\alpha+1} \cdot e^{-x/\beta} dx = A \cdot \beta^{\alpha+2} \cdot T(\alpha+2) = (\alpha+1)\beta,$$

$$E\xi^2 = \int_0^\infty A \cdot x^{\alpha+2} \cdot e^{-x/\beta} dx = A \cdot \beta^{\alpha+3} \cdot T(\alpha+3) = (\alpha+1)(\alpha+2)\beta^2,$$

$$D\xi = E\xi^2 - (E\xi)^2 = (\alpha+1)\beta^2.$$

4-14 设随机变量 ξ 服从 $\left(-\dfrac{1}{2}, \dfrac{1}{2}\right)$ 上的均匀分布,求 $\eta = \sin \pi\xi$ 的数学期望与方差.

解 $E\eta = \int_{-\frac{1}{2}}^{\frac{1}{2}} \sin \pi x dx = 0,$

$$D\eta = E\eta^2 = \int_{-\frac{1}{2}}^{\frac{1}{2}} \sin^2 \pi x dx = 1/2.$$

4-15 地下铁道列车的运行间隔时间为五分钟,一个旅客在任意时刻进入月台,求候车时间的数学期望与方差.

解 设旅客候车时间为 ξ(秒),则 ξ 服从 $[0, 300]$ 上的均匀分布,则

$$E\xi = \int_0^{300} \frac{1}{300} \cdot x \cdot dx = 150(秒),$$

$$E\xi^2 = \int_0^{300} \frac{1}{300} \cdot x^2 \cdot dx = 30\,000(秒^2),$$

$$D\xi = 30\,000 - 150^2 = 7500(秒^2).$$

4-16 设 ξ 是非负连续型随机变量,证明:对 $x > 0$,有

$$P(\xi < x) \geq 1 - \frac{E\xi}{x}.$$

证明 $P(\xi < x) = \int_0^x f_\xi(t) dt = 1 - \int_x^\infty f_\xi(t) dt$

$$\geq 1 - \int_x^\infty \frac{t}{x} \cdot f_\xi(t) dt \geq 1 - \frac{1}{x} \int_0^\infty t \cdot f_\xi(t) dt$$

$$= 1 - \frac{E\xi}{x}.$$

四、练习题与答案

(一) 练习题

1. 箱内装有 5 个电子元件,其中 2 个是次品,现每次从箱子中随机地取出 1 件进行检验,直到查出全部次品为止,求所需检验次数的数学期望.

2. 将一均匀骰子独立地抛掷 3 次,求出现的点数之和的数学期望.

3. 袋中装有标着 1、2、…、9 号码的 9 只球,从袋中有放回地取出 4 只球,求所得号

码之和 X 的数学期望.

4. 罐中有 5 颗围棋子,其中 2 颗为白子,另 3 颗为黑子,如果有放回地每次取 1 子,共取 3 次,求 3 次中取到的白子次数 X 的数学期望与方差.

5. 在上例中,若将抽样方式改为不放回抽样,那么结果又是如何?

6. "随机变量 X 的数学期望 $E(X) = \mu.$" 的充分条件为_____.(用(1)、(2)填空)

(1) X 的密度函数为 $f(x) = \dfrac{1}{2\lambda} e^{-\frac{|x-\mu|}{\lambda}} (\lambda > 0, -\infty < x < +\infty)$;

(2) X 的密度函数为 $f(x) = \dfrac{1}{\sqrt{2\pi}\sigma} e^{-\frac{(x-\mu)^2}{2\sigma^2}}, (-\infty < x < +\infty)$.

7. 设随机变量 X 在区间 $[a, b]$ 中取值,证明:$a \leqslant E(X) \leqslant b$.

8. 将 n 只球放入到 N 只盒子中去,设每只球落入各个盒子是等可能的,求有球盒子数 X 的数学期望.

9. 投硬币 n 次,设 X 为出现正面后紧接反面的次数,求 $E(X)$.

10. 一台仪器由 5 只不太可靠的元件组成,已知各元件出故障是独立的,且第 k 只元件出故障的概率为 $p_k = \dfrac{k+1}{10}$,则出故障的元件数的方差是(　　).

(A) 1.3　　　　　　(B) 1.2　　　　　　(C) 1.1　　　(D) 1.0

11. 设 X 是 n 重贝努利试验中事件 A 出现的次数,且 $P(A) = p$.
令

$$Y = \begin{cases} 0, & X \text{ 为偶数}, \\ 1, & X \text{ 为奇数}, \end{cases}$$

求 Y 的数学期望.

12. 设随机变量 X 的概率密度为 $f(x) = \dfrac{1}{\pi(1+x^2)}, x \in (-\infty, +\infty)$,求 $E[\min(|X|, 1)]$.

13. 今有两封信欲投入编号为 Ⅰ、Ⅱ、Ⅲ 的 3 个邮筒,设 X、Y 分别表示投入第 Ⅰ 号和第 Ⅱ 号邮箱的信的数目,试求:(1)(X, Y) 的联合分布;(2)X 与 Y 是否独立;(3)令 $U = \max(X, Y), V = \min(X, Y)$,求 $E(U)$ 和 $E(V)$.

14. 假设二维随机变量 (X, Y) 在矩形 $G = \{(X, Y) \mid 0 \leqslant x \leqslant 2, 0 \leqslant y \leqslant 1\}$ 上服从均匀分布,记

$$U = \begin{cases} 0, & X \leqslant Y, \\ 1, & X > Y; \end{cases} \quad V = \begin{cases} 0, & X \leqslant 2Y, \\ 1, & X > 2Y. \end{cases}$$

(1) 求 U 和 V 的联合分布;

(2) 求 U 和 V 的相关系数 ρ_w.

15. 设 A、B 为两个随机事件,且 $P(A) = \dfrac{1}{4}$,$P(B \mid A) = \dfrac{1}{3}$,$P(A \mid B) = \dfrac{1}{2}$,令

$$X = \begin{cases} 1, & A \text{ 发生}, \\ 0, & A \text{ 不发生}, \end{cases} \qquad Y = \begin{cases} 1, & B \text{ 发生}, \\ 0, & B \text{ 不发生}. \end{cases}$$

求:

(1) 二维随机变量 (X, Y) 的概率分布;

(2) X 与 Y 的相关系数 ρ_{XY};

(3) $Z = X^2 + Y^2$ 的概率分布.

16. n 封信任意投到 n 个信封里去,而每个信封应该对应着唯一的一封信,设信与信封配对的个数为 X,求 $E(X)$ 与 $D(X)$.

17. 已知随机变量 X 和 Y 分别服从正态分布 $N(1, 3^2)$ 和 $N(0, 4^2)$,且 X 与 Y 的相关系数 $\rho_{XY} = -\dfrac{1}{2}$,设 $Z = \dfrac{X}{3} + \dfrac{Y}{2}$.

(1) 求 Z 的数学期望 $E(Z)$ 和方差 $D(Z)$;(2)求 X 与 Z 的相关系数 ρ_{XZ};(3)问 X 与 Z 是否相互独立? 为什么?

18. 设 (X, Y) 的联合密度函数为

$$f(x, y) = \begin{cases} 2 - x - y, & 0 \leqslant x \leqslant 1,\ 0 \leqslant y \leqslant 1, \\ 0, & \text{其他}. \end{cases}$$

(1) 判别 X、Y 是否相互独立,是否相关;

(2) 求 $E(XY)$、$D(X + Y)$.

19. 若随机变量 X 与 Y 满足 $D(X + Y) = D(X - Y)$,则必有(   ).

(A) X 与 Y 独立.   (B) X 与 Y 不相关.

(C) $D(Y) = 0$.   (D) $D(X) \cdot D(Y) = 0$.

20. 将一枚硬币重复掷 n 次,以 X 和 Y 分别表示正面向上和反面向上的次数,则 X 与 Y 的相关系数等于(   ).

(A) -1 (B) 0 (C) $\dfrac{1}{2}$ (D) 1

21. 设 A、B 是二随机事件,随机变量

$$X = \begin{cases} 1, & A \text{ 出现}, \\ -1, & \text{否则}, \end{cases} \qquad Y = \begin{cases} 1, & B \text{ 出现}, \\ -1, & \text{否则}. \end{cases}$$

证明:X,Y 不相关与 A、B 独立互为充分且必要条件.

22. 设某种商品每周的需求量 X 服从区间 $[10, 30]$ 上的均匀分布的随机变量,而经销商店进货数量为区间 $[10, 30]$ 中的某一整数,商店每销售一单位商品可获利 500 元;若供大于求则削价处理,每处理 1 单位商品亏损 100 元;若供不应求,则可从外部调剂供应,此时每

1 单位商品仅获利 300 元,为使商店所获利润期望值不少于 9280 元,试确定最少进货量.

(二) 答案

1. 4　**2.** 10.5　**3.** 20　**4.** $\dfrac{6}{5}$,$\dfrac{18}{25}$　**5.** $\dfrac{6}{5}$,$\dfrac{9}{25}$　**6.** (1)和(2)分别充分　**7.** 略

8. $N\left[1-\left(1-\dfrac{1}{N}\right)^n\right]$　**9.** $\dfrac{n-1}{4}$　**10.** C　**11.** $\dfrac{1-(1-2p)^n}{2}$　**12.** $\dfrac{1}{\pi}\ln 2+\dfrac{1}{2}$

13. (1)

X \ Y	0	1	2
0	$\dfrac{1}{9}$	$\dfrac{2}{9}$	$\dfrac{1}{9}$
1	$\dfrac{2}{9}$	$\dfrac{2}{9}$	0
2	$\dfrac{1}{9}$	0	0

(2) X 与 Y 不相互不独立

(3)

$U=\max(X,Y)$	0	1	2
p	$\dfrac{1}{9}$	$\dfrac{2}{3}$	$\dfrac{2}{9}$

$V=\min(X,Y)$	0	1	2
p	$\dfrac{7}{9}$	$\dfrac{2}{9}$	0

$$E(U)=\dfrac{10}{9},\ E(V)=\dfrac{2}{9}$$

14. (1)

U \ V	0	1
0	$\dfrac{1}{4}$	0
1	$\dfrac{1}{4}$	$\dfrac{1}{2}$

(2) $\rho_{UV}=\dfrac{1}{\sqrt{3}}$

15. (1)

X \ Y	0	1
0	$\dfrac{2}{3}$	$\dfrac{1}{12}$
1	$\dfrac{1}{6}$	$\dfrac{1}{12}$

(2) $\dfrac{\sqrt{15}}{15}$

(3)

Z	0	1	2
P	$\dfrac{2}{3}$	$\dfrac{1}{4}$	$\dfrac{1}{12}$

16. $E(X)=1$, $D(X)=1$ **17.** (1) $E(X)=\dfrac{1}{3}$, $D(X)=3$；(2) 0；(3) X 与 Y 不一定相互独立   **18.** (1) 不独立,相关；(2) $E(XY)=\dfrac{1}{6}$, $D(X+Y)=\dfrac{5}{36}$ **19.** B

20. A   **21.** 略   **22.** 21

五、历年考研真题解析

1. (2003)设随机变量 X 和 Y 的相关系数为 0.9,若 $Z=X-0.4$,则 Y 与 Z 的相关系数为_____.

分析 因为 $\mathrm{Cov}(Y, Z)=\mathrm{Cov}(Y, X-0.4)=E[(Y(X-0.4)]-E(Y)E(X-0.4)$
$=E(XY)-0.4E(Y)-E(Y)E(X)+0.4E(Y)=E(XY)-E(X)E(Y)=\mathrm{Cov}(X, Y)$,且 $DZ=DX$.

于是有 $\rho_{YZ}=\dfrac{\mathrm{Cov}(Y, Z)}{\sqrt{DY}\sqrt{DZ}}=\dfrac{\mathrm{Cov}(X, Y)}{\sqrt{DX}\sqrt{DY}}=\rho_{XY}=0.9$.

2. (2008)设随机变量 $X\sim N(0, 1)$, $Y\sim N(1, 4)$,且相关系数 $\rho_{XY}=1$,则(   ).

(A) $P\{Y=-2X-1\}=1$　　　　　(B) $P\{Y=2X-1\}=1$

(C) $P\{Y=-2X+1\}=1$　　　　　(D) $P\{Y=2X+1\}=1$

分析 用排除法. 设 $Y=aX+b$. 由 $\rho_{XY}=1$,知 X、Y 正相关,得 $a>0$. 排除(A) 和 (C).由 $X\sim N(0, 1)$, $Y\sim N(1, 4)$,得

$$EX=0, \quad EY=1, \quad E(aX+b)=aEX+b.$$

即 $1=a\times 0+b$,解得 $b=1$.从而排除(B). 故应选(D).

3. (2008)设随机变量 X 服从参数为 1 的泊松分布,则 $P\{X=EX^2\}=$ _____.

分析 因为 X 服从参数为 1 的泊松分布,所以 $EX=DX=1$. 从而由 $DX=EX^2-(EX)^2$ 得 $EX^2=2$. 故 $P\{X=EX^2\}=P\{X=2\}=\dfrac{1}{2e}$.

4. (2009)设随机变量 X 的分布函数为 $F(x) = 0.3\Phi(x) + 0.7\Phi\left(\dfrac{x-1}{2}\right)$,其中 $\Phi(x)$ 为标准正态分布函数,则 $EX = （\quad）$.

(A) 0　　　　　　(B) 0.3　　　　　　(C) 0.7　　　　　　(D) 1

分析　因为 $F(x) = 0.3\Phi(x) + 0.7\Phi\left(\dfrac{x-1}{2}\right)$, 所以 $F'(x) = 0.3\Phi'(x) + \dfrac{0.7}{2}\Phi'\left(\dfrac{x-1}{2}\right)$.

所以 $EX = \displaystyle\int_{-\infty}^{+\infty} xF'(x)\,\mathrm{d}x = \int_{-\infty}^{+\infty} x\left[0.3\Phi'(x) + 0.35\Phi'\left(\dfrac{x-1}{2}\right)\right]\mathrm{d}x$

$= 0.3\displaystyle\int_{-\infty}^{+\infty} x\Phi'(x)\,\mathrm{d}x + 0.35\int_{-\infty}^{+\infty} x\Phi'\left(\dfrac{x-1}{2}\right)\mathrm{d}x.$

而 $\displaystyle\int_{-\infty}^{+\infty} x\Phi'(x)\,\mathrm{d}x = 0$, $\displaystyle\int_{-\infty}^{+\infty} x\Phi'\left(\dfrac{x-1}{2}\right)\mathrm{d}x \xrightarrow{\frac{x-1}{2}=u} 2\int_{-\infty}^{+\infty}(2u+1)\Phi'(u)\,\mathrm{d}u = 2$,

所以 $EX = 0 + 0.35 \times 2 = 0.7$. 故选(C).

5. (2010)设随机变量 X 概率分布为 $P\{X = k\} = \dfrac{C}{k!}$, $k = 1, 2, \cdots$,则 $E(X^2) = $ _____.

分析　由泊松分布概率等于 1 和 $\displaystyle\sum_{k=0}^{\infty}\dfrac{\lambda^k}{k!} = \mathrm{e}^\lambda$,有 $1 = \displaystyle\sum_{k=0}^{\infty}\dfrac{C}{k!} = C\mathrm{e}$,从而 $C = \mathrm{e}^{-1}$,故 $E(X^2) = D(X) + (EX)^2 = 1 + 1^2 = 2.$

6. (2011)设随机变量 X 与 Y 相互独立,且 $E(X)$ 与 $E(Y)$ 存在,记 $U = \max\{X, Y\}$, $V = \min\{X, Y\}$,则 $E(UV) = （\quad）$.

(A) $E(U)E(V)$　　　　　　　　　(B) $E(X)E(Y)$

(C) $E(U)E(Y)$　　　　　　　　　(D) $E(X)E(V)$

分析　因为 $U = \begin{cases} X, & X \geqslant Y, \\ Y, & X < Y, \end{cases}$ $V = \begin{cases} Y, & X \geqslant Y, \\ X, & X < Y, \end{cases}$ 故 $UV = XY$,于是 $E(UV) = E(XY) = E(X)E(Y)$. 故选(B).

7. (2011)设二维随即变量 (X, Y) 服从 $N(\mu, \mu; \sigma^2, \sigma^2; 0)$,则 $E(XY^2) = $ _____.

分析　因为 $(X, Y) \sim N(\mu, \mu; \sigma^2, \sigma^2; 0)$,则 $X \sim N(\mu, \sigma^2)$, $Y \sim N(\mu, \sigma^2)$,从而有 $E(X) = \mu$, $E(Y^2) = D(Y) + E^2(Y) = \sigma^2 + \mu^2$.

又由 $\rho = 0$ 知 X、Y 相互独立,于是 X 与 Y^2 也独立;故

$$E(XY^2) = E(X)E(Y^2) = \mu(\sigma^2 + \mu^2).$$

8. (2005)设 $X_1, X_2, \cdots, X_n(n > 2)$ 为独立同分布的随机变量,且均服从 $N(0, 1)$. 记 $\overline{X} = \dfrac{1}{n}\displaystyle\sum_{i=1}^{n} X_i$, $Y_i = X_i - \overline{X}$, $i = 1, 2, \cdots, n.$

求：(1) Y_i 的方差 DY_i，$i = 1, 2, \cdots, n$；

(2) Y_1 与 Y_n 的协方差 $\mathrm{Cov}(Y_1, Y_n)$；

(3) $P\{Y_1 + Y_n \leqslant 0\}$.

分析 由题设，知 $X_1, X_2, \cdots, X_n (n > 2)$ 相互独立，且

$$EX_i = 0, \quad DX_i = 1(i = 1, 2, \cdots, n), \quad E\overline{X} = 0.$$

(1) $DY_i = D(X_i - \overline{X}) = D\Big[\Big(1 - \dfrac{1}{n}\Big)X_i - \dfrac{1}{n}\sum_{j \neq i}^{n} X_j\Big] = \Big(1 - \dfrac{1}{n}\Big)^2 DX_i + \dfrac{1}{n^2}\sum_{j \neq i}^{n} DX_j$

$$= \frac{(n-1)^2}{n^2} + \frac{1}{n^2} \cdot (n-1) = \frac{n-1}{n}.$$

(2) $\mathrm{Cov}(Y_1, Y_n) = E[(Y_1 - EY_1)(Y_n - EY_n)] = E(Y_1 Y_n) = E[(X_1 - \overline{X})(X_n - \overline{X})]$

$$= E(X_1 X_n - X_1\overline{X} - X_n\overline{X} + \overline{X}^2) = E(X_1 X_n) - 2E(X_1\overline{X}) + E\overline{X}^2$$

$$= 0 - \frac{2}{n}E\Big[X_1^2 + \sum_{j=2}^{n} X_1 X_j\Big] + D\overline{X} + (E\overline{X})^2$$

$$= -\frac{2}{n} + \frac{1}{n} = -\frac{1}{n}.$$

(3) $Y_1 + Y_n = X_1 + X_n - 2\overline{X}$，易见 $Y_1 + Y_n$ 是独立随机变量 $X_1, X_2, \cdots, X_n$ 的线性函数，所以 $Y_1 + Y_n$ 服从正态分布，且 $E(Y_1 + Y_n) = 0$，故有 $P\{Y_1 + Y_n \leqslant 0\} = \dfrac{1}{2}$.

9. (2006)设随机变量 X 的概率密度为

$$f_X(x) = \begin{cases} \dfrac{1}{2}, & -1 < x < 0, \\ \dfrac{1}{4}, & 0 \leqslant x < 2, \\ 0, & \text{其他}. \end{cases}$$

令 $Y = X^2$，$F(x, y)$ 为二维随机变量 (X, Y) 的分布函数.

(1)求 Y 的概率密度 $f_Y(y)$；(2)$\mathrm{Cov}(X, Y)$；(3)$F\Big(-\dfrac{1}{2}, 4\Big)$.

分析

(1)、(3)的解答过程见第三章考研真题解析部分例8.

(2) $\mathrm{Cov}(X, Y) = \mathrm{Cov}(X, X^2) = E(X - EX)(X^2 - EX^2) = EX^3 - EXEX^2$，

而 $EX = \displaystyle\int_{-1}^{0} \frac{x}{2}\mathrm{d}x + \int_{0}^{2} \frac{x}{4}\mathrm{d}x = \frac{1}{4}$，$EX^2 = \displaystyle\int_{-1}^{0} \frac{x^2}{2}\mathrm{d}x + \int_{0}^{2} \frac{x^2}{4}\mathrm{d}x = \frac{5}{6}$，

$EX^3 = \displaystyle\int_{-1}^{0} \frac{x^3}{2}\mathrm{d}x + \int_{0}^{2} \frac{x^3}{4}\mathrm{d}x = \frac{7}{8}$，所以 $\mathrm{Cov}(X, Y) = \dfrac{7}{8} - \dfrac{1}{4} \cdot \dfrac{5}{6} = \dfrac{2}{3}$.

10. (2007)设随机变量 X 与 Y 独立同分布，且 X 的概率分布为

X	1	2
p	2/3	1/3

记 $U = \max\{X, Y\}$，$V = \min\{X, Y\}$.

(1)求 (U, V) 的概率分布；(2)求 U 与 V 的协方差 $\text{Cov}(U, V)$.

分析

(1) 由题意，得 $P(U = 1, V = 1) = P(X = 1, Y = 1) = \dfrac{2}{3} \times \dfrac{2}{3} = \dfrac{4}{9}$，

$P(U = 2, V = 2) = P(X = 2, Y = 2) = \dfrac{1}{3} \times \dfrac{1}{3} = \dfrac{1}{9}$，

$P(U = 2, V = 1) = P(X = 1, Y = 2) + P(X = 2, Y = 1) = \dfrac{2}{3} \times \dfrac{1}{3} + \dfrac{1}{3} \times \dfrac{2}{3} = \dfrac{4}{9}$，

$P(U = 1, V = 2) = 0$，

所以 (U, V) 的联合分布为

U \ V	1	2	$p_i.$
1	$\dfrac{4}{9}$	0	$\dfrac{4}{9}$
2	$\dfrac{4}{9}$	$\dfrac{1}{9}$	$\dfrac{5}{9}$
$p_{\cdot j}$	$\dfrac{8}{9}$	$\dfrac{1}{9}$	1

(2) $Z = UV$ 的概率分布律为

$Z = UV$	1	2	4
p	$\dfrac{4}{9}$	$\dfrac{4}{9}$	$\dfrac{1}{9}$

经计算可得：$E(UV) = \dfrac{16}{9}$，$E(U) = \dfrac{14}{9}$，$E(V) = \dfrac{10}{9}$，

所以 $\text{Cov}(U, V) = E(UV) - E(U)E(V) = \dfrac{4}{81}$.

11. (2010)箱中装有 6 个球，其中红球、白球、黑球的个数分别是 1、2、3,现从箱中随机地取出 2 个球，记 X 为取出的红球个数，Y 为取出的白球个数.

(1)求随机变量 (X, Y) 的概率分布；(2)求 $\text{Cov}(X, Y)$.

分析　(1) (X, Y) 是二维离散型随机变量，X 只能取 0 和 1,而 Y 可以取 0、1、2 各

值,由于 $P\{X=0,Y=0\}=\dfrac{C_3^2}{C_6^2}=\dfrac{1}{5}$, $P\{X=0,Y=1\}=\dfrac{C_2^1C_3^1}{C_6^2}=\dfrac{2}{5}$, $P\{X=0,Y=2\}=\dfrac{C_2^2}{C_6^2}=\dfrac{1}{15}$, $P\{X=1,Y=0\}=\dfrac{C_3^1}{C_6^2}=\dfrac{1}{5}$, $P\{X=1,Y=1\}=\dfrac{C_2^1}{C_6^2}=\dfrac{2}{15}$, $P\{X=1,Y=2\}=P\{\varnothing\}=0$.

于是得 (X,Y) 的联合概率分布

X \ Y	0	1	2	$P\{X=i\}$
0	3/15	6/15	1/15	2/3
1	3/15	2/15	0	1/3
$P\{Y=j\}$	6/15	8/15	1/15	1

(2) 根据 (X,Y) 的联合概率分布表可以计算出 $E(X)=\dfrac{1}{3}$, $E(Y)=\dfrac{2}{3}$, $E(XY)=\dfrac{2}{15}$, 于是有 $\mathrm{Cov}(X,Y)=E(XY)-E(X)E(Y)=\dfrac{2}{15}-\dfrac{1}{3}\cdot\dfrac{2}{3}=-\dfrac{4}{45}$.

12. (2011)设随机变量 X 与 Y 的概率分布为

X	0	1
p	1/3	2/3

Y	−1	0	1
p	1/3	1/3	1/3

且 $P(X^2=Y^2)=1$,求:(1)(X,Y) 的分布;(2)$Z=XY$ 的分布;(3)ρ_{XY}.

分析 (1) 由 $P(X^2=Y^2)=1$ 有 $P(X^2\ne Y^2)=0$,因此有

$$P\{X=0,Y=1\}=P\{X=0,Y=-1\}=P\{X=1,Y=0\}=0.$$

由于 $\dfrac{1}{3}=P\{Y=1\}=P\{X=0,Y=1\}+P\{X=1,Y=1\}$,所以 $P\{X=1,Y=1\}=\dfrac{1}{3}$.

同理有 $P\{X=0,Y=0\}=P\{X=1,Y=-1\}=\dfrac{1}{3}$.

故 (X,Y) 的分布律为

X \ Y	−1	0	1	$P\{X=i\}$
0	0	1/3	0	1/3
1	1/3	0	1/3	2/3
$P\{Y=j\}$	1/3	1/3	1/3	1

（2）Z 取值为 -1、0、1；有

$$P\{XY = -1\} = P\{X = 1, Y = -1\} = \frac{1}{3};$$

$$P\{XY = 0\} = P\{X = 0, Y = 0\} + P\{X = 0, Y = -1\} + P\{X = 0, Y = 1\} +$$

$P\{X = 1, Y = 0\} = \frac{1}{3}; P\{XY = 1\} = P\{X = 1, Y = 1\} = \frac{1}{3}.$

故 $Z = XY$ 的分布律为

Z	-1	0	1
p	1/3	1/3	1/3

（3）由离散型随机变量的计算公式经计算可得 $E(X) = \frac{2}{3}$，$E(Y) = 0$，$E(XY) = 0$，

故

$$\rho_{XY} = \frac{\text{Cov}(X, Y)}{\sqrt{D(X)}\ \sqrt{D(Y)}} = \frac{E(XY) - E(X)E(Y)}{\sqrt{D(X)}\ \sqrt{D(Y)}} = 0.$$

第 5 章　大数定律与中心极限定理

一、学习要求

1. 了解切比雪夫不等式.

2. 了解切比雪夫大数定律和伯努利大数定律.

3. 了解列维-林德伯格定理(独立同分布的中心极限定理)和棣莫佛-拉普拉斯定理(二项分布以正态分布为极限分布).

二、概念网络图

$$
\begin{aligned}
&\text{大数定律} \rightarrow \left\{\begin{array}{l}\text{切比雪夫大数定律}\\ \text{伯努利大数定律}\\ \text{辛钦大数定律}\end{array}\right.\\[2mm]
&\text{中心极限定理} \rightarrow \left\{\begin{array}{l}\text{列维-林德伯格定理}\\ \text{棣莫弗-拉普拉斯定理}\end{array}\right.\\[2mm]
&\text{二项定理}\\
&\text{泊松定理}
\end{aligned}
$$

三、重要概念、定理结合范例分析

(一) 切比雪夫不等式

设随机变量 X 的数学期望 $E(X)=\mu$,方差 $D(X)=\sigma^2$,则对任意正数 ε,有不等式

$P\{|X-\mu|\geqslant\varepsilon\}\leqslant\dfrac{\sigma^2}{\varepsilon^2}$ 或 $P\{|X-\mu|<\varepsilon\}>1-\dfrac{\sigma^2}{\varepsilon^2}$ 成立.

(二) 大数定律

(1) 切比雪夫大数定理:设 $X_1,X_2,\cdots,X_n,\cdots$ 是相互独立的随机变量序列,数学期望 $E(X_i)$ 和方差 $D(X_i)$ 都存在,且 $D(X_i)<C(i=1,2,\cdots)$,则对任意给定的 $\varepsilon>0$,有

$$\lim_{n\to\infty}P\left\{\left|\frac{1}{n}\sum_{i=1}^{n}[X_i-E(X_i)]\right|<\varepsilon\right\}=1.$$

(2) 贝努利大数定理:设 n_A 是 n 次重复独立试验中事件 A 发生的次数,p 是事件 A 在一次试验中发生的概率,则对于任意给定的 $\varepsilon>0$,有

$$\lim_{n\to\infty}P\left\{\left|\frac{n_A}{n}-p\right|<\varepsilon\right\}=1.$$

贝努利大数定理给出了当 n 很大时,A 发生的频率 n_A/n 依概率收敛于 A 的概率,证明了频率的稳定性.

(三) 中心极限定律

(1) 独立同分布中心极限定理:设 X_1，X_2，$\cdots$，X_n，$\cdots$ 是独立同分布的随机变量序列,且有有限的数学期望和方差:$E(X_i) = \mu$，$D(X_i) = \sigma^2 \neq 0 (i = 1, 2, \cdots)$. 则对任意实数 x,随机变量

$$Y_n = \frac{\sum\limits_{i=1}^{n} (X_i - \mu)}{\sqrt{n}\sigma} = \frac{\sum\limits_{i=1}^{n} X_i - n\mu}{\sqrt{n}\sigma}$$

的分布函数 $F_n(x)$ 满足

$$\lim_{n \to \infty} F_n(x) = \lim_{n \to \infty} P\{Y_n \leqslant x\} = \int_{-\infty}^{x} \frac{1}{\sqrt{2\pi}} \mathrm{e}^{-t^2/2} \mathrm{d}t.$$

(2) 李雅普诺夫定理:设 X_1，X_2，$\cdots$，X_n，$\cdots$ 是不同分布且相互独立的随机变量,它们分别有数学期望和方差:$E(X_i) = \mu_i$，$D(X_i) = \sigma_i^2 \neq 0 (i = 1, 2, \cdots)$. 记 $B_n^2 = \sum\limits_{i=1}^{n} \sigma_i^2$,若存在正数 δ,使得当 $n \to \infty$ 时,有 $\frac{1}{B_n^{2+\delta}} \sum\limits_{i=1}^{n} E\{|X_i - \mu_i|^{2+\delta}\} \to 0$,则随机变量

$$Z_n = \frac{\sum\limits_{i=1}^{n} X_i - E\left(\sum\limits_{i=1}^{n} X_i\right)}{\sqrt{D\left(\sum\limits_{i=1}^{n} X_i\right)}} = \frac{\sum\limits_{i=1}^{n} X_i - \sum\limits_{i=1}^{n} \mu_i}{B_n}$$

的分布函数 $F_n(x)$ 对于任意的 x,满足

$$\lim_{n \to \infty} F_n(x) = \lim_{n \to \infty} \left\{ \frac{\sum\limits_{i=1}^{n} X_i - \sum\limits_{i=1}^{n} \mu_i}{B_n} \leqslant x \right\} = \int_{-\infty}^{x} \frac{1}{\sqrt{2\pi}} \mathrm{e}^{-t^2/2} \mathrm{d}t.$$

当 n 很大时,

$$Z_n \sim N(0, 1), \quad \sum_{i=1}^{n} X_i \sim N\left(\sum_{i=1}^{n} \mu_i, B_n^2\right).$$

(3) 棣莫弗-拉普拉斯定理:设随机变量 $\eta_n (n = 1, 2, \cdots)$ 服从参数为 n、$p(0 < p < 1)$ 的二项分布,则对于任意的 x,恒有

$$\lim_{n \to \infty} P\left\{ \frac{\eta_n - np}{\sqrt{np(1-p)}} \leqslant x \right\} = \int_{-\infty}^{x} \frac{1}{\sqrt{2\pi}} \mathrm{e}^{-t^2/2} \mathrm{d}t.$$

例 1 设每次试验中某事件 A 发生的概率为 0.8,请用切比雪夫不等式估计:n 需要多大,才能使得在 n 次重复独立试验中事件 A 发生的频率在 $0.79 \sim 0.81$ 之间的概率至少为 0.95?

分析　根据切比雪夫不等式进行估计,须记住不等式.

解　设 X 表示 n 次重复独立试验中事件 A 出现的次数,则 $X \sim B(n, 0.8)$,A 出现的频率为 $\dfrac{X}{n}$,且

$$E(X) = 0.8n, \quad D(X) = 0.8 \times 0.2n = 0.16n,$$

所以,

$$P\left\{0.79 < \frac{X}{n} < 0.81\right\} = P\{|X - 0.8n| < 0.01n\} \geqslant 1 - \frac{D(X)}{(0.01n)^2}$$

$$= 1 - \frac{0.16n}{0.0001n^2} = 1 - \frac{1600}{n}.$$

由题意得

$$1 - \frac{1600}{n} \geqslant 0.95, \quad n \geqslant 32\,000.$$

可见做 $32\,000$ 次重复独立试验中可使事件 A 发生的频率在 $0.79 \sim 0.81$ 之间的概率至少为 0.95.

例2　证明:(马尔柯夫定理)如果随机变量序列 $X_1, X_2, \cdots, X_n, \cdots$,满足

$$\lim_{n \to \infty} \frac{1}{n^2} D\left(\sum_{k=1}^{n} X_k\right) = 0,$$

则对任给 $\varepsilon > 0$,有

$$\lim_{n \to \infty} P\left\{\left|\frac{1}{n}\sum_{k=1}^{n} X_k - \frac{1}{n}E\left(\sum_{k=1}^{n} X_k\right)\right| < \varepsilon\right\} = 1.$$

证明

$$E\left(\frac{1}{n}\sum_{k=1}^{n} X_k\right) = \frac{1}{n}\sum_{k=1}^{n} E(X_k), \quad D\left(\frac{1}{n}\sum_{k=1}^{n} X_k\right) = \frac{1}{n^2}D\left(\sum_{k=1}^{n} X_k\right),$$

由切比雪夫不等式,得

$$\lim_{n \to \infty} P\left\{\left|\frac{1}{n}\sum_{k=1}^{n} X_k - \frac{1}{n}E\left(\sum_{k=1}^{n} X_k\right)\right| < \varepsilon\right\} \geqslant 1 - \frac{D\left(\sum\limits_{k=1}^{n} X_k\right)}{n^2 \varepsilon^2},$$

根据题设条件,当 $n \to \infty$ 时,

$$\lim_{n \to \infty} P\left\{\left|\frac{1}{n}\sum_{k=1}^{n} X_k - \frac{1}{n}E\left(\sum_{k=1}^{n} X_k\right)\right| < \varepsilon\right\} \geqslant 1,$$

但概率小于等于 1,故马尔柯夫定理成立.

例3　一本书共有 100 万个印刷符号.排版时每个符号被排错的概率为 0.0001,校对

时每个排版错误被改正的概率为 0.9,求校对后错误不多于 15 个的概率.

分析　根据题意构造一个独立同分布的随机变量序列,具有有限的数学期望和方差,然后建立一个标准化的随机变量,应用中心极限定理求得结果.

解　设随机变量

$$X_n = \begin{cases} 1, & \text{第 } n \text{ 个印刷符号校对后仍印错,} \\ 0, & \text{其他.} \end{cases}$$

则 $\{X_n\}$ 是独立同分布随机变量序列,有 $p = P\{X_n = 1\} = 0.0001 \times 0.1 = 10^{-5}$. 作 $Y_n = \sum_{k=1}^{n} X_k$,$(n = 10^6)$,则 Y_n 为校对后错误总数. 按中心极限定理,有

$$P\{Y_n \leqslant 15\} = P\left\{\frac{Y_n - np}{\sqrt{npq}} \leqslant \frac{15 - np}{\sqrt{npq}}\right\}$$
$$= \Phi(5/[10^3 \sqrt{10^{-5}(1 - 10^{-5})}]) \approx \Phi(1.58) = 0.9495.$$

例 4　在一家保险公司里有 10 000 个人参加保险,每人每年付 12 元保险费,在一年里一个人死亡的概率为 0.006,死亡时家属可向保险公司领得 1000 元,问:

(1) 保险公司亏本的概率多大?

(2) 保险公司一年的利润分别不少于 40 000 元、60 000 元、80 000 元的概率各为多大?

解　保险公司一年的总收入为 120 000 元,这时

若一年中死亡人数>120,则公司亏本;

若一年中死亡人数≤80,则保险公司一年的利润≥40 000 元;

若一年中死亡人数≤60,则保险公司一年的利润≥60 000 元;

若一年中死亡人数≤40,则保险公司一年的利润≥80 000 元.

令

$$\xi_i = \begin{cases} 1, & \text{第 } i \text{ 个人在一年内死亡,} \\ 0, & \text{第 } i \text{ 个人在一年内活着.} \end{cases}$$

则 $P(\xi_i = 1) = 0.006 = p$,记 $\eta_n = \sum_{i=1}^{n} \xi_i$,$n = 10\,000$ 已足够大,于是由中心极限定理可得欲求事件的概率为

$$(1) \qquad P(\eta_n > 120) = 1 - P\left\{\frac{\eta_n - np}{\sqrt{npq}} \leqslant \frac{120 - np}{\sqrt{npq}} = b\right\}$$
$$\approx 1 - \frac{1}{\sqrt{2\pi}} \int_{-\infty}^{b} e^{-\frac{x^2}{2}} dx \approx 0\left(\text{其中 } b \approx \frac{60}{7.723}\right).$$

同理可求得

(2) $P(\eta_n \leqslant 80) \approx 0.995$(对应的 $b \approx 2.59$),

$P(\eta_n \leqslant 60) \approx 0.5$(对应的 $b \approx 0$),

$P(\eta_n \leqslant 40) \approx 0.005$(对应的 $b \approx -2.59$).

例5 有一批种子,其中良种占 $\frac{1}{6}$,从中任取 6000 粒,问能以 0.99 的概率保证其中良种的比例与 $\frac{1}{6}$ 相差多少?

解 令

$$\xi_i = \begin{cases} 1, & \text{第 } i \text{ 粒为良种}, \\ 0, & \text{第 } i \text{ 粒不是良种}. \end{cases}$$

则 $P(\xi_i = 1) = \frac{1}{6}$,记 $p = \frac{1}{6}$,$\eta_n = \sum_{i=1}^n \xi_i$,其中 $n = 6000$,据题意即要求 α 使满足 $P\left(\left|\dfrac{\eta_n}{n} - \dfrac{1}{6}\right| \leqslant \alpha\right) \geqslant 0.99$. 令 $q = 1-p$,$b = \dfrac{n\alpha}{\sqrt{npq}}$,因为 n 很大,由中心极限定理有

$$P\left(\left|\frac{\eta_n}{n} - \frac{1}{6}\right| \leqslant \alpha\right) = P\left(-b \leqslant \frac{\eta_n - np}{\sqrt{npq}} \leqslant b\right) \approx \frac{1}{\sqrt{2\pi}} \int_{-b}^{b} e^{-\frac{x^2}{2}} dx \geqslant 0.99.$$

由 $N(0,1)$ 分布表知当 $b = 2.60$ 时即能满足上述不等式,于是知 $\alpha = \dfrac{b}{n}\sqrt{npq} \approx 1.25 \times 10^{-4}$,即能以 0.99 的概率保证其中良种的比例与 $\frac{1}{6}$ 相差不超过 1.25×10^{-4}.

例6 若某产品的不合格率为 0.005,任取 10 000 件,问不合格品不多于 70 件的概率等于多少?

解 令

$$\xi_i = \begin{cases} 1, & \text{第 } i \text{ 件为不合格品}, \\ 0, & \text{第 } i \text{ 件为合格品}. \end{cases}$$

则 $p = P(\xi_i = 1) = 0.005$,记 $q = 1-p$,$\eta_n = \sum_{i=1}^n \xi_i$,其中 $n = 10\,000$,记 $b = \dfrac{70 - np}{\sqrt{npq}}$,由中心极限定理有

$$P(\eta_n \leqslant 70) = P\left(\frac{\eta_n - np}{\sqrt{npq}} \leqslant b\right) \approx \frac{1}{\sqrt{2\pi}} \int_{-\infty}^{b} e^{-\frac{x^2}{2}} dx \approx 0.998,$$

即不合格品不多于 70 件的概率约等于 0.998.

例7 某螺丝钉厂的不合格品率为 0.01,问一盒中应装多少只螺丝钉才能使其中含有 100 只合格品的概率不小于 0.95?

解 令

$$\xi_i = \begin{cases} 1, & \text{第 } i \text{ 只是合格品,} \\ 0, & \text{第 } i \text{ 只是不合格品.} \end{cases}$$

则 $p = P(\xi_i = 1) = 0.99$,记 $q = 1 - p$, $b = \dfrac{100 - np}{\sqrt{npq}}$, $\eta_n = \sum\limits_{i=1}^{n} \xi_i$,其中 n 尚待确定,它应满足 $P(\eta_n < 100) \leqslant 0.05$,由中心极限定理有

$$P(\eta_n < 100) = P\left[\frac{\eta_n - np}{\sqrt{npq}} < b\right] \approx \frac{1}{\sqrt{2\pi}} \int_{-\infty}^{b} e^{-\frac{x^2}{2}} \, du \leqslant 0.05.$$

查 $N(0,1)$ 分布表可取 $b = -1.65$,由此求得 $n = 103$,即在一盒中应装 103 只螺丝钉才能使其中含有 100 只合格品的概率不小于 0.95.

四、练习题与答案

(一) 练习题

1. 设 $\{X_i\}$ 为相互独立且同分布的随机变量序列,并且 X_i 的概率分布为

$$P(X_i = 2^{i-2\ln i}) = 2^{-i} (i = 1, 2, \cdots).$$

试证:$\{X_i\}$ 服从大数定律.

2. 一生产线生产的产品成箱包装,每箱的重量是随机的,假设每箱平均重 50 千克,标准差为 5 千克. 若用最大载重量为 5 吨的汽车承运,试利用中心极限定理说明每辆车最多可以装多少箱,才能保障不超载的概率大于 0.977.

3. 设 $X_1, X_2, \cdots, X_n, \cdots$ 相互独立同分布,且 $E(X_n) = 0$,则 $\lim\limits_{n \to \infty} P\left(\sum\limits_{i=1}^{n} X_i < n\right) = $ _____.

4. 设 $X_1, X_2, \cdots, X_n, \cdots$ 是相互独立的随机变量序列,X_n 服从参数为 n 的指数分布 $(n = 1, 2, \cdots)$,则下列中不服从切比雪夫大数定律的随机变量序列是(　　).

(A) $X_1, X_2, \cdots, X_n, \cdots$ (B) $X_1, 2^2 X_2, \cdots, n^2 X_n, \cdots$

(C) $X_1, X_2/2, \cdots, X_n/n, \cdots$ (D) $X_1, 2X_2, \cdots, nX_n, \cdots$

5. 设 $X_1, X_2, \cdots, X_n, \cdots$ 是相互独立的随机变量序列,在下面条件下,$X_1^2, X_2^2, \cdots, X_n^2, \cdots$ 满足列维-林德伯格中心极限定理的是(　　).

(A) $P\{X_i = m\} = p^m q^{1-m}$, $m - 0, 1$

(B) $P\{X_i \leqslant x\} = \int_{-\infty}^{x} \frac{1}{\pi(1 + t^2)} dt$

(C) $P\{|X_i| = m\} = \dfrac{c}{m^2}$, $m = 1, 2, \cdots$,常数 $c = \left(\sum\limits_{m=1}^{\infty} \dfrac{2}{m^2}\right)^{-1} = \dfrac{3}{\pi^2}$

(D) X_i 服从参数为 i 的指数分布

6. 某人要测量 A、B 两地之间的距离,限于测量工具,将其分成 1200 段进行测量,设

每段测量误差(单位:千米)相互独立,且均服从$(-0.5, 0.5)$上的均匀分布.试求总距离测量误差的绝对值不超过 20 千米的概率.

7. 设男孩出生率为 0.515,求在 10 000 个新生婴儿中女孩不少于男孩的概率.

(二) 答案

1. 略　**2.** 98　**3.** 1　**4.** B　**5.** A　**6.** 0.9　**7.** 0.001 35

五、历年考研真题解析

1. (2002)设随机变量 X_1, X_2, $\cdots$, X_n 相互独立,$S_n = X_1 + X_2 + \cdots + X_n$,则根据列维-林德伯格(Levy-Lindberg)中心极限定理,当 n 充分大时,S_n 近似服从正态分布,只要 X_1, X_2, $\cdots$, X_n(　　).

(A) 有相同的数学期望　　　　　　　(B) 有相同的方差

(C) 服从同一指数分布　　　　　　　(D) 服从同一离散型分布

分析　列维-林德伯格(Levy-Lindberg)中心极限定理的条件是 X_1, X_2, $\cdots$, X_n 相互独立、同分布、方差存在,这时当 n 充分大时,S_n 才近似服从正态分布.选项(A)与(B)不能保证 X_1, X_2, $\cdots$, X_n 同分布;选项(D)又不能保证方差存在.应选(C).

2. (2003)设总体 X 服从参数为 2 的指数分布,X_1, X_2, $\cdots$, X_n 为来自总体 X 的简单随机样本,则当 $n \to \infty$ 时,$Y_n = \dfrac{1}{n}\sum\limits_{i=1}^{n} X_i^2$ 依概率收敛于_____.

分析　本题考查大数定律:一组相互独立且具有有限期望与方差的随机变量 X_1, X_2, $\cdots$, X_n,当方差一致有界时,其算术平均值依概率收敛于其数学期望的算术平均值:

$$\frac{1}{n}\sum_{i=1}^{n} X_i \xrightarrow{p} \frac{1}{n}\sum_{i=1}^{n} EX_i \quad (n \to \infty).$$

这里 X_1^2, X_2^2, $\cdots$, X_n^2 满足大数定律的条件,且 $EX_i^2 = DX_i + (EX_i)^2 = \dfrac{1}{4} + \left(\dfrac{1}{2}\right)^2 = \dfrac{1}{2}$,因此根据大数定律有

$$Y_n = \frac{1}{n}\sum_{i=1}^{n} X_i^2 \text{ 依概率收敛于 } \frac{1}{n}\sum_{i=1}^{n} EX_i^2 = \frac{1}{2}.$$

3. (2005)设 X_1, X_2, $\cdots$, X_n, $\cdots$ 为独立同分布的随机变量列,且均服从参数为 $\lambda(\lambda > 1)$ 的指数分布,记 $\Phi(x)$ 为标准正态分布函数,则(　　).

(A) $\lim\limits_{n\to\infty} P\left\{\dfrac{\sum\limits_{i=1}^{n} X_i - n\lambda}{\lambda\sqrt{n}} \leqslant x\right\} = \Phi(x)$　　　(B) $\lim\limits_{n\to\infty} P\left\{\dfrac{\sum\limits_{i=1}^{n} X_i - n\lambda}{\sqrt{\lambda n}} \leqslant x\right\} = \Phi(x)$

(C) $\lim_{n\to\infty}P\left\{\dfrac{\lambda\sum\limits_{i=1}^{n}X_i-n}{\sqrt{n}}\leqslant x\right\}=\Phi(x)$　　　(D) $\lim_{n\to\infty}P\left\{\dfrac{\sum\limits_{i=1}^{n}X_i-\lambda}{\sqrt{n\lambda}}\leqslant x\right\}=\Phi(x)$

分析　由于 X_1，X_2，…，X_n，… 为独立同分布,且均服从参数为 $\lambda(\lambda>1)$ 的指数分布,所以有共同的期望为 $\dfrac{1}{\lambda}$,方差为 $\dfrac{1}{\lambda^2}$,满足列维-林德伯格(Levy-Lindberg)中心极限定理. 由于

$$E\left(\sum_{i=1}^{n}X_i\right)=\sum_{i=1}^{n}EX_i=\frac{n}{\lambda},\ D\left(\sum_{i=1}^{n}X_i\right)=\sum_{i=1}^{n}DX_i=\frac{n}{\lambda^2},$$

则 $\dfrac{\sum\limits_{i=1}^{n}X_i-\dfrac{n}{\lambda}}{\sqrt{n/\lambda^2}}=\dfrac{\lambda\sum\limits_{i=1}^{n}X_i-n}{\sqrt{n}}$ 的极限分布为标准正态分布,即

$$\lim_{n\to\infty}P\left\{\frac{\lambda\sum\limits_{i=1}^{n}X_i-n}{\sqrt{n}}\leqslant x\right\}=\Phi(x).$$

应选(C).

第 6 章　数理统计的基本概念

一、学习要求

1. 理解总体、个体、简单随机样本和统计量的概念,掌握样本均值、样本方差及样本矩的计算.

2. 了解 χ^2 分布、t 分布和 F 分布的定义及性质,了解分布分位数的概念并会查表计算.

3. 了解正态总体的某些常用统计量的分布.

二、概念网络图

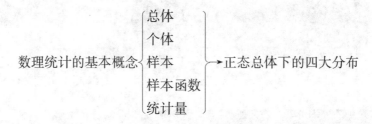

三、重要概念、定理结合范例分析

1. 总体与样本

总体　在数理统计中,常把被考察对象的某一个(或多个)指标的全体称为总体(或母体);而把总体中的每一个单元称为样品(或个体).在以后的讨论中,我们总是把总体看成一个具有分布的随机变量(或随机向量).

例如,单正态总体 X,用

$$X \sim N(\mu, \sigma^2)$$

来表示;而双正态总体 X 与 Y,用

$$X \sim N(\mu_1, \sigma_1^2) \text{ 和 } Y \sim N(\mu_2, \sigma_2^2)$$

来表示.

简单随机样本　我们把从总体中抽取的部分样品 X_1, X_2, $\cdots$, X_n 称为**样本**,x_1, x_2, $\cdots$, x_n 为其样本值,样本中所含的样品数称为**样本容量**,一般用 n 表示.在一般情况下,总是把样本看成是 n 个相互独立的且与总体有相同分布的随机变量,这样的样本称为**简单随机样本**.

2. 样本函数与统计量

设 X_1, X_2, $\cdots$, X_n 为总体的一个样本,称

$$\varphi = \varphi(X_1, X_2, \cdots, X_n)$$

为**样本函数**,其中 φ 为一个连续函数.如果 φ 中不包含任何未知参数,则称 $\varphi(X_1, X_2,$

…，X_n)为一个**统计量**.

下面介绍一些常用的统计量：

样本均值　　　　　　　$\overline{X} = \dfrac{1}{n} \sum\limits_{i=1}^{n} X_i.$

样本方差　　　　　　　$S^2 = \dfrac{1}{n-1} \sum\limits_{i=1}^{n} (X_i - \overline{X})^2.$

样本标准差　　　　　　$S = \sqrt{\dfrac{1}{n-1} \sum\limits_{i=1}^{n} (X_i - \overline{X})^2}.$

样本 k 阶原点矩　　　$M_k = \dfrac{1}{n} \sum\limits_{i=1}^{n} X_i^k \, (k = 1, 2, \cdots).$

样本 k 阶中心矩　　　$M_k' = \dfrac{1}{n} \sum\limits_{i=1}^{n} (X_i - \overline{X})^k \, (k = 2, 3, \cdots).$

以上各统计量的样本值分别用 $\overline{x}$、s^2、s、m_k、m_k' 表示.

例 1　用测温仪对一物体的温度测量 5 次，其结果为(℃)：1250，1265，1245，1260，1275，求统计量 $\overline{X}$、S^2 和 S 的观察值 $\overline{x}$、s^2 和 s.

解　样本均值

$$\overline{x} = \frac{1}{5} \sum_{i=1}^{5} x_i = \frac{1}{5}(1250 + 1265 + 1245 + 1260 + 1275) = 1259(℃).$$

样本方差

$$
\begin{aligned}
s^2 &= \frac{1}{5-1} \sum_{i=1}^{5} (x_i - \overline{x})^2 \\
&= \frac{1}{4}\big[(1250 - 1259)^2 + (1265 - 1259)^2 + (1245 - 1259)^2 \\
&\quad + (1260 - 1259)^2 + (1275 - 1259)^2\big] \\
&= 142.5(℃)^2.
\end{aligned}
$$

样本标准差

$$s = \sqrt{s^2} = \sqrt{142.5} = 11.94(℃).$$

3. 正态总体的某些常用的抽样分布

正态分布　设 $X_1, X_2, \cdots, X_n$ 为来自正态总体 $N(\mu, \sigma^2)$ 的一个样本，则样本函数

$$U \overset{\text{def}}{=\!=} \frac{\overline{X} - \mu}{\sqrt{\sigma^2/n}} \sim N(0, 1).$$

t-分布　设 $X_1, X_2, \cdots, X_n$ 为来自正态总体 $N(\mu, \sigma^2)$ 的一个样本，则样本函数

$$T \overset{\text{def}}{=\!=} \frac{\overline{X} - \mu}{\sqrt{S^2/n}} \sim t(n-1),$$

其中 $t(n-1)$ 表示自由度为 $n-1$ 的 t 分布.

χ^2 **分布**　设 X_1，X_2，$\cdots$，X_n 为来自正态总体 $N(\mu, \sigma^2)$ 的一个样本，则样本函数

$$W \xlongequal{\text{def}} \frac{(n-1)S^2}{\sigma^2} \sim \chi^2(n-1),$$

其中 $\chi^2(n-1)$ 表示自由度为 $n-1$ 的 χ^2 分布.

F 分布　设 X_1，X_2，$\cdots$，X_{n_1} 为来自正态总体 $N(\mu_1, \sigma_1^2)$ 的一个样本，而 Y_1，Y_2，$\cdots$，Y_{n_2} 为来自正态总体 $N(\mu_2, \sigma_2^2)$ 的一个样本，则样本函数

$$F \xlongequal{\text{def}} \frac{S_1^2/\sigma_1^2}{S_2^2/\sigma_2^2} \sim F(n_1-1, n_2-1),$$

其中

$$S_1^2 = \frac{1}{n_1-1} \sum_{i=1}^{n_1} (X_i - \overline{X})^2, \ S_2^2 = \frac{1}{n_2-1} \sum_{i=1}^{n_2} (Y_i - \overline{Y})^2,$$

$F(n_1-1, n_2-1)$ 表示第一自由度为 n_1-1，第二自由度为 n_2-1 的 F 分布.

4. 经验分布函数

设总体 X 的 n 个样本值可以按大小次序排列成：

$$x_1 \leqslant x_2 \leqslant \cdots \leqslant x_n.$$

若 $x_k \leqslant x < x_{k+1}$，则不大于 x 的样本值的频率为 $\dfrac{k}{n}$，因而函数

$$F_n(x) = \begin{cases} 0, & x < x_1, \\ \dfrac{k}{n}, & x_k \leqslant x < x_{k+1}, \ (k=1, 2, \cdots, n-1), \\ 1, & x \geqslant x_n. \end{cases}$$

与事件 $\{X \leqslant x\}$ 在 n 次重复独立试验中的频率是相同的，我们称 $F_n(x)$ 为**样本的分布函数**或**经验分布函数**.

例 2　给定样本值：6.60，4.60，5.40，5.80，5.40. 将它们从小到大重新排列：4.60，5.40，5.40，5.80，6.60. 经验分布函数为

$$F_5(x) = \begin{cases} 0, & x < 4.60, \\ \dfrac{1}{5}, & 4.60 \leqslant x < 5.40, \\ \dfrac{3}{5}, & 5.40 \leqslant x < 5.80, \\ \dfrac{4}{5}, & 5.80 \leqslant x < 6.60, \\ 1, & x \geqslant 6.60. \end{cases}$$

根据经验分布函数的定义, $F_n(x)$ 等于样本值落入区间 $(-\infty, x]$ 的频率. 考虑随机事件 $A = \{X \leqslant x\}$, A 的概率 $P(A) = F(x)$. 把样本值 $x_1, x_2, \cdots, x_n$ 看作 n 次独立重复试验的结果, 在这 n 次试验中事件 A 发生的频率为 $F_n(x)$. 根据伯努利大数定律, 对于任意的 $\varepsilon > 0$, 有

$$\lim_{n \to \infty} P(|F_n(x) - F(x)| < \varepsilon) = 1.$$

5. 分位数

设 X 为随机变量, $0 < p < 1$. 若 x_p 使得

$$P(X \leqslant x_p) = p,$$

则称 x_p 为对应概率 p 的**分位数**.

给定 p, 求分位数 x_p, 恰好是给定 x, 求分布函数值 $F(x)$ 的逆运算. 当 X 是连续型随机变量时, 设 X 的密度函数为 $p(x)$, 则

$$\int_{-\infty}^{x_p} p(u)\,\mathrm{d}u = p.$$

如图 6-1 所示.

对应概率 p 的正态分布 $N(0, 1)$ 的分位数记作 u_p, χ^2 分布 $\chi^2(n)$ 的分位数记作 $\chi_p^2(n)$, t 分布 $t(n)$ 的分位数记作 $t_p(n)$, F 分布 $F(n_1, n_2)$ 的分位数记作 $F_p(n_1, n_2)$. 教材中有这四个分布的分位数表.

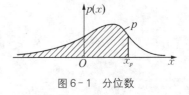

图 6-1　分位数

例如, 查表得到 $u_{0.975} = 1.959\,964$, $\chi_{0.01}^2(5) = 0.554$, $\chi_{0.95}^2(10) = 18.307$, $t_{0.90}(15) = 1.341$, $F_{0.95}(5, 10) = 3.33$.

在正态分布和 t 分布的分位数表中, 通常只给出对应概率 $p \geqslant 0.5$ 的分位数. 由于标准正态分布的密度 $\varphi(x)$ 是偶函数, 有

$$u_{1-p} = -u_p,$$

如图 6-2 所示. 同理

$$t_{1-p}(n) = -t_p(n).$$

当 $p < 0.5$ 时, 利用上面两个公式, 通过查表得到 u_p 和 $t_p(n)$.

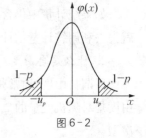

图 6-2

例如, $u_{0.1} = -u_{0.9} = -1.281\,552$, $t_{0.15}(5) = -t_{0.85}(5) = -1.156$.

t 分布分位数表的最下面的一行 $(n = \infty)$ 就是正态分布的分位数 u_p. 这是因为当 $n \to \infty$ 时, t 分布的密度函数趋向于 $\varphi(x)$.

关于 F 分布的分位数, 可以证明下述性质:

$$F_{1-p}(n_1, n_2) = \frac{1}{F_p(n_2, n_1)}.$$

通常 F 分布分位数表也只给 $p \geqslant 0.5$ 的分位数. 当 $p < 0.5$ 时, $F_p(n_1, n_2)$ 利用上面的公式查表求得.

例如, $F_{0.025}(3, 5) = \dfrac{1}{F_{0.975}(5, 3)} = \dfrac{1}{14.88} = 0.0672.$

例 3 设 $X_1, X_2, \cdots, X_{25}$ 相互独立且都服从 $N(3, 10^2)$ 分布, 求 $P(0 < \overline{X} < 6, 57.70 < S^2 < 151.73)$.

解 因为 $\overline{X} \sim N\left(3, \dfrac{10^2}{25}\right)$, $\dfrac{24S^2}{10^2} \sim \chi^2(24)$, 且 $\overline{X}$ 与 S^2 独立, 所以

$$P(0 < \overline{X} < 6, 57.70 < S^2 < 151.73) = P(0 < \overline{X} < 6) \cdot P(57.70 < S^2 < 151.73).$$

而

$$P(0 < \overline{X} < 6) = \Phi\left(\frac{6-3}{2}\right) - \Phi\left(\frac{-3}{2}\right) = 2\Phi\left(\frac{3}{2}\right) - 1 = 2\Phi(1.5) - 1$$
$$= 2 \times 0.9332 - 1 = 0.8664,$$

$$P(57.70 < S^2 < 151.73) = P\left(13.848 < \frac{24S^2}{100} < 36.415\right)$$
$$= P\left(\frac{24S^2}{100} < 36.415\right) - P\left(\frac{24S^2}{100} < 18.848\right)$$
$$= 0.95 - 0.05 = 0.90,$$

于是 $P(0 < \overline{X} < 6, 57.7 < S^2 < 151.73) = 0.8664 \times 0.90 \approx 0.78.$

疑难分析

1. 为什么要引进统计量? 为什么统计量中不能含有未知参数?

引进统计量的目的是为了将杂乱无序的样本值归结为一个便于进行统计推断和研究分析的形式, 集中样本所含信息, 使之更易揭示问题实质.

如果统计量中仍含有未知参数, 就无法依靠样本观测值求出未知参数的估计值, 因而就失去利用统计量估计未知参数的意义.

2. 什么是自由度?

所谓自由度, 通常是指不受任何约束, 可以自由变动的变量的个数. 在数理统计中, 自由度是对随机变量的二次型(或称为二次统计量)而言的. 因为一个含有 n 个变量的二次型

$$\sum_{i=1}^n \sum_{j=1}^n a_{ij} X_i X_j \, (a_{ij} = a_{ji}, \, i, j = 1, 2, \cdots, n)$$

的秩是指对称矩阵 $A = (a_{ij})_{n \times n}$ 的秩, 它的大小反映 n 个变量中能自由变动的无约束变量

的多少. 我们所说的自由度, 就是二次型的秩.

例题与解答

6-1 设 $X_i \sim N(\mu_i, \sigma^2)(i = 1, 2, \cdots, 5)$. (1) $\mu_1, \mu_2, \cdots, \mu_5$ 不全等; (2) $\mu_1 = \mu_2 = \cdots = \mu_5$. 问: $X_1, X_2, \cdots, X_5$ 是否为简单随机样本?

分析 相互独立且与总体同分布的样本是简单随机样本, 由此进行验证.

解 (1) 由于 $X_i \sim N(\mu_i, \sigma^2)(i = 1, 2, \cdots, 5)$, 且 $\mu_1, \mu_2, \cdots, \mu_5$ 不全等, 所以 $X_1, X_2, \cdots, X_5$ 不是同分布, 因此 $X_1, X_2, \cdots, X_5$ 不是简单随机样本.

(2) 由于 $\mu_1 = \mu_2 = \cdots = \mu_5$, 那么 $X_1, X_2, \cdots, X_5$ 服从相同的分布, 但不知道 $X_1, X_2, \cdots, X_5$ 是否相互独立, 因此 $X_1, X_2, \cdots, X_5$ 不一定是简单随机样本.

6-2 设 $X \sim N(\mu, \sigma^2)$, $X_1, X_2, \cdots, X_n$ 是取自总体的简单随机样本, $\overline{X}$ 为样本均值, S_n^2 为样本二阶中心矩, S^2 为样本方差, 问下列统计量:

(1) $\dfrac{nS_n^2}{\sigma^2}$; (2) $\dfrac{\overline{X} - \mu}{S_n / \sqrt{n-1}}$; (3) $\dfrac{\sum\limits_{i=1}^{n}(X_i - \mu)^2}{\sigma^2}$ 各服从什么分布?

分析 利用已知统计量的分布进行分析.

解 (1) 由于

$$\frac{(n-1)S^2}{\sigma^2} \sim \chi^2(n-1),$$

又有

$$S_n^2 = \frac{1}{n}\sum_{i=1}^{n}(X_i - \overline{X})^2 = \frac{n-1}{n}S^2,$$

即

$$nS_n^2 = (n-1)S^2,$$

因此

$$\frac{nS_n^2}{\sigma^2} \sim \chi^2(n-1).$$

(2) 由于

$$\frac{\overline{X} - \mu}{S / \sqrt{n}} \sim t(n-1),$$

又有

$$\frac{S}{\sqrt{n}} = \frac{S_n}{\sqrt{n-1}},$$

因此

$$\frac{\overline{X}-\mu}{S_n/\sqrt{n-1}} \sim t(n-1).$$

(3) 由 $X_i \sim N(\mu, \sigma^2)(i=1, 2, \cdots, n)$ 得：

$$\frac{X_i-\mu}{\sigma} \sim N(0, 1)(i=1, 2, \cdots, n),$$

由 χ^2 分布的定义得：

$$\frac{\sum\limits_{i=1}^{n}(X_i-\mu)^2}{\sigma^2} \sim \chi^2(n).$$

6-3 设总体服从参数为 λ 的指数分布,分布密度为

$$f(x; \lambda) = \begin{cases} \lambda e^{-\lambda x}, & x > 0, \\ 0, & x \leqslant 0. \end{cases}$$

求 $E\overline{X}$、$D\overline{X}$ 和 ES^2.

　　分析　利用已知指数分布的期望、方差和它们的性质进行计算.

　　解　由于 $EX_i = 1/\lambda$, $DX_i = 1/\lambda^2 (i=1, 2, \cdots, n)$, 所以

$$E\overline{X} = E\left(\frac{1}{n}\sum_{i=1}^{n}X_i\right) = \frac{1}{n}\sum_{i=1}^{n}E(X_i) = \frac{1}{\lambda};$$

$$D\overline{X} = D\left(\frac{1}{n}\sum_{i=1}^{n}X_i\right) = \frac{1}{n^2}\sum_{i=1}^{n}D(X_i) = \frac{1}{n\lambda^2};$$

$$ES^2 = E\left[\frac{1}{n-1}\sum_{i=1}^{n}(X_i-\overline{X})^2\right] = \frac{1}{n-1}\sum_{i=1}^{n}D(X_i) = \frac{n}{n-1}\cdot\frac{1}{n\lambda^2} = \frac{1}{(n-1)\lambda^2}.$$

6-4 设总体 $X \sim N(\mu, 4)$, $X_1, X_2, \cdots, X_n$ 是取自总体的简单随机样本, $\overline{X}$ 为样本均值. 问样本容量 n 取多大时有：

(1) $E(|\overline{X}-\mu|^2) \leqslant 0.1$;　　(2) $P\{|\overline{X}-\mu| \leqslant 0.1\} \geqslant 0.95$.

　　解　(1) 要使

$$E(|\overline{X}-\mu|^2) = D(\overline{X}) = D(X)/n = 4/n \leqslant 0.1,$$

即有 $n \geqslant 40$, 故取 $n = 40$.

　　(2) 由中心极限定理,要使

$$P\{|\overline{X}-\mu| \leqslant 0.1\} = P\{|\overline{X}-\mu| / \sqrt{D(\overline{X})} \leqslant 0.1\sqrt{n/4}\}$$

$$\approx \Phi(0.05\sqrt{n}) - \Phi(-0.05\sqrt{n}) = 2\Phi(0.05\sqrt{n}) - 1 \geqslant 0.95,$$

即有 $\Phi(0.05\sqrt{n}) \geqslant 0.975$, 从而 $0.05\sqrt{n} \geqslant 1.96$, 解得 $n \geqslant 1536.64$.

故取 $n = 1537$.

四、练习题与答案

(一) 练习题

1. 从正态总体 $N(3.4, 6^2)$ 中抽取容量为 n 的样本,如果要求其样本均值位于区间 $(1.4, 5.4)$ 内的概率不小于 0.95,问样本容量 n 至少应取多大?

2. 设 $X_1, X_2, \cdots, X_7$ 为取自总体 $X \sim N(0, 0.5^2)$ 的样本,则 $P\left(\sum_{i=1}^{7} X_i^2 > 4\right) =$ _____.

3. 设总体 X 服从正态分布 $N(\mu_1, \sigma^2)$,总体 Y 服从正态分布 $N(\mu_2, \sigma^2)$,$X_1, X_2, \cdots, X_{n_1}$ 和 $Y_1, Y_2, \cdots, Y_{n_2}$ 分别是来自总体 X 和 Y 的简单随机样本,则

$$E\left[\frac{\sum_{i=1}^{n_1}(X_i - \overline{X})^2 + \sum_{j=1}^{n_2}(Y_j - \overline{Y})^2}{n_1 + n_2 - 2}\right] = \underline{\qquad}.$$

4. 设 $X_1, X_2, \cdots, X_n$ 是来自正态总体 $N(\mu, \sigma^2)$ 的简单随机样本,$\overline{X}$ 是样本均值,记

$$S_1^2 = \frac{1}{n-1}\sum_{i=1}^{n}(X_i - \overline{X})^2, \quad S_2^2 = \frac{1}{n}\sum_{i=1}^{n}(X_i - \overline{X})^2,$$

$$S_3^2 = \frac{1}{n-1}\sum_{i=1}^{n}(X_i - \mu)^2, \quad S_4^2 = \frac{1}{n}\sum_{i=1}^{n}(X_i - \mu)^2,$$

则服从自由度为 $n-1$ 的 t 分布的随机变量是( ).

(A) $t = \dfrac{\overline{X} - \mu}{S_1 / \sqrt{n-1}}$ (B) $t = \dfrac{\overline{X} - \mu}{S_2 / \sqrt{n-1}}$

(C) $t = \dfrac{\overline{X} - \mu}{S_3 / \sqrt{n}}$ (D) $t = \dfrac{\overline{X} - \mu}{S_4 / \sqrt{n}}$

5. 设总体 $X \sim N(0, 1^2)$,从总体中取一个容量为 6 的样本 $X_1, X_2, \cdots, X_6$,设 $Y = (X_1 + X_2 + X_3)^2 + (X_4 + X_5 + X_6)^2$,试确定常数 C,使随机变量 CY 服从 χ^2 分布.

(二) 答案

1. 35   **2.** 0.025   **3.** σ^2 **4.** B   **5.** $\dfrac{1}{3}$

五、历年考研真题解析

1. (2003) 设随机变量 $X \sim t(n)(n > 1)$,$Y = \dfrac{1}{X^2}$,则( ).

(A) $Y \sim x^2(b)$ (B) $Y \sim x^2(n-1)$

(C) $Y \sim F(n, 1)$ (D) $Y \sim F(1, n)$

分析 由题设知，$X = \dfrac{U}{\sqrt{V/n}}$，其中 $U \sim N(0, 1)$，$V \sim \chi^2(n)$，于是 $Y = \dfrac{1}{X^2} = \dfrac{V/n}{U^2} = \dfrac{V/n}{U^2/1}$，这里 $U^2 \sim \chi^2(1)$，根据 F 分布的定义知 $Y = \dfrac{1}{X^2} \sim F(n, 1)$. 故应选(C).

评注 本题综合考查了 t 分布、χ^2 分布和 F 分布的概念，要求熟练掌握此三类常用统计量分布的定义.

2. (2005)设 $X_1, X_2, \cdots, X_n(n>2)$ 为来自总体 $N(0, 1)$ 的简单随机样本，$\overline{X}$ 为样本均值，S^2 为样本方差，则(　　).

(A) $n\overline{X} \sim N(0, 1)$ (B) $nS^2 \sim \chi^2(n)$

(C) $\dfrac{(n-1)\overline{X}}{S} \sim t(n-1)$ (D) $\dfrac{(n-1)X_1^2}{\sum\limits_{i=2}^{n} X_i^2} \sim F(1, n-1)$

分析 由正态总体抽样分布的性质知，$\dfrac{\overline{X}-0}{1/\sqrt{n}} = \sqrt{n}\overline{X} \sim N(0, 1)$，可排除(A)；又 $\dfrac{\overline{X}-0}{S/\sqrt{n}} = \dfrac{\sqrt{n}\overline{X}}{S} \sim t(n-1)$，可排除(C)；而 $\dfrac{(n-1)S^2}{1^2} = (n-1)S^2 \sim \chi^2(n-1)$，不能断定(B) 是正确选项.

因为 $X_1^2 \sim \chi^2(1)$，$\sum\limits_{i=2}^{n} X_i^2 \sim \chi^2(n-1)$，且 $X_1^2 \sim \chi^2(1)$ 与 $\sum\limits_{i=2}^{n} X_i^2 \sim \chi^2(n-1)$ 相互独立，于是 $\dfrac{X_1^2/1}{\sum\limits_{i=2}^{n} X_i^2/n-1} = \dfrac{(n-1)X_1^2}{\sum\limits_{i=2}^{n} X_i^2} \sim F(1, n-1)$. 故应选(D).

3. (2006)设总体 X 的概率密度为 $f(x) = \dfrac{1}{2}\mathrm{e}^{-|x|}$ $(-\infty < x < +\infty)$，$X_1, X_2, \cdots$, X_n 为总体 X 的简单随机样本，其样本方差为 S^2，则 $ES^2 = $ _____.

分析 利用样本方差的性质 $ES^2 = DX$ 即可.

$$EX = \int_{-\infty}^{+\infty} xf(x)\mathrm{d}x = \int_{-\infty}^{+\infty} \frac{x}{2}\mathrm{e}^{-|x|}\,\mathrm{d}x = 0,$$

$$EX^2 = \int_{-\infty}^{+\infty} x^2 f(x)\mathrm{d}x = \int_{-\infty}^{+\infty} \frac{x^2}{2}\mathrm{e}^{-|x|}\,\mathrm{d}x = \int_0^{+\infty} x^2 \mathrm{e}^{-x}\mathrm{d}x = -x^2\mathrm{e}^{-x}\big|_0^{+\infty} + 2\int_0^{+\infty} x\mathrm{e}^{-x}\mathrm{d}x$$

$$= -2x\mathrm{e}^{-x}\big|_0^{+\infty} + 2\int_0^{+\infty} \mathrm{e}^{-x}\mathrm{d}x = -2\mathrm{e}^{-x}\big|_0^{+\infty} = 2,$$

所以 $DX = EX^2 - (EX)^2 = 2 - 0 = 2$，又因 S^2 是 DX 的无偏估计量，
所以 $ES^2 = DX = 2$.

4. (2009)设 $X_1, X_2, \cdots, X_n$ 是来自二项分布总体 $B(n, p)$ 的简单随机样本，$\overline{X}$ 和

S^2 分别为样本均值和样本方差,记统计量 $T = \overline{X} - S^2$,则 $ET = $ _____.

　　分析　$ET = E(\overline{X} - S^2) = E\overline{X} - ES^2 = np - np(1-p) = np^2$.

　　5. (2010)设 X_1,X_2,$\cdots$,X_n 是来自总体 $N(\mu, \sigma^2)(\sigma > 0)$ 的简单随机样本. 记统计量 $T = \dfrac{1}{n} \sum\limits_{i=1}^{n} X_i^2$,则 $E(T) = $ _____.

　　分析　根据简单随机样本的性质,X_1,X_2,$\cdots$,X_n 相互独立且与总体同分布,即 $X_i \sim N(\mu, \sigma^2)$,于是 $EX_i = \mu$,$DX_i = \sigma^2$,$EX_i^2 = DX_i + (EX_i)^2 = \sigma^2 + \mu^2$,因此 $E(T) = E\left(\dfrac{1}{n} \sum\limits_{i=1}^{n} X_i^2\right) = \dfrac{1}{n} \sum\limits_{i=1}^{n} EX_i^2 = \dfrac{1}{n} \sum\limits_{i=1}^{n} (\sigma^2 + \mu^2) = \sigma^2 + \mu^2$.

　　6. (2011)设总体 X 服从参数 $\lambda(\lambda > 0)$ 的泊松分布,X_1,X_2,$\cdots$,$X_n(n \geqslant 2)$ 为来自总体的简单随机样本,则对应的统计量 $T_1 = \dfrac{1}{n} \sum\limits_{i=1}^{n} X_i$,$T_2 = \dfrac{1}{n-1} \sum\limits_{i=1}^{n-1} X_i + \dfrac{1}{n} X_n$ 有(　　).

(A) $E(T_1) > E(T_2)$,$D(T_1) > D(T_2)$

(B) $E(T_1) > E(T_2)$,$D(T_1) < D(T_2)$

(C) $E(T_1) < E(T_2)$,$D(T_1) > D(T_2)$

(D) $E(T_1) < E(T_2)$,$D(T_1) < D(T_2)$

　　分析　X_1,X_2,$\cdots$,X_n 为来自总体泊松分布的简单随机样本,则 X_1,X_2,$\cdots$,X_n 相互独立,且 $E(X_i) = D(X_i) = \lambda$,$i = 1, 2, \cdots, n$;又由

$$E(T_1) = \frac{1}{n} \sum_{i=1}^{n} E(X_i) = \lambda,$$

$$E(T_2) = \frac{1}{n-1} \sum_{i=1}^{n-1} E(X_i) + \frac{1}{n} E(X_n) = \lambda + \frac{\lambda}{n}, 则有 E(T_1) < E(T_2).$$

而 $D(T_1) = \dfrac{1}{n^2} \sum\limits_{i=1}^{n} D(X_i) = \dfrac{\lambda}{n}$,$D(T_2) = \dfrac{1}{(n-1)^2} \sum\limits_{i=1}^{n-1} D(X_i) + \dfrac{1}{n^2} D(X_n) = \dfrac{n^2 + n - 1}{n^2(n-1)} \lambda$.

因为 $\dfrac{n^2 + n - 1}{n^2(n-1)} \lambda = \dfrac{1}{n} \dfrac{n^2 + n - 1}{n(n-1)} \lambda > \dfrac{1}{n} \dfrac{n^2 - n}{n(n-1)} \lambda = \dfrac{\lambda}{n}$,所以 $D(T_1) < D(T_2)$. 故选(D).

第 7 章　参数估计

一、学习要求

1. 理解点估计的概念.
2. 掌握矩估计法和极大似然估计法.
3. 了解估计量的评选标准(无偏性、有效性、一致性).
4. 理解区间估计的概念.
5. 会求单个正态总体的均值和方差的置信区间.
6. 会求两个正态总体的均值差和方差比的置信区间.

二、概念网络图

$$\text{从样本推断总体}\begin{cases}\text{点估计}\begin{cases}\text{矩估计}\\\text{极大似然估计}\end{cases}\rightarrow\text{估计量的评选标准}\begin{cases}\text{无偏性}\\\text{有效性}\\\text{一致性}\end{cases}\\\\\text{区间估计}\end{cases}$$

三、重要概念、定理结合范例分析

1. 点估计

设总体 X 的分布函数 $F(x;\theta)$ 的形式已知,其中 θ 为一个未知参数,又设 $X_1,X_2,\cdots,$ X_n 为总体 X 的一个样本. 我们构造一个统计量 $K=K(X_1,X_2,\cdots,X_n)$ 作为参数 θ 的估计,称统计量 K 为参数 θ 的一个**估计量**. 当 $x_1,x_2,\cdots,x_n$ 为一组样本值时,则 $\hat{K}=K(x_1,$ $x_2,\cdots,x_n)$ 就是 θ 的一个**估计值**. θ 的估计量和估计值统称为 θ 的**点估计**.

θ 的估计量的好坏常用以下三条标准来衡量:

(1) 无偏性   设 $\hat{\theta}=\hat{\theta}(X_1,X_2,\cdots,X_n)$ 为未知参数 θ 的估计量. 若 $E(\hat{\theta})=\theta$,则称 $\hat{\theta}$ 为 θ 的**无偏估计量**.

若总体 X 的均值 $E(X)$ 和方差 $D(X)$ 存在,则样本均值 $\overline{X}$ 和样本方差 S^2 分别为 $E(X)$ 和 $D(X)$ 的无偏估计,即

$$E(\overline{X})=E(X),\ E(S^2)=D(X).$$

(2) 有效性   设 $\hat{\theta}_1=\hat{\theta}_1(X_1,X_2,\cdots,X_n)$ 和 $\hat{\theta}_2=\hat{\theta}_2(X_1,X_2,\cdots,X_n)$ 是未知参数 θ 的两个无偏估计量. 若 $D(\hat{\theta}_1)<D(\hat{\theta}_2)$,则称 $\hat{\theta}_1$ 比 $\hat{\theta}_2$ **有效**.

例1   设 $X_1,X_2,\cdots,X_n$ 是总体的一个样本,试证:

(1) $\hat{\mu}_1=\dfrac{1}{5}X_1+\dfrac{3}{10}X_2+\dfrac{1}{2}X_3$;

(2) $\hat{\mu}_2=\dfrac{1}{3}X_1+\dfrac{1}{4}X_2+\dfrac{5}{12}X_3$;

(3) $\hat{\mu}_3 = \dfrac{1}{3}X_1 + \dfrac{3}{4}X_2 - \dfrac{1}{12}X_3$,

都是总体均值 μ 的无偏估计,并比较哪一个最有效?

证　因为 $E(X_i) = \mu (i = 1, 2, \cdots, n)$,所以

$$E(\hat{\mu}_1) = \frac{1}{5}E(X_1) + \frac{3}{10}E(X_2) + \frac{1}{2}E(X_3) = \left(\frac{1}{5} + \frac{3}{10} + \frac{1}{2}\right)\mu = \mu.$$

同理 $E(\hat{\mu}_2) = \mu$,$E(\hat{\mu}_3) = \mu$. 即 $\hat{\mu}_1$、$\hat{\mu}_2$、$\hat{\mu}_3$ 都是总体均值 μ 的无偏估计. 又因为

$$D(\hat{\mu}_1) = \frac{1}{25}D(X_1) + \frac{9}{100}D(X_2) + \frac{1}{4}D(X_3) = \frac{38}{100}D(X) = \frac{19}{50}D(X),$$

同理

$$D(\hat{\mu}_2) = \frac{50}{144}D(X) = \frac{25}{72}D(X),$$

$$D(\hat{\mu}_3) = \frac{98}{144}D(X) = \frac{49}{72}D(X).$$

由于 $D(\hat{\mu}_2) < D(\hat{\mu}_1)$,$D(\hat{\mu}_2) < D(\hat{\mu}_3)$,故 $\hat{\mu}_2$ 最有效.

(3) 相合性　设 $\hat{\theta}_n$ 是 θ 的一串估计量,如果对于任意的正数 ε,都有

$$\lim_{n \to \infty} P(|\hat{\theta}_n - \theta| > \varepsilon) = 0,$$

那么称 $\hat{\theta}_n$ 为 θ 的**相合估计量**(或**一致估计量**).

例 2　设 $X_1, X_2, \cdots, X_n$ 是取自总体 $X \sim N(\mu, \sigma^2)$ 的样本,试证:

$$S^2 = \frac{1}{n-1}\sum_{i=1}^{n}(X_i - \overline{X})^2$$

是 σ^2 的相合估计量.

证　由于 $\dfrac{(n-1)S^2}{\sigma^2} \sim \chi^2(n-1)$,所以有

$$E(S^2) = \sigma^2,\quad D(S^2) = \frac{\sigma^4}{(n-1)^2}2(n-1) = \frac{2\sigma^4}{n-1}.$$

根据切比雪夫不等式有

$$P(|S^2 - \sigma^2| < \varepsilon) \geqslant 1 - \frac{D(S^2)}{\varepsilon^2} = 1 - \frac{2\sigma^4}{(n-1)\varepsilon^2},$$

即得

$$\lim_{n \to \infty} P(|S^2 - \sigma^2| < \varepsilon) = 1.$$

所以 S^2 是 σ^2 的相合估计量.

问题 设 X_1，X_2，$\cdots$，X_n 为总体 X 的一个样本，令

$$\overline{X}_l = \frac{1}{l}\sum_{i=1}^{l}X_i (l=1, 2, \cdots, n).$$

(1) $\overline{X}_1$、$\overline{X}_2$、$\dfrac{X_1+X_2}{3}$、$\overline{X}_n$ 是总体均值 $E(X)$ 的无偏估计量吗？

(2) $\overline{X}_1$ 与 $\overline{X}_2$ 作为 $E(X)$ 的估计量，哪个更有效？为什么？

(3) 由 $E(S^2) = D(X)$，能否导出 $E(S) = \sqrt{D(X)}$？

2. 点估计的两种常用方法

(1) 矩法

所谓**矩法**就是利用样本各阶原点矩与相应的总体矩，来建立估计量应满足的方程，从而求出未知参数估计量的方法.

设总体 X 的分布中包含有未知参数 θ_1，θ_2，$\cdots$，θ_m，则其分布函数可以表成 $F(x; \theta_1$，θ_2，$\cdots$，$\theta_m)$. 显然它的 k 阶原点矩 $v_k = E(X^k)(k=1, 2, \cdots, m)$ 中也包含了未知参数 θ_1，θ_2，$\cdots$，θ_m，即 $v_k = v_k(\theta_1, \theta_2, \cdots, \theta_m)$. 又设 x_1，x_2，$\cdots$，x_n 为总体 X 的 n 个样本值，其样本的 k 阶原点矩为

$$\hat{v}_k = \frac{1}{n}\sum_{i=1}^{n}x_i^k (k=1, 2, \cdots, m).$$

这样，我们按照"当参数等于其估计量时，总体矩等于相应的样本矩"的原则建立方程，即有

$$\begin{cases} v_1(\hat{\theta}_1, \hat{\theta}_2, \cdots, \hat{\theta}_m) = \dfrac{1}{n}\sum_{i=1}^{n}X_i, \\ v_2(\hat{\theta}_1, \hat{\theta}_2, \cdots, \hat{\theta}_m) = \dfrac{1}{n}\sum_{i=1}^{n}X_i^2, \\ \cdots \\ v_m(\hat{\theta}_1, \hat{\theta}_2, \cdots, \hat{\theta}_m) = \dfrac{1}{n}\sum_{i=1}^{n}X_i^m. \end{cases}$$

由上面的 m 个方程中，解出的 m 个未知参数 $\hat{\theta}_1$，$\hat{\theta}_2$，$\cdots$，$\hat{\theta}_m$，即为参数 θ_1，θ_2，$\cdots$，θ_m 的矩估计量.

矩估计法 $\begin{cases} \text{一阶矩，未知参数为单参数} \\ \text{二阶矩，未知参数为双参数} \end{cases}$

例3 设总体 $X \sim P(\lambda)$，求 λ 的矩估计量.

解 考虑到 $E(X) = \lambda$，由方程 $\overline{X} = E(X) = \lambda$ 解得 $\hat{\lambda} = \overline{X}$.

例4 设总体 $X \sim U(a, b)$，求 a、b 的矩估计量.

解 考虑到 $E(X) = \dfrac{1}{2}(a+b)$，$D(X) = \dfrac{1}{12}(b-a)^2$，由方程组

$$\begin{cases} \overline{X} = \dfrac{1}{2}(a+b), \\ \widetilde{S}^2 = \dfrac{1}{12}(b-a), \end{cases} \quad 解得 \begin{cases} \hat{a} = \overline{X} - \sqrt{3}\,\widetilde{S}, \\ \hat{b} = \overline{X} + \sqrt{3}\,\widetilde{S}. \end{cases}$$

其中

$$\overline{X} = \frac{1}{n}\sum_{i=1}^{n} X_i, \quad \widetilde{S} = \sqrt{\frac{1}{n}\sum_{i=1}^{n}(X_i - \overline{X})^2}.$$

问题 在双参数的矩法中,一阶使用原点矩,二阶使用中心矩建立的方程组与一、二阶都使用原点矩建立的方程组同解吗?

(2) 最大似然法

所谓**最大似然法**就是当我们用样本的函数值估计总体参数时,应使得当参数取这些值时,所观测到的样本出现的概率为最大.

当总体 X 为连续型随机变量时,设其分布密度为 $f(x; \theta_1, \theta_2, \cdots, \theta_m)$,其中 θ_1, θ_2, $\cdots$, θ_m 为未知参数. 又设 $X_1, X_2, \cdots, X_n$ 为总体的一个样本,$x_1, x_2, \cdots, x_n$ 为其样本值,称

$$L_n(\theta_1, \theta_2, \cdots, \theta_m) = \prod_{i=1}^{n} f(x_i; \theta_1, \theta_2, \cdots, \theta_m)$$

为样本的**似然函数**,简记为 L_n.

当总体 X 为离散型随机变量时,设其分布律为 $P\{X = x\} = p(x; \theta_1, \theta_2, \cdots, \theta_m)$,则称

$$L(x_1, x_2, \cdots, x_n; \theta_1, \theta_2, \cdots, \theta_m) = \prod_{i=1}^{n} p(x_i; \theta_1, \theta_2, \cdots, \theta_m)$$

为样本的**似然函数**.

若似然函数 $L(x_1, x_2, \cdots, x_n; \theta_1, \theta_2, \cdots, \theta_m)$ 在 $\hat{\theta}_1, \hat{\theta}_2, \cdots, \hat{\theta}_m$ 处取到最大值,则称 $\hat{\theta}_1, \hat{\theta}_2, \cdots, \hat{\theta}_m$ 分别为 $\theta_1, \theta_2, \cdots, \theta_m$ 的**最大似然估计值**,相应的统计量称为**最大似然估计量**. 我们把使 L_n 达到最大的 $\hat{\theta}_1, \hat{\theta}_2, \cdots, \hat{\theta}_m$ 分别作为 $\theta_1, \theta_2, \cdots, \theta_m$ 的估计量的方法称为**最大似然估计法**.

由于 $\ln x$ 是一个递增函数,所以 L_n 与 $\ln L_n$ 同时达到最大值. 我们称

$$\frac{\partial \ln L_n}{\partial \theta_i}\Big|_{\theta_i = \hat{\theta}_i} = 0 \quad (i = 1, 2, \cdots, m)$$

为**似然方程**. 由多元微分学可知,由似然方程可以求出 $\hat{\theta}_i = \hat{\theta}_i(x_1, x_2, \cdots, x_n)$($i = 1, 2, \cdots, m$)为 θ_i 的最大似然估计值.

容易看出,使得 L_n 达到最大的 $\hat{\theta}_i (= 1, 2, \cdots, m)$ 也可以使这组样本值出现的可能性

最大.

例 5　设总体 $X \sim N(\mu, \sigma^2)$，求 μ、σ^2 的最大似然估计量.

解　我们知道，μ 和 σ^2 的似然函数为

$$L_n(\mu, \sigma^2) = \prod_{i=1}^{n} \left[\frac{1}{\sqrt{2\pi}\sigma} e^{-\frac{(x_i-\mu)^2}{2\sigma^2}} \right] = \frac{1}{(\sqrt{2\pi}\sigma)^n} e^{-\frac{1}{2\sigma^2}\sum_{i=1}^{n}(x_i-\mu)^2}.$$

似然方程为

$$\begin{cases} \dfrac{\partial \ln L_n(\mu, \sigma^2)}{\partial \mu} \Big|_{\substack{\mu=\hat{\mu} \\ \sigma^2=\hat{\sigma}^2}} = \dfrac{1}{\hat{\sigma}^2} \sum_{i=1}^{n}(x_i - \hat{\mu}) = 0, \\[3mm] \dfrac{\partial \ln L_n(\mu, \sigma^2)}{\partial \sigma^2} \Big|_{\substack{\mu=\hat{\mu} \\ \sigma^2=\hat{\sigma}^2}} = -\dfrac{n}{2\hat{\sigma}^2} + \dfrac{1}{2\hat{\sigma}^4} \sum_{i=1}^{n}(x_i - \hat{\mu})^2 = 0. \end{cases}$$

解得

$$\hat{\mu} = \frac{1}{n} \sum_{i=1}^{n} x_i = \overline{x}, \quad \hat{\sigma}^2 = \frac{1}{n} \sum_{i=1}^{n}(x_i - \overline{x})^2 = \widetilde{S}^2.$$

因此，μ，σ^2 的最大似然估计量为 $\hat{\mu}_L = \overline{X}$，$\hat{\sigma}_L^2 = \dfrac{1}{n} \sum_{i=1}^{n}(X_i - \overline{X})^2 = \widetilde{S}^2$.

3. 区间估计

(1) 置信区间与置信度

设总体 X 含有一个待估的未知参数 θ. 如果我们从样本 $X_1, X_2, \cdots, X_n$ 出发，找出两个统计量 $\theta_1 = \theta_1(X_1, X_2, \cdots, X_n)$ 与 $\theta_2 = \theta_2(X_1, X_2, \cdots, X_n)(\theta_1 < \theta_2)$，使得区间 $[\theta_1, \theta_2]$ 以 $1-\alpha(0 < \alpha < 1)$ 的概率包含这个待估参数 θ，即

$$P\{\theta_1 \leqslant \theta \leqslant \theta_2\} = 1-\alpha,$$

那么称区间 $[\theta_1, \theta_2]$ 为 θ 的**置信区间**，$1-\alpha$ 为该区间的**置信度**(或**置信水平**).

(2) 单正态总体的均值和方差的区间估计

设 $X_1, X_2, \cdots, X_n$ 为总体 $X \sim N(\mu, \sigma^2)$ 的一个样本. 在置信度为 $1-\alpha$ 下，我们来确定 μ 和 σ^2 的置信区间 $[\theta_1, \theta_2]$. 具体步骤如下：

（Ⅰ）选择样本函数.

（Ⅱ）由置信度 $1-\alpha$，查表找分位数.

（Ⅲ）导出置信区间 $[\theta_1, \theta_2]$.

下面分三种情况来讨论.

① 已知方差，估计均值

（Ⅰ）选择样本函数

设方差 $\sigma^2 = \sigma_0^2$，其中 σ_0^2 为已知数. 我们知道 $\overline{X} = \dfrac{1}{n} \sum_{i=1}^{n} X_i$ 是 μ 的一个点估计，并且知

道包含未知参数 μ 的样本函数

$$U = \frac{\overline{X} - \mu}{\sigma_0 / \sqrt{n}} \sim N(0, 1).$$

（Ⅱ）查表找分位数

对于给定的置信度 $1-\alpha$，查正态分布分位数表，找出分位数 $u_{1-\frac{\alpha}{2}}$，使得

$$P(|U| \leqslant u_{1-\frac{\alpha}{2}}) = 1-\alpha.$$

即

$$P(-u_{1-\frac{\alpha}{2}} \leqslant \frac{\overline{X} - \mu}{\sigma_0 / \sqrt{n}} \leqslant u_{1-\frac{\alpha}{2}}) = 1-\alpha.$$

（Ⅲ）导出置信区间

由不等式

$$-u_{1-\frac{\alpha}{2}} \leqslant \frac{(\overline{X} - \mu)\sqrt{n}}{\sigma_0} \leqslant u_{1-\frac{\alpha}{2}}$$

推得

$$\overline{X} - u_{1-\frac{\alpha}{2}} \frac{\sigma_0}{\sqrt{n}} \leqslant \mu \leqslant \overline{X} + u_{1-\frac{\alpha}{2}} \frac{\sigma_0}{\sqrt{n}},$$

这就是说，随机区间

$$\left[\overline{X} - u_{1-\frac{\alpha}{2}} \frac{\sigma_0}{\sqrt{n}}, \ \overline{X} + u_{1-\frac{\alpha}{2}} \frac{\sigma_0}{\sqrt{n}} \right]$$

以 $1-\alpha$ 的概率包含 μ.

② 未知方差，估计均值

（Ⅰ）选择样本函数

设 X_1, X_2, $\cdots$, X_n 为总体 $N(\mu, \sigma^2)$ 的一个样本，由于 σ^2 是未知的，不能再选取样本函数 u. 这时可用样本方差

$$S^2 = \frac{1}{n-1} \sum_{i=1}^{n} (X_i - \overline{X})^2$$

来代替 σ^2，而选取样本函数

$$T = \frac{\overline{X} - \mu}{S / \sqrt{n}} \sim t(n-1).$$

（Ⅱ）查表找分位数

对于给定的置信度 $1-\alpha$, 查 t 分布分位数表, 找出分位数 $t_{1-\frac{\alpha}{2}}(u)$, 使得

$$P(|T| \leqslant t_{1-\frac{\alpha}{2}}(u)) = 1-\alpha,$$

即

$$P(-t_{1-\frac{\alpha}{2}}(u) \leqslant \frac{\overline{X}-\mu}{S/\sqrt{n}} \leqslant t_{1-\frac{\alpha}{2}}(u)) = 1-\alpha.$$

（Ⅲ）导出置信区间

由不等式

$$-t_{1-\frac{\alpha}{2}}(u) \leqslant \frac{\overline{X}-\mu}{S/\sqrt{n}} \leqslant t_{1-\frac{\alpha}{2}}(u)$$

推得

$$\overline{X} - t_{1-\frac{\alpha}{2}}(u)\frac{S}{\sqrt{n}} \leqslant \mu \leqslant \overline{X} + t_{1-\frac{\alpha}{2}}(u)\frac{S}{\sqrt{n}},$$

这就是说, 随机区间

$$\left[\overline{X} - t_{1-\frac{\alpha}{2}}(u)\frac{S}{\sqrt{n}}, \ \overline{X} + t_{1-\frac{\alpha}{2}}(u)\frac{S}{\sqrt{n}}\right]$$

以 $1-\alpha$ 的概率包含 μ.

③ 方差的区间估计

（Ⅰ）选择样本函数

设 $X_1, X_2, \cdots, X_n$ 为来自总体 $N(\mu, \sigma^2)$ 的一个样本, 我们知道 $S^2 = \frac{1}{n-1} \cdot$

$\sum_{i=1}^{n}(X_i - \overline{X})^2$ 是 σ^2 的一个点估计, 并且知道包含未知参数 σ^2 的样本函数

$$W = \frac{(n-1)S^2}{\sigma^2} \sim \chi^2(n-1).$$

（Ⅱ）查表找分位数

对于给定的置信度 $1-\alpha$, 查 χ^2 分布分位数表, 找出两个分位数 $\chi^2_{1-\frac{\alpha}{2}}(n)_1$ 与 $\chi^2_{1-\frac{\alpha}{2}}(n)_2$, 使得

$$P(\chi^2_{1-\frac{\alpha}{2}}(n)_1 \leqslant W \leqslant \chi^2_{1-\frac{\alpha}{2}}(n)_2) = 1-\alpha.$$

由于 χ^2 分布不具有对称性, 因此通常采取使得概率对称的区间, 即

$$P(W < \chi^2_{1-\frac{\alpha}{2}}(n)_1) = P(W > \chi^2_{1-\frac{\alpha}{2}}(n)_2) = \frac{\alpha}{2}.$$

于是有

$$P(\chi^2_{1-\frac{\alpha}{2}}(n)_1 \leqslant \frac{(n-1)S^2}{\sigma^2} \leqslant \chi^2_{1-\frac{\alpha}{2}}(n)_2) = 1 - \alpha.$$

（Ⅲ）导出置信区间

由不等式

$$\chi^2_{1-\frac{\alpha}{2}}(n)_1 \leqslant \frac{(n-1)S^2}{\sigma^2} \leqslant \chi^2_{1-\frac{\alpha}{2}}(n)_2$$

推得

$$\frac{(n-1)S^2}{\chi^2_{1-\frac{\alpha}{2}}(n)_2} \leqslant \sigma^2 \leqslant \frac{(n-1)S^2}{\chi^2_{1-\frac{\alpha}{2}}(n)_1},$$

这就是说,随机区间

$$\left[\frac{(n-1)S^2}{\chi^2_{1-\frac{\alpha}{2}}(n)_2}, \frac{(n-1)S^2}{\chi^2_{1-\frac{\alpha}{2}}(n)_1} \right]$$

以 $1-\alpha$ 的概率包含 σ^2,而随机区间

$$\left[\sqrt{\frac{n-1}{\chi^2_{1-\frac{\alpha}{2}}(n)_2}} S, \sqrt{\frac{n-1}{\chi^2_{1-\frac{\alpha}{2}}(n)_1}} S \right]$$

以 $1-\alpha$ 概率包含 σ.

例 6 设有一组来自正态总体 $N(\mu, \sigma^2)$ 的样本值:0.497,0.506,0.518,0.524,0.488,0.510,0.510,0.515,0.512.

(1) 已知 $\sigma^2 = 0.01^2$,求 μ 的 95% 置信区间;

(2) 未知 σ^2,求 μ 的 95% 置信区间;

(3) 求 σ^2 的 95% 置信区间.

解 (1) 样本容量 $n = 9$,已知 $\bar{x} = 0.5089$.查表得 $u_{0.975} = 1.959\,964 \approx 1.96$.计算

$$u_{1-\frac{\alpha}{2}} \cdot \frac{\sigma}{\sqrt{n}} = 1.96 \times \frac{0.01}{\sqrt{9}} = 0.0065.$$

于是得到 μ 的 95% 置信区间

$$[0.5089 - 0.0065, 0.5089 + 0.0065],$$

即 μ 的 95% 的置信区间为 $[0.5024, 0.5154]$.

(2) 已知 $n = 9$,$\bar{x} = 0.5089$,$S^2 = 0.1184 \times 10^{-3}$.查 t 分布的分位数表得 $t_{0.975}(9-1) = 2.306$.计算

$$t_{1-\frac{\alpha}{2}}(n-1) \cdot \frac{S}{\sqrt{n}} = 2.306 \times \sqrt{\frac{0.1184 \times 10^{-3}}{9}} = 0.0084.$$

于是得到 μ 的 95% 置信区间

$$[0.5089-0.0084,\ 0.5089+0.0084],$$

即 μ 的 95% 的置信区间为 $[0.5005,\ 0.5173]$.

(3) 查 χ^2 分布的分位数表得 $\chi^2_{0.025}(9-1)=2.180$，$\chi^2_{0.975}(9-1)=17.535$. 于是得到 σ^2 的 95% 置信区间

$$\left[\frac{8\times0.1184\times10^{-3}}{17.535},\ \frac{8\times0.1184\times10^{3}}{2.180}\right],$$

即 σ^2 的 95% 的置信区间为

$$[0.0540\times10^{-3},\ 0.4345\times10^{-3}].$$

(3) 双正态总体的均值差与方差比的区间估计

设 $\overline{X}_1$ 和 S_1^2 是总体 $N(\mu_1,\ \sigma_1^2)$ 的容量为 n_1 的样本均值和样本方差；$\overline{X}_2$ 和 S_2^2 是总体 $N(\mu_2,\ \sigma_2^2)$ 的容量为 n_2 的样本均值和样本方差，且设这两个样本相互独立.

① 当 σ_1^2、σ_2^2 都为已知时，均值差 $\mu_1-\mu_2$ 的 $1-\alpha$ 置信区间为

$$\left[\overline{X}_1-\overline{X}_2-\sqrt{\frac{\sigma_1^2}{n_1}+\frac{\sigma_2^2}{n_2}}\,u_{1-\frac{\alpha}{2}},\ \overline{X}_1-\overline{X}_2+\sqrt{\frac{\sigma_1^2}{n_1}+\frac{\sigma_2^2}{n_2}}\,u_{1-\frac{\alpha}{2}}\right].$$

② 当 σ_1^2、σ_2^2 都为未知时，只要 n_1、n_2 充分大，$\mu_1-\mu_2$ 的 $1-\alpha$ 置信区间近似为

$$\left[\overline{X}_1-\overline{X}_2-\sqrt{\frac{S_1^2}{n_1}+\frac{S_2^2}{n_2}}\,u_{1-\frac{\alpha}{2}},\ \overline{X}_1-\overline{X}_2+\sqrt{\frac{S_1^2}{n_1}+\frac{S_2^2}{n_2}}\,u_{1-\frac{\alpha}{2}}\right].$$

③ 当 $\sigma_1^2=\sigma_2^2=\sigma^2$，但 σ^2 为未知时，$\mu_1-\mu_2$ 的 $1-\alpha$ 置信区间为

$$\left[\overline{X}_1-\overline{X}_2-t_{1-\frac{\alpha}{2}}(n_1+n_2-2)S_\omega\sqrt{\frac{1}{n_1}+\frac{1}{n_2}},\ \overline{X}_1-\overline{X}_2+t_{1-\frac{\alpha}{2}}(n_1+n_2-2)S_\omega\sqrt{\frac{1}{n_1}+\frac{1}{n_2}}\right],$$

其中

$$S_\omega^2=\frac{(n_1-1)S_1^2+(n_2-1)S_2^2}{n_1+n_2-2}.$$

④ 当两个正态总体的参数均为未知时，方差比 σ_1^2/σ_2^2 的 $1-\alpha$ 置信区间为

$$\left[\frac{S_1^2}{S_2^2}\frac{1}{F_{1-\frac{\alpha}{2}}(n_1-1,\ n_2-1)},\ \frac{S_1^2}{S_2^2}F_{1-\frac{\alpha}{2}}(n_2-1,\ n_1-1)\right].$$

疑难分析

1. 有了点估计为什么还要引入区间估计？

点估计是利用样本值求得参数 θ 的一个近似值，对了解参数 θ 的大小有一定的参考

价值,但没有给出近似值的精确程度和可信程度,因此在使用中意义不大. 而区间估计是通过两个(或一个)统计量 θ_1、θ_2($\theta_1 \leqslant \theta_2$),构成随机区间 (θ_1, θ_2),使此区间包含未知参数 θ 的概率不小于事先设定的常数 α($0 < \alpha < 1$). $1 - \alpha$ 的值越大,则 (θ_1, θ_2) 包含 θ 真值的概率越大,即由样本值得到的区间 (θ_1, θ_2) 覆盖未知参数 θ 的可信程度越大,而 (θ_1, θ_2) 的长度越小,又反映估计 θ 的精确程度越高. 所以区间估计不仅是提供了 θ 的一个估计范围,还给出了估计范围的精确与可信程度,弥补了点估计的不足,有广泛的应用意义.

2. 怎样理解置信度 $1 - \alpha$ 的意义?

置信度 $1 - \alpha$ 有两种方式的理解.

对于一个置信区间 (θ_1, θ_2) 而言,$1 - \alpha$ 表示随机区间 (θ_1, θ_2) 中包含未知参数的概率不小于事先设定的数值 $1 - \alpha$.

对于区间估计而言,$1 - \alpha$ 表示在样本容量不变的情况下反复抽样得到的全部区间中,包含 θ 真值的区间不少于 $1 - \alpha$.

3. 怎样处理区间估计中精度与可靠性之间的矛盾?

区间估计量 (θ_1, θ_2) 的长度称为精度,$1 - \alpha$ 称为 (θ_1, θ_2) 的可靠程度. 长度越短,精确程度越高;$1 - \alpha$ 越大,可靠程度越大. 但在样本容量固定时,两者不能兼顾. 因此,奈曼指出的原则是,先照顾可靠程度,在满足可靠性 $P\{\theta_1 < \theta < \theta_2\} = 1 - \alpha$ 时,再提高精度. 否则,只有增加样本容量,才能解决.

例题与解答

7-1 设总体 X 服从几何分布,分布律为:

$$P\{X = x\} = (1 - p)^{x-1} p, \ x = 1, 2, \cdots,$$

其中 p 为未知参数,且 $0 \leqslant p \leqslant 1$. 设 $X_1, X_2, \cdots, X_n$ 为 X 的一个样本,求 p 的矩估计与极大似然估计.

分析 根据矩估计与极大似然估计方法直接进行估计.

解 (1) 因为 $E(X) = 1/p$,所以 p 的矩估计为 $\hat{p} = 1/\overline{X}$.

(2) 似然函数为:

$$L(x_1, x_2, \cdots, x_n; p) = \prod_{i=1}^{n} \left[p(1-p)^{x_i - 1} \right] = (1-p)^{\sum\limits_{i=1}^{n} x_i - n} p^n,$$

取对数

$$\ln L = \left(\sum_{i=1}^{n} x_i - n \right) \ln(1 - p) + n \ln p,$$

求导,令

$$\frac{\mathrm{d}\ln L}{\mathrm{d}p} = \frac{-\left(\sum\limits_{i=1}^{n} x_i - n\right)}{1-p} + \frac{n}{p} = 0,$$

解得，p 的极大似然估计为 $\hat{p} = 1/\overline{X}$.

7-2 设 $\hat{\theta}$ 是参数 θ 的无偏估计，且有 $D(\hat{\theta}) > 0$，试证明 $\hat{\theta}^2$ 不是 θ^2 的无偏估计.

分析 证明无偏性，可直接按定义：$E(\hat{\theta}) = \theta$ 进行证明.

证明 由 $D(\hat{\theta}) = E(\hat{\theta}^2) - (E\hat{\theta})^2$，及 $E(\hat{\theta}) = \theta$（由题意），而 $D(\hat{\theta}) > 0$，可以得出

$$E(\hat{\theta}^2) = D(\hat{\theta}) + (E\hat{\theta})^2 = \theta^2 + D(\hat{\theta}) \neq \theta^2,$$

因此，$\hat{\theta}^2$ 不是 θ^2 的无偏估计.

7-3 某厂生产的钢丝，其抗拉强度 $X \sim N(\mu, \sigma^2)$，其中 μ、σ^2 均未知，从中任取 9 根钢丝，测得其强度（单位：kg）为：

$$578, 582, 574, 568, 596, 572, 570, 584, 578.$$

求总体方差 σ^2、均方差 σ 的置信度为 0.99 的置信区间.

分析 由于参数 μ、σ^2 均未知，故取统计量 $\dfrac{(n-1)S^2}{\sigma^2} \sim \chi^2(n-1)$，从而得 σ^2、σ 置信度为 $1-\alpha$ 的置信区间分别为

$$\left(\frac{(n-1)S^2}{\chi^2_{\frac{\alpha}{2}}(n-1)}, \frac{(n-1)S^2}{\chi^2_{1-\frac{\alpha}{2}}(n-1)}\right), \left(\sqrt{\frac{(n-1)S^2}{\chi^2_{\frac{\alpha}{2}}(n-1)}}, \sqrt{\frac{(n-1)S^2}{\chi^2_{1-\frac{\alpha}{2}}(n-1)}}\right).$$

解 由题意，得 $\overline{x} = \dfrac{1}{9}\sum\limits_{i=1}^{9} x_i = 578$，$s^2 = \dfrac{1}{8}\sum\limits_{i=1}^{9}(x_i - \overline{x})^2 = \dfrac{1}{8} \times 592 = 74$，

$\alpha = 0.01$，$\chi^2_{\frac{\alpha}{2}}(n-1) = \chi^2_{0.005}(8) = 21.955$，$\chi^2_{1-\frac{\alpha}{2}}(n-1) = \chi^2_{0.995}(8) = 1.344$，

所以方差 σ^2 的置信度为 0.99 的置信区间为：$\left(\dfrac{592}{21.955}, \dfrac{592}{1.344}\right)$，即 $(26.96, 440.48)$.

均方差 σ 的置信度为 0.99 的置信区间为：$\left(\sqrt{\dfrac{592}{21.955}}, \sqrt{\dfrac{592}{1.344}}\right)$，即 $(5.19, 20.99)$.

7-4 设有两个正态总体 $X \sim N(\mu_1, \sigma_1^2)$，$Y \sim N(\mu_2, \sigma_2^2)$. 分别从 X 和 Y 抽取容量为 $n_1 = 25$ 和 $n_2 = 8$ 的两个样本，并求得 $S_1 = 8$，$S_2 = 7$. 试求两正态总体方差比 $\dfrac{\sigma_1^2}{\sigma_2^2}$ 的置信度为 0.98 的置信区间.

分析 由于 μ_1、μ_2 均未知，故取统计量

$$\frac{S_1^2/\sigma_1^2}{S_2^2/\sigma_2^2} \sim F(n_1 - 1, n_2 - 1),$$

$\dfrac{\sigma_1^2}{\sigma_2^2}$ 的置信度为 $1-\alpha$ 的置信区间为：

$$\left(\frac{S_1^2}{S_2^2 \cdot F_{1-\frac{\alpha}{2}}(n_1-1,\ n_2-1)},\ \frac{S_1^2}{S_2^2 \cdot F_{\frac{\alpha}{2}}(n_1-1,\ n_2-1)} \right).$$

解 由 $\alpha = 0.02$，查表得：

$$F_{0.01}(24,\ 7) = 6.07,\ F_{0.99}(24,\ 7) = \frac{1}{F_{0.01}(7,\ 24)} = 0.2857,$$

所以，$\dfrac{\sigma_1^2}{\sigma_2^2}$ 的置信度为 0.98 的置信区间为 (0.2152, 4.5714).

7-5 设 $X_1, X_2, \cdots, X_n$ 是来自正态分布总体 $N(\mu,\ \sigma^2)$ 的一个样本，适当选取 C，使得

$$C \sum_{i=1}^{n-1} (X_{i+1} - X_i)^2$$

为 σ^2 的无偏估计量.

分析 方法1 由于

$$\sigma^2 = E\left[C \sum_{i=1}^{n-1} (X_{i+1} - X_i)^2 \right] = C \sum_{i=1}^{n-1} E(X_{i+1}^2 - 2X_{i+1}X_i + X_i^2)$$

$$= C \sum_{i=1}^{n-1} \left[E(X_{i+1}^2) - 2E((X_{i+1})(X_i)) + E(X_i^2) \right]$$

$$= C \sum_{i=1}^{n-1} 2\left[E(X^2) - (E(X))^2 \right] = 2C(n-1)\sigma^2,$$

因此 $C = \dfrac{1}{2(n-1)}$.

方法2 令 $Y = X_{i+1} - X_i$，则 $Y \sim N(0,\ 2\sigma^2)$. 由

$$E\left(C \sum_{i=1}^{n-1} Y^2 \right) = C \sum_{i=1}^{n-1} E(Y^2) = C(n-1)(D(Y) + (E(Y))^2) = C(n-1)2\sigma^2 = \sigma^2,$$

因此 $C = \dfrac{1}{2(n-1)}$.

7-6 设总体 $X \sim E(\lambda)$，$X_1, X_2, \cdots, X_n$ 为 X 的一个样本，$x_1, x_2, \cdots, x_n$ 为其样本值，求：

(1) λ 矩估计量及最大似然估计量；

(2) 设 $g(\lambda) = \dfrac{1}{\lambda}$，证明 $\overline{X}$ 是 $g(\lambda)$ 无偏估计量.

分析 (1) 先求矩估计量. 由 $E(X) = \overline{X}$，有方程 $\dfrac{1}{\lambda} = \overline{X}$，因此

$$\hat{\lambda} = \frac{1}{\overline{X}}.$$

再求最大似然估计量. 由似然函数

$$L(\lambda) = \begin{cases} \lambda^n e^{-\lambda \sum\limits_{i=1}^{n} x_i}, & x_i > 0, \ i = 1, 2, \cdots, n, \\ 0, & \text{其他.} \end{cases}$$

可知, 当 $x_1, x_2, \cdots, x_n > 0$ 时,

$$\ln L(\lambda) = n\ln\lambda - \lambda \sum_{i=1}^{n} x_i.$$

令 $\dfrac{\mathrm{d}\ln L(\lambda)}{\mathrm{d}\lambda} = 0$, 即

$$\frac{n}{\lambda} - \sum_{i=1}^{n} x_i = 0,$$

因此, $\dfrac{1}{\lambda} = \overline{x}$, 即 λ 的最大似然估计量为 $\hat{\lambda} = \dfrac{1}{\overline{X}}$.

(2) 由于

$$E(\overline{X}) = E(X) = \frac{1}{\lambda},$$

因此, $\overline{X}$ 是 $g(\lambda) = \dfrac{1}{\lambda}$ 的无偏估计量.

7-7 设总体 X 的分布密度为

$$f(x) = \begin{cases} \dfrac{6x}{\theta^3}(\theta - x), & 0 < x < \theta, \\ 0, & \text{其他.} \end{cases}$$

$X_1, X_2, \cdots, X_n$ 为取自总体 X 的简单随机样本, 求:
(1) θ 的矩估计量 $\hat{\theta}$; (2) $D(\hat{\theta})$.

分析 (1) 由定义, 有

$$E(X) = \int_{-\infty}^{+\infty} x f(x)\mathrm{d}x = \int_0^\theta \frac{6x^2}{\theta^3}(\theta - x)\mathrm{d}x = \frac{\theta}{2}.$$

记

$$\overline{X} = \frac{1}{n} \sum_{i=1}^{n} X_i,$$

令 $\dfrac{\theta}{2} = \overline{X}$, 得 θ 的矩估计量为 $\hat{\theta} = 2\overline{X}$.

（2）由于

$$E(X^2) = \int_{-\infty}^{+\infty} x^2 f(x)\mathrm{d}x = \int_0^\theta \frac{6x^3}{\theta^3}(\theta - x)\mathrm{d}x = \frac{6\theta^2}{20},$$

$$D(X) = E(X^2) - [E(X)]^2 = \frac{6\theta^2}{20} - \left(\frac{\theta}{2}\right)^2 = \frac{\theta^2}{20},$$

所以 $\hat{\theta} = 2\overline{X}$ 的方差为

$$D(\hat{\theta}) = D(2X) = 4D(X) = \frac{4}{n}D(X) = \frac{\theta^2}{5n}.$$

7-8 设总体 X 的分布为

$$f(x) = \begin{cases} (\theta + 1)x^\theta, & 0 < x < 1, \\ 0, & \text{其他}. \end{cases}$$

其中 $\theta - 1$ 是未知参数，$X_1, X_2, \cdots, X_n$ 为来自总体 X 的一个容量为 n 的简单随机样本，分别用矩法和最大似然法估计 θ.

分析　（1）矩法. 因为

$$E(X) = \int_{-\infty}^{+\infty} xf(x)\mathrm{d}x = \int_0^1 (\theta + 1)x^{\theta+1}\mathrm{d}x = \frac{\theta + 1}{\theta + 2},$$

又因为

$$E(X) = \overline{X} = \frac{1}{n}\sum_{i=1}^n X_i,$$

有

$$\frac{\theta + 1}{\theta + 2} = \overline{X}, \text{解之} \hat{\theta} = \frac{2\overline{X} - 1}{1 - \overline{X}}.$$

（2）最大似然法. 设 $x_1, x_2, \cdots, x_n$ 是样本值，则由题意有

$$L(\theta) = \begin{cases} (\theta + 1)^n \left(\prod_{i=1}^n x_i\right)^\theta, & 0 < x_i < 1 \quad (i = 1, 2, \cdots, n), \\ 0, & \text{其他}. \end{cases}$$

当 $0 < x_i < 1, i = 1, 2, \cdots, n$ 时，$L(\theta) > 0$，

$$\ln L(\theta) = n\ln(\theta + 1) + \theta\sum_{i=1}^n \ln x_i,$$

$$\frac{\mathrm{d}\ln L(\theta)}{\mathrm{d}\theta} = \frac{n}{\theta + 1} + \sum_{i=1}^n \ln x_i.$$

令 $\frac{\mathrm{d}\ln L(\theta)}{\mathrm{d}\theta} = 0$ 便得到 θ 的最大似然估计量：

$$\hat{\theta} = -1 - \frac{n}{\sum_{i=1}^{n} \ln X_i} = -1 - \frac{1}{\frac{1}{n} \sum_{i=1}^{n} \ln X_i}.$$

7-9 设随机变量 $X \sim U(0, \theta)$，$\theta > 0$，求 θ 的最大似然估计值及矩估计量.

分析 （1）最大似然法. 设 x_1，x_2，$\cdots$，x_n 为来自总体 X 的一组样本值，由于 $X \sim U(0, \theta)$，有

$$f(x; \theta) = \begin{cases} \dfrac{1}{\theta}, & 0 \leqslant x \leqslant \theta, \\ 0, & \text{其他.} \end{cases}$$

于是

$$L(\theta) = \prod_{i=1}^{n} f(x_i; \theta) = \begin{cases} \dfrac{1}{\theta^n}, & 0 \leqslant x_i \leqslant \theta \quad (i = 1, 2, \cdots, n), \\ 0, & \text{其他.} \end{cases}$$

又因为 $\theta > 0$，所以 $L(\theta)$ 随着 θ 减小而增大. 但 $\theta \geqslant \max\limits_{1 \leqslant i \leqslant n} \{x_i\}$，故取

$$\hat{\theta} = \max_{1 \leqslant i \leqslant n} \{x_i\}$$

为 θ 的最大似然估计值.

（2）矩法. 由定义有

$$E(X) = \frac{\theta}{2}, \quad \overline{X} = \frac{1}{n} \sum_{i=1}^{n} X_i.$$

由方程 $\dfrac{\theta}{2} = \overline{X}$，故 $\hat{\theta} = 2\overline{X}$ 为 θ 的矩估计量.

7-10 设 n 个随机变量 X_1，X_2，$\cdots$，X_n 独立同分布，且

$$D(X_1) = \sigma^2, \quad \overline{X} = \frac{1}{n} \sum_{i=1}^{n} X_i, \quad S^2 = \frac{1}{n-1} \sum_{i=1}^{n} (X_i - \overline{X})^2,$$

则（ ）.

(A) S 是 σ 的无偏估计量   (B) S 是 σ 的最大似然估计量

(C) S 是 σ 的相合估计量   (D) S^2 与 $\overline{x}$ 相互独立

答案：C.

分析 这是一个判断型题目，一般来说不用进行任何计算. 我们知道，总体 X 无论是什么分布，只要 $E(X)$、$D(X)$ 存在，S^2 是 σ^2 的无偏估计量，即 $E(S^2) = \sigma^2$，而 S 不是 σ 的无偏估计量. 因此，(A) 是不成立的.

设 $X \sim N(\mu, \sigma^2)$，令

$$\widetilde{S}^2 = \frac{1}{n}\sum_{i=1}^{n}(X_i-\overline{X})^2, \quad \widetilde{S} = \sqrt{\frac{1}{n}\sum_{i=1}^{n}(X_i-\overline{X})^2}.$$

可见 $\widetilde{S}^2$ 是 σ^2 的最大似然估计量，$\widetilde{S}$ 也是 σ 的最大似然估计量，但 S^2 和 S 不是，而本题又要求对任意总体. 因此，(B) 是不成立的.

对于任何总体，只要 $E(X)$、$D(X)$ 存在，一切样本矩和样本矩的连续函数都是相应总体数的相合估计量. 因此，S^2 和 S 分别是 σ^2 和 σ 的相合估计量. 本题应选择 (C).

由于只有正态总体 S^2 与 $\overline{x}$ 才相互独立，但题目中是任意总体，因此，S 与 $\overline{x}$ 相互独立不成立.

7-11 为了解灯泡使用时数的均值 μ 及标准差 σ，测量 10 个灯泡，得 $\overline{x}=1500$ h，$s=20$ h. 如果已知灯泡的使用时数服从正态分布，求 μ 和 σ 的 95% 的置信区间.

分析 (1) 这是一个未知方差求 μ 的置信度为 0.95 的置信区间的问题. 由已知 $\overline{x}=1500$，$s=20$，$n=10$. 从 t 分布的分位数表查得 $t_{1-\frac{\alpha}{2}}(n-1)=t_{0.975}(9)=2.262$. 因此，$\mu$ 的 95% 置信区间为

$$\left[\overline{x}-t_{1-\frac{\alpha}{2}}(n-1)\sqrt{\frac{S^2}{n}}, \ \overline{x}+t_{1-\frac{\alpha}{2}}(n-1)\sqrt{\frac{S^2}{n}}\right]$$
$$=\left[1500-2.262\times\frac{20}{\sqrt{10}}, \ 1500+2.262\times\frac{20}{\sqrt{10}}\right]$$
$$=[1500-14.31, \ 1500+14.3]$$
$$=[1485.69, \ 1514.31].$$

(2) 这是一个求 σ 的置信度为 0.95 的置信区间的问题. 从 χ^2 分布的分位数表查得

$$\chi^2_{\frac{\alpha}{2}}(n-1)=\chi^2_{0.025}(9)=2.700, \ \chi^2_{1-\frac{\alpha}{2}}(n-1)=\chi^2_{0.975}(9)=19.023.$$

所以，σ^2 的 95% 的置信区间为

$$\left[\frac{(n-1)s^2}{\chi^2_{1-\frac{\alpha}{2}}(n-1)}, \ \frac{(n-1)s^2}{\chi^2_{\frac{\alpha}{2}}(n-1)}\right]=\left[\frac{9\times20^2}{19.023}, \ \frac{9\times20^2}{2.700}\right]=[189.24, \ 1333.33].$$

开方后得到 σ 的 95% 的置信区间为

$$[\sqrt{189.24}, \ \sqrt{1333.33}]=[13.8, \ 36.5].$$

四、练习题与答案

(一) 练习题

1. 设总体 X 的密度函数为

$$f(x)=\begin{cases}\frac{1}{\theta}e^{-(x-\mu)/\theta}, & x\geqslant\mu,\\ 0, & \text{其他.}\end{cases}$$

其中 $\theta > 0$，θ、μ 为未知参数，X_1，X_2，$\cdots$，X_n 为取自 X 的样本. 试求 θ、μ 的极大似然估计量.

2. 从一批钉子中随机抽取 16 枚，测得其长度（单位：cm）为

$$2.14, 2.10, 2.13, 2.15, 2.13, 2.12, 2.13, 2.10$$
$$2.15, 2.12, 2.14, 2.10, 2.13, 2.11, 2.14, 2.11$$

假设钉子的长度 X 服从正态分布 $N(\mu, \sigma^2)$，在下列两种情况下分别求总体均值 μ 的置信度为 90% 的置信区间.

(1) 已知 $\sigma = 0.01$；

(2) σ 未知.

3. 为了解灯泡使用时数的均值 μ 及标准差 σ，测量 10 个灯泡，得 $\bar{x} = 1500$ 小时，$s = 20$ 小时. 如果已知灯泡的使用时数服从正态分布，求 μ 和 σ 的 95% 的置信区间.

（二）答案

1. $\hat{\theta}_{最大} = \dfrac{1}{n}\sum\limits_{i=1}^{n} X_i - \max(X_1, \cdots, X_n)$，$\hat{\mu}_{最大} = \min(X_1, \cdots, X_n)$ **2.** (1) $[2.121,$

$2.129]$；(2) $[2.117, 2.133]$ **3.** $[1485.69, 1514.31]$，$[13.8, 36.5]$

五、历年考研真题解析

1. (2003) 已知一批零件的长度 X（单位：cm）服从正态分布 $N(\mu, 1)$，从中随机地抽取 16 个零件，得到长度的平均值为 40 cm，则 μ 的置信度为 0.95 的置信区间是 _____.（注：标准正态分布函数值 $\Phi(1.96) = 0.975$，$\Phi(1.645) = 0.95$）

分析 已知方差 $\sigma^2 = 1$，对正态总体的数学期望 μ 进行估计，由题设，$1 - \alpha = 0.95$，可见 $\alpha = 0.05$. $u_{1-\frac{\alpha}{2}} = 1.96$. 本题 $n = 16$，$\bar{x} = 40$，因此，根据 $P\left\{\left|\dfrac{\overline{X} - \mu}{1/\sqrt{n}}\right| < 1.96\right\} = 0.95$，

有 $P\left\{\left|\dfrac{40 - \mu}{1/\sqrt{16}}\right| < 1.96\right\} = 0.95$，故 μ 的置信度为 0.95 的置信区间是 $(39.51, 40.49)$.

2. (2005) 设一批零件的长度服从正态分布 $N(\mu, \sigma^2)$，其中 μ、σ^2 均未知. 现从中随机抽取 16 个零件，测得样本均值 $\bar{x} = 20$（cm），样本标准差 $s = 1$（cm），则 μ 的置信度为 0.90 的置信区间是( ).

(A) $\left(20 - \dfrac{1}{4}t_{0.95}(16), 20 + \dfrac{1}{4}t_{0.95}(16)\right)$ (B) $\left(20 - \dfrac{1}{4}t_{0.9}(16), 20 + \dfrac{1}{4}t_{0.9}(16)\right)$

(C) $\left(20 - \dfrac{1}{4}t_{0.95}(15), 20 + \dfrac{1}{4}t_{0.95}(15)\right)$ (D) $\left(20 - \dfrac{1}{4}t_{0.9}(15), 20 + \dfrac{1}{4}t_{0.9}(15)\right)$

分析 总体方差未知，求期望的区间估计，用统计量：$\dfrac{\overline{X} - \mu}{S/\sqrt{n}} \sim t(n-1)$. 故 μ 的置信

度为 0.90 的置信区间是 $\left(\overline{X}-\dfrac{1}{\sqrt{n}}t_{1-\frac{a}{2}}(n-1),\ \overline{X}+\dfrac{1}{\sqrt{n}}t_{1-\frac{a}{2}}(n-1)\right)$，即 $\Big(20-$

$\dfrac{1}{4}t_{0.95}(15),\ 20+\dfrac{1}{4}t_{0.95}(15)\Big)$. 故应选(C).

3. (2009)设 X_1，X_2，$\cdots$，X_m 为来自二项分布总体 $B(n,\ p)$ 的简单随机样本，$\overline{X}$ 和 S^2 分别为样本均值和样本方差. 若 $\overline{X}+kS^2$ 为 np^2 的无偏估计量，则 $k=$ _____.

分析 由于 $\overline{X}+kS^2$ 为 np^2 的无偏估计，则 $E(\overline{X}+kX^2)=np^2$，即 $np+knp(1-p)$ $=np^2$，即 $1+k(1-p)=p$，从而 $k(1-p)=p-1$，所以 $k=-1$.

4. (2003)设总体 X 的概率密度为 $f(x)=\begin{cases}2\mathrm{e}^{-2(x-\theta)},\ x>\theta,\\0,\qquad\quad x\leqslant\theta,\end{cases}$ 其中 $\theta>0$ 是未知参数，从总体 X 中抽取简单随机样本 X_1，X_2，$\cdots$，X_n，记 $\hat{\theta}=\min(X_1,\ X_2,\ \cdots,\ X_n)$.

(1) 求总体 X 的分布函数 $F(x)$；

(2) 求统计量 $\hat{\theta}$ 的分布函数 $F_{\hat{\theta}}(x)$；

(3) 如果用 $\hat{\theta}$ 作为 θ 的估计量，讨论它是否具有无偏性.

分析 (1) $F(x)=\displaystyle\int_{-\infty}^{x}f(t)\mathrm{d}t=\begin{cases}1-\mathrm{e}^{-2(x-\theta)},\ x>\theta,\\0,\qquad\qquad\ x\leqslant\theta.\end{cases}$

(2) $\begin{aligned}F_{\hat{\theta}}(x)&=P\{\hat{\theta}\leqslant x\}=P\{\min(X_1,\ X_2,\ \cdots,\ X_n)\leqslant x\}\\&=1-P\{\min(X_1,\ X_2,\ \cdots,\ X_n)>x\}\\&=1-P\{X_1>x,\ X_2>x,\ \cdots,\ X_n>x\}\\&=1-[1-F(x)]^n\\&=\begin{cases}1-\mathrm{e}^{-2n(x-\theta)},\ x>\theta,\\0,\qquad\qquad\ x\leqslant\theta.\end{cases}\end{aligned}$

(3) $\hat{\theta}$ 概率密度为

$$f_{\hat{\theta}}(x)=\frac{\mathrm{d}F_{\hat{\theta}}(x)}{\mathrm{d}x}=\begin{cases}2n\mathrm{e}^{-2n(x-\theta)},\ x>\theta,\\0,\qquad\qquad\ x\leqslant\theta.\end{cases}$$

因为 $E\hat{\theta}=\displaystyle\int_{-\infty}^{+\infty}xf_{\hat{\theta}}(x)\mathrm{d}x=\int_{\theta}^{+\infty}2nx\mathrm{e}^{-2n(x-\theta)}\mathrm{d}x=\theta+\dfrac{1}{2n}\neq\theta$，

所以 $\hat{\theta}$ 作为 θ 的估计量不具有无偏性.

5. (2006)设总体 X 的概率密度为

$$f(x;\theta)=\begin{cases}\theta,\qquad 0<x<1,\\1-\theta,\ 1\leqslant x<2,\\0,\qquad\ 其他,\end{cases}$$

其中 θ 是未知参数 $(0<\theta<1)$，X_1，X_2，$\cdots$，X_n 为来自总体 X 的简单随机样本，记 N 为样本值 x_1，x_2，$\cdots$，x_n 中小于 1 的个数.

(1) 求 θ 的矩估计；

(2) 求 θ 的最大似然估计.

分析 利用矩估计法和最大似然估计法计算.

(1) 因为 $EX = \int_{-\infty}^{+\infty} xf(x;\theta)\mathrm{d}x = \int_0^1 x\theta\mathrm{d}x + \int_1^2 x(1-\theta)\mathrm{d}x = \frac{3}{2} - \theta$,

令 $\frac{3}{2} - \theta = \overline{X}$,可得 θ 的矩估计为 $\hat{\theta} = \frac{3}{2} - \overline{X}$.

(2) 记似然函数为 $L(\theta)$,则当 $0 < x_i < 2$, $i = 1, 2, \cdots, n$, 有

$$L(\theta) = \underbrace{\theta \cdot \theta \cdot \cdots \cdot \theta}_{N\text{个}} \underbrace{(1-\theta) \cdot (1-\theta) \cdot \cdots \cdot (1-\theta)}_{(n-N)\text{个}} = \theta^N (1-\theta)^{n-N}.$$

两边取对数得

$$\ln L(\theta) = N\ln\theta + (n-N)\ln(1-\theta),$$

令 $\dfrac{\mathrm{d}\ln L(\theta)}{\mathrm{d}\theta} = \dfrac{N}{\theta} - \dfrac{n-N}{1-\theta} = 0$,解得 $\hat{\theta} = \dfrac{N}{n}$ 为 θ 的最大似然估计.

6. (2007)设总体 X 的概率密度为

$$f(x;\theta) = \begin{cases} \dfrac{1}{2\theta}, & 0 < x < \theta, \\[2mm] \dfrac{1}{2(1-\theta)}, & \theta \leqslant x < 1, \\[2mm] 0, & \text{其他,} \end{cases}$$

其中参数 $\theta(0 < \theta < 1)$ 未知,$X_1, X_2, \cdots, X_n$ 是来自总体 X 的简单随机样本,$\overline{X}$ 是样本均值.

(1) 求参数 θ 的矩估计量 $\hat{\theta}$；

(2) 判断 $4\overline{X}^2$ 是否为 θ^2 的无偏估计量,并说明理由.

分析

(1) 记 $EX = \mu$, 则

$$\mu = EX = \int_0^\theta \frac{x}{2\theta}\mathrm{d}x + \int_\theta^1 \frac{x}{2(1-\theta)}\mathrm{d}x = \frac{1}{4} + \frac{1}{2}\theta,$$

解出 $\theta = 2\mu - \dfrac{1}{2}$,因此参数 θ 的矩估计量为 $\hat{\theta} = 2\overline{X} - \dfrac{1}{2}$.

(2) 只须验证 $E(4\overline{X}^2)$ 是否为 θ^2 即可,而

$$E(4\overline{X}^2) = 4E(\overline{X}^2) = 4(D\overline{X} + (E\overline{X})^2) = 4\left(\frac{1}{n}DX + (EX)^2\right),$$

$$EX = \frac{1}{4} + \frac{1}{2}\theta, \ EX^2 = \frac{1}{6}(1 + \theta + 2\theta^2),$$

$$DX = EX^2 - (EX)^2 = \frac{5}{48} - \frac{\theta}{12} + \frac{1}{12}\theta^2,$$

于是 $E(4\overline{X}^2)=\dfrac{5+3n}{12n}+\dfrac{3n-1}{3n}\theta+\dfrac{3n+1}{3n}\theta^2\neq\theta^2$.

因此 $4\overline{X}^2$ 不是为 θ^2 的无偏估计量.

7. (2008) 设 $X_1,X_2,\cdots,X_n$ 是来自总体 $N(\mu,\sigma^2)$ 的简单随机样本,记 $\overline{X}=\dfrac{1}{n}\sum\limits_{i=1}^{n}X_i$, $S^2=\dfrac{1}{n-1}\sum\limits_{i=1}^{n}(X_i-\overline{X})^2$, $T=\overline{X}^2-\dfrac{1}{n}S^2$.

(1) 证明 T 是 μ^2 的无偏估计量;

(2) 当 $\mu=0$, $\sigma=1$ 时,求 $D(T)$.

分析 1　(1) 首先 T 是统计量. 其次

$$E(T)=E(\overline{X}^2)-\frac{1}{n}E(S^2)=D(\overline{X}^2)+(E\overline{X})^2-\frac{1}{n}E(S^2)=\frac{1}{n}\sigma^2+\mu^2-\frac{1}{n}\sigma^2=\mu^2$$

对一切 μ、σ 成立. 因此 T 是 μ^2 的无偏估计量.

分析 2　(1) 首先 T 是统计量. 其次

$$T=\frac{n}{n-1}\overline{X}^2-\frac{1}{n(n-1)}\sum_{i=1}^{n}X_i^2=\frac{2}{n(n-1)}\sum_{j\neq k}X_jX_k,$$

所以,$ET=\dfrac{2}{n(n-1)}\sum\limits_{j\neq k}^{n}E(X_j)E(X_k)=\mu^2$,

对一切 μ、σ 成立. 因此 T 是 $\hat\mu^2$ 的无偏估计量.

(2) 根据题意,有 $\sqrt{n}\overline{X}\sim N(0,1)$, $n\overline{X}^2\sim\chi^2(1)$, $(n-1)S^2\sim\chi^2(n-1)$.

于是 $D(n\overline{X}^2)=2$, $D((n-1)S^2)=2(n-1)$.

所以 $D(T)=D\left(\overline{X}^2-\dfrac{1}{n}S^2\right)$

$$=\frac{1}{n^2}D(n\overline{X}^2)+\frac{1}{n^2}\frac{1}{(n-1)^2}D((n-1)S^2)=\frac{2}{n(n-1)}.$$

8. (2009) 设总体 X 的概率密度为

$$f(x;\lambda)=\begin{cases}\lambda^2 x\mathrm{e}^{-\lambda x}, & x>0,\\ 0, & \text{其他},\end{cases}$$

其中参数 $\lambda(\lambda>0)$ 未知,$X_1,X_2,\cdots,X_n$ 是来自总体 X 的简单随机样本.

(1) 求参数 λ 的矩估计量;

(2) 求参数 λ 的最大似然估计量.

分析　(1) 由 $EX=\overline{X}$,而 $EX=\displaystyle\int_0^{+\infty}\lambda^2 x^2\mathrm{e}^{-\lambda x}\mathrm{d}x=\dfrac{2}{\lambda}=\overline{X}$,则 $\hat\lambda=\dfrac{2}{\overline{X}}$ 为总体 X 的矩估计量.

(2) 构造似然函数

$$L(x_1, \cdots, x_n; \lambda) = \prod_{i=1}^{n} f(x_i; \lambda) = \lambda^{2n} \cdot \prod_{i=1}^{n} x_i \cdot \mathrm{e}^{-\lambda \sum\limits_{i=1}^{n} x_i}.$$

取对数 $\ln L = 2n\ln \lambda + \sum\limits_{i=1}^{n} \ln x_i - \lambda \sum\limits_{i=1}^{n} x_i$.

令 $\dfrac{\mathrm{d}\ln L}{\mathrm{d}\lambda} = 0$,则 $\dfrac{2n}{\lambda} - \sum\limits_{i=1}^{n} x_i = 0$,解得 $\lambda = \dfrac{2n}{\sum\limits_{i=1}^{n} x_i} = \dfrac{2}{\dfrac{1}{n}\sum\limits_{i=1}^{n} x_i} = \dfrac{2}{\bar{x}}$.

故其最大似然估计量为 $\hat{\lambda} = \dfrac{2}{\overline{X}}$.

9. (2010)设总体 X 的概率分布为

X	1	2	3
p	$1-\theta$	$\theta - \theta^2$	θ^2

其中参数 $\theta \in (0, 1)$ 未知,以 N_i 表示来自总体 X 的简单随机样本(样本容量为 n)中等于 i 的个数($i = 1, 2, 3$).试求常数 a_1、a_2、a_3,使 $T = \sum\limits_{i=1}^{3} a_i N_i$ 为 θ 的无偏估计量,并求 T 的方差.

　　分析　由题意有:$N_1 \sim B(n, 1-\theta)$,$N_2 \sim B(n, \theta - \theta^2)$,$N_3 \sim B(n, \theta^2)$,则

$$E(T) = E\Big(\sum_{i=1}^{3} a_i N_i\Big) = \sum_{i=1}^{3} a_i E(N_i) = a_1 n(1-\theta) + a_2 n(\theta - \theta^2) + a_3 n(\theta^2)$$

$$= na_1 + n(a_2 - a_1)\theta + n(a_3 - a_2)\theta^2.$$

因为 T 为 θ 的无偏估计量,有 $E(T) = \theta$,所以

$$\begin{cases} na_1 = 0, \\ n(a_2 - a_1) = 1, \\ n(a_3 - a_2) = 0, \end{cases}$$

从而有 $a_1 = 0$,$a_2 = 1/n$,$a_3 = 1/n$.

故 $T = \sum\limits_{i=1}^{3} a_i N_i = 0 \times N_1 + \dfrac{1}{n} \times N_2 + \dfrac{1}{n} \times N_3 = \dfrac{1}{n}(n - N_1)$;

$$D(T) = D\Big(\dfrac{1}{n}(n - N_1)\Big) = \dfrac{1}{n^2} D(n - N_1) = \dfrac{1}{n^2} D(N_1) = \dfrac{1}{n^2} n(1-\theta)\theta = \dfrac{1}{n}(1-\theta)\theta.$$

10. (2011)设 $X_1, X_2, \cdots, X_n$ 为来自正态总体 $N(\mu_0, \sigma^2)$ 的简单随机样本,其中 μ_0 已知,$\sigma^2 > 0$ 未知,$\overline{X}$ 和 S^2 分别表示样本均值和样本方差.

(1) 求参数 σ^2 的最大似然估计 $\hat{\sigma}^2$; 　(2) 计算 $E(\hat{\sigma}^2)$ 和 $D(\hat{\sigma}^2)$.

　　分析　(1) μ_0 已知时,似然函数为

$$L(\sigma^2 ; x_1 , x_2 , \cdots , x_n) = (2\pi\sigma^2)^{-\frac{n}{2}} \cdot \exp\left\{-\frac{1}{2\sigma^2}\sum_{i=1}^{n}(x_i-\mu_0)^2\right\}.$$

两边同时取对数有 $\ln L(\sigma^2 ; x_1 , x_2 , \cdots , x_n) = -\dfrac{n}{2}\ln(2\pi\sigma^2) - \dfrac{1}{2\sigma^2}\sum_{i=1}^{n}(x_i-\mu_0)^2.$

令 $\dfrac{\mathrm{d}\ln L(\sigma^2 ; x_1 , x_2 , \cdots , x_n)}{\mathrm{d}\sigma^2} = -\dfrac{n}{2}\dfrac{1}{\sigma^2} + \dfrac{1}{2\sigma^4}\sum_{i=1}^{n}(x_i-\mu_0)^2 = 0.$

解得 σ^2 的最大似然估计为：$\hat{\sigma}^2 = \dfrac{1}{n}\sum_{i=1}^{n}(X_i-\mu_0)^2.$

(2) $E\hat{\sigma}^2 = E\left(\dfrac{1}{n}\sum_{i=1}^{n}(X_i-\mu_0)^2\right) = \dfrac{1}{n}\left(\sum_{i=1}^{n}E(X_i-EX_i)^2\right) = \dfrac{1}{n}\sum_{i=1}^{n}DX_i = \sigma^2.$

因为 $\dfrac{1}{\sigma^2}\sum_{i=1}^{n}(X_i-\mu_0)^2 \sim \chi^2(n)$，所以 $D\left(\dfrac{1}{\sigma^2}\sum_{i=1}^{n}(X_i-\mu_0)^2\right) = 2n,$

故 $D(\hat{\sigma}^2) = D\left(\dfrac{1}{n}\sum_{i=1}^{n}(X_i-\mu_0)^2\right) = \dfrac{\sigma^4}{n^2}D\left(\dfrac{1}{\sigma^2}\sum_{i=1}^{n}(X_i-\mu_0)^2\right) = \dfrac{\sigma^4}{n^2}2n = \dfrac{2\sigma^4}{n}.$

第 8 章 假设检验

一、学习要求

1. 理解显著性检验的基本思想,掌握假设检验的基本步骤,了解假设检验可能产生的两类错误.

2. 了解单个及两个正态总体的均值和方差的假设检验.

3. 了解总体分布假设的 χ^2 检验法.

二、概念网络图

$$\text{假设检验的基本概念}\begin{cases}\text{基本思想}\\\text{基本步骤}\\\text{两类错误}\end{cases}\longrightarrow\text{单正态总体的假设检验}$$

三、重要概念、定理结合范例分析

1. 假设检验的基本思想、基本步骤和可能产生的两类错误

(1) 基本思想

假设检验的统计思想是:概率很小的事件在一次试验中可以认为基本上是不会发生的,即**小概率原理**.

为了检验一个假设 H_0 是否成立,我们先假定 H_0 是成立的. 如果根据这个假定导致了一个不合理的事件发生,那就表明原来的假定 H_0 是不正确的,我们**拒绝接受** H_0;如果由此没有导出不合理的现象,则不能拒绝接受 H_0,我们称 H_0 是**相容**的.

这里所说的小概率事件就是事件 $\{K\in R_\alpha\}$,其概率就是**检验水平** α,通常我们取 $\alpha=0.05$,有时也取 0.01 或 0.10.

(2) 假设检验的基本步骤

假设检验的基本步骤如下:

(Ⅰ) 提出零假设 H_0.

(Ⅱ) 选择统计量 K.

(Ⅲ) 对于检验水平 α 查表找分位数 λ.

(Ⅳ) 由样本值 $x_1,x_2,\cdots,x_n$ 计算统计量之值 $\hat{K}$.

(Ⅴ) 将 $\hat{K}$ 与 λ 进行比较,作出判断:当 $|\hat{K}|>\lambda$(或 $\hat{K}>\lambda$)时否定 H_0,否则认为 H_0 相容.

(3) 假设检验的两类错误

假设检验的依据是人们根据经验而普遍接受的一条原则:小概率事件在一次试验中很难发生. 但是很难发生不等于决不发生. 因而,假设检验所作出的结论有可能是错误的. 假设检验的错误可以分成两类:

(Ⅰ) 当 H_0 为真时,而样本值却落入了 V(**否定域**),按照我们规定的检验法则,应当否定 H_0. 这时,我们把客观上 H_0 成立判为 H_0 不成立(即否定了真实的假设),称这种错误为"**以真当假**"的错误或第一类错误,记 $\tilde{\alpha}$ 为犯此类错误的概率,即

$$P\{否定\ H_0\mid H_0\ 为真\} = \widetilde{\alpha}.$$

（Ⅱ）当 H_1 为真时，而样本值却落入了 $\overline{V}$（**相容域**），按照我们规定的检验法则，应当接受 H_0. 这时，我们把客观上 H_0 不成立判为 H_0 成立（即接受了不真实的假设），称这种错误为"**以假当真**"的错误或第二类错误，记 $\widetilde{\beta}$ 为犯此类错误的概率，即

$$P\{接受\ H_0\mid H_1\ 为真\} = \widetilde{\beta}.$$

人们当然希望犯两类错误的概率同时都很小 但是，当容量 n 一定时，$\widetilde{\alpha}$ 变小，则 $\widetilde{\beta}$ 变大；相反地，$\widetilde{\beta}$ 变小，则 $\widetilde{\alpha}$ 变大. 取定 α 要想使 $\widetilde{\beta}$ 变小，则必须增加样本容量.

在实际使用时，通常人们只能控制犯第一类错误的概率，即给定显著性水平 α. α 大小的选取应根据实际情况而定. 当我们宁可"以假为真"、而不愿"以真当假"时，则应把 α 取得很小，如 0.01，甚至 0.001. 反之，则应把 α 取得大些.

2. 单正态总体的均值和方差的假设检验

设 $X_1, X_2, \cdots, X_n$ 为总体 $X \sim N(\mu, \sigma^2)$ 的一个样本，在检验水平为 α 下，我们来检验它的均值 μ、方差 σ^2 是否与某个指定的取值有关. 可分为下面我们通过表 8-1 给出单正态总体均值和方差的假设检验.

$$单正态总体假设检验\begin{cases}均值的假设检验\begin{cases}已知方差\\未知方差\end{cases}\\方差的假设检验\end{cases}$$

表 8-1　单正态总体均值和方差的假设检验

条件	零假设	统计量	对应样本函数分布	否定域
已知 σ^2	$H_0: \mu = \mu_0$	$U = \dfrac{\overline{X} - \mu_0}{\sigma_0/\sqrt{n}}$	$N(0, 1)$	$\|u\| > u_{1-\frac{\alpha}{2}}$
	$H_0: \mu \leqslant \mu_0$			$u > u_{1-\alpha}$
	$H_0: \mu \geqslant \mu_0$			$u < -u_{1-\alpha}$
未知 σ^2	$H_0: \mu = \mu_0$	$T = \dfrac{\overline{X} - \mu_0}{S/\sqrt{n}}$	$t(n-1)$	$\|t\| > t_{1-\frac{\alpha}{2}}(n-1)$
	$H_0: \mu \leqslant \mu_0$			$t > t_{1-\alpha}(n-1)$
	$H_0: \mu \geqslant \mu_0$			$t < -t_{1-\alpha}(n-1)$
未知 μ	$H_0: \sigma^2 = \sigma_0^2$	$W = \dfrac{(n-1)S^2}{\sigma_0^2}$	$\chi^2(n-1)$	$w < \chi_{\frac{\alpha}{2}}^2(n-1)$ 或 $w < \chi_{1-\frac{\alpha}{2}}^2(n-1)$
	$H_0: \sigma^2 \leqslant \sigma_0^2$			$w > \chi_{1-\alpha}^2(n-1)$
	$H_0: \sigma^2 \geqslant \sigma_0^2$			$w > \chi_{\alpha}^2(n-1)$

3. 双正态总体的均值和方差的假设检验

设 $X_1, X_2, \cdots, X_{n_1}$ 为总体 $N(\mu_1, \sigma_1^2)$ 的一个样本，$Y_1, Y_2, \cdots, Y_{n_2}$ 为总体 $N(\mu_2, \sigma_2^2)$

的一个样本,且两者相互独立,它们的均值分别为 $\overline{X}$、$\overline{Y}$;方差分别为 S_1^2、S_2^2,则关于总体均值和方差的假设检验如表 8-2 所示.

表 8-2 双正态总体均值和方差的假设检验

条件	零假设	统计量	对应样本函数分布	否定域
已知 σ_1^2、σ_2^2	$H_0:\mu_1 = \mu_2$	$U = \dfrac{\overline{X} - \overline{Y}}{\sqrt{\dfrac{\sigma_1^2}{n_1} + \dfrac{\sigma_2^2}{n_2}}}$	$N(0, 1)$	$\|u\| > u_{1-\frac{\alpha}{2}}$
	$H_0:\mu_1 \leqslant \mu_2$			$u > u_{1-\alpha}$
$\sigma_1^2 = \sigma_2^2$,但其值未知	$H_0:\mu_1 = \mu_2$	$T = \dfrac{\overline{X} - \overline{Y}}{S_\omega\sqrt{\dfrac{1}{n_1} + \dfrac{1}{n_2}}}$ 其中 $S_\omega^2 = \dfrac{(n_1-1)S_1^2 + (n_2-1)S_2^2}{n_1 + n_2 - 2}$	$t(n_1 + n_2 - 2)$	$\|t\| > t_{1-\frac{\alpha}{2}}(n_1 + n_2 - 2)$
	$H_0:\mu_1 \leqslant \mu_2$			$t > t_{1-\alpha}(n_1 + n_2 - 2)$
未知 μ_1、μ_2	$H_0:\sigma_1^2 = \sigma_2^2$	$F = \dfrac{S_1^2}{S_2^2}$	$F(n_1-1, n_2-1)$	$f < \dfrac{1}{F_{1-\frac{\alpha}{2}}(n_2-1, n_1-1)}$ 或 $f > F_{1-\frac{\alpha}{2}}(n_1-1, n_2-1)$
	$H_0:\sigma_1^2 \leqslant \sigma_2^2$			$f > F_{1-\alpha}(n_1-1, n_2-1)$

例 1 用一仪器间接测量温度 5 次,温度(℃)值为:1250,1265,1245,1260,1275. 而用另一种精密仪器测得该温度为 1277℃(可看作真值),问用此仪器测温度有无系统偏差(测量的温度服从正态分布)?

解 (Ⅰ)提出零假设 $H_0:\mu = 1277$.

(Ⅱ)选择统计量

$$T = \frac{\overline{X} - 1277}{S/\sqrt{n}}.$$

(Ⅲ)由检验水平 $\alpha = 0.05$,查 t 分布的分位数表得 $t_{0.0975}(4) = 2.776$. 否定域为 $(-\infty, -2.776)$ 或 $(2.776, +\infty)$.

(Ⅳ)由给定的样本值,计算得到

$$\overline{x} = 1259, \quad s^2 = \frac{570}{4},$$

于是

$$|\hat{T}| = \left| \frac{1259 - 1277}{\sqrt{570/(4 \times 5)}} \right| = 3.37.$$

（Ⅴ）由于 $|T|>2.776$，从而否定 H_0，认为 $\mu\neq1277$，即该仪器测温度有系统误差.

例 2 用老的铸造法铸造的零件的强度平均值是 0.528 N/mm²，标准差是 0.016 N/mm². 为了降低成本，改变了铸造方法，抽取了 9 个样品，测其强度（N/mm²）为：

$0.519,0.530,0.527,0.541,0.532,0.523,0.525,0.511,0.541.$

假设强度服从正态分布，试判断是否没有改变强度的均值和标准差.

解 先判断"$\sigma^2=0.016^2$"是否成立，然后再判断"$\mu=0.528$"是否成立.

(1) 首先对方差进行检验

（Ⅰ）提出零假设 $H_0:\sigma^2=0.016^2$.

（Ⅱ）选择统计量

$$W=\frac{8S^2}{0.016^2}.$$

（Ⅲ）由检验水平 $\alpha=0.05$，查表得 $\chi^2_{0.025}(8)=2.18$，$\chi^2_{0.975}(8)=17.54$，否定域为 $(0,2.18)$ 或 $(17.54,+\infty)$.

（Ⅳ）由样本值，计算得到

$$8S^2=0.0076201,\quad \hat{W}=\frac{0.00076201}{0.016}\approx2.97.$$

（Ⅴ）由于 $\hat{W}$ 未落入否定域，故接受 H_0，即认为 $\sigma^2=0.016^2$.

(2) 由上面的判断，可以认为已知 $\sigma^2=0.016^2$.

（Ⅰ）提出零假设 $H_0:\mu=0.528$.

（Ⅱ）选择统计量

$$U=\frac{\overline{X}-0.528}{0.016/\sqrt{9}}.$$

（Ⅲ）由检验水平 $\alpha=0.05$，查表得 $u_{0.975}=1.96$，否定域为 $(-\infty,-1.96)$ 或 $(1.96,+\infty)$.

（Ⅳ）由样本值，计算得到

$$\overline{X}=0.5277,\quad \hat{U}\approx-0.06.$$

（Ⅴ）由于 $|\hat{U}|=0.06<1.96$，未落入否定域，故也接受 H_0，即认为 $\mu=0.528$.

综上所述，可以认为改变铸造方法后，零件强度的均值和标准差没有显著变化.

注意，如果在（Ⅰ）中的结论是认为 $\sigma^2\neq0.016^2$，则在（Ⅱ）中 σ^2 是未知的. 从而，应选择统计量 $T=\dfrac{\overline{X}-\mu_0}{S/\sqrt{n}}$，利用 t 分布来进行检验.

例 3 设某次考试的考生成绩服从正态分布，从中随机地抽取 36 位考生的成绩，算得平均成绩为 66.5 分，标准差为 15 分，问在显著性水平 0.05 下，是否可以认为这次考试全体考生的平均成绩为 70 分,并给出检验过程.

表 8-3　t 分布表 $P\{t(n) \leqslant t_p(n)\} = p$

n ＼ $t_p(n)$ ＼ p	0.95	0.975
35	1.6896	2.0301
36	1.6883	2.0281

分析　设该次考试的考生成绩为 X,则 $X \sim N(\mu, \sigma^2)$. 把从 X 中抽取的容量为 n 的样本均值记为 $\overline{X}$,样本标准差记为 S. 本题是在显著性水平 $\alpha = 0.05$ 下检验假设 $H_0 : \mu = 70$. 拒绝域 R_α 为

$$|t| = \frac{|\overline{X} - 70|}{S} \sqrt{n} \geqslant \lambda.$$

由 $n = 36$,$\overline{x} = 66.5$,$S = 15$,查 $t(35, 0.975)$ 得到 $\lambda = 2.0301$,算得

$$|\hat{T}| = \frac{|66.5 - 70| \sqrt{36}}{15} = 1.4 < 2.0301.$$

所以接受假设 $H_0 : \mu = 70$,即在显著性水平 0.05 下,可以认为这次考试全体考生的平均成绩为 70 分.

例 4　用机器包装某种饮料,已知每盒重量为 500 g,误差不超过 10 g. 今抽查了 9 盒,测得平均重量为 490 g,标准差为 16 g,问这台自动包装机工作是否正常(显著性水平 $\alpha = 0.05$)?

表 8-4　t 分布分位数表 $P\{t(n) \leqslant t_p(n)\} = p$

p ＼ $t_p(n)$ ＼ n	7	8	9	10
0.975	2.365	2.306	2.262	2.228
0.95	1.895	1.860	1.833	1.812

表 8-5　χ^2 分布分位数表 $P\{\chi^2(n) \leqslant \chi_p^2(n)\} = p$

p ＼ $\chi_p^2(n)$ ＼ n	8	9	10
0.025	2.180	2.700	3.247
0.95	15.507	16.919	18.307
0.975	17.535	19.023	20.483

分析　检查机器是否正常,需要同时检验重量 X 的均值 μ 与标准差 σ 是否正常.

(1) 检验 $\mu = \mu_0$

① 提出零假设 $H_0 : \mu = 500$.

② 选择统计量 $T = \dfrac{\overline{X} - 500}{S/\sqrt{9}}$.

③ 由检验水平 $\alpha = 0.05$,查 $t(8, 0.975)$ 得 $\lambda = 2.306$,采用双侧检验 $R_\alpha = \{|t| > 2.306\}$.

④ 由样本值,计算得 $\hat{T} = 1.875$.

⑤ 由于 $|\hat{T}| < 2.306$,故相容,即没有发现系统偏差,可以认为该自动打包机每盒重量均值为 500 g.

(2) 检验 $\sigma \leqslant \sigma_0$

① 提出零假设 $H_0 : \sigma \leqslant 10$.

② 选择统计量 $W = \dfrac{(n-1)S^2}{\sigma_0^2} = \dfrac{8S^2}{10^2}$.

③ 由检验水平 $\alpha = 0.05$,查 $\chi^2(8, 0.95)$ 得 $\lambda = 15.507$,采用单侧(右侧)检验 $R_\alpha = (15.507, +\infty)$.

④ 由样本值,计算得 $\hat{W} = \dfrac{8 \times 16^2}{100} = 20.48$.

⑤ 由于 $\hat{W} > 15.507$,落入否定域,即 $\sigma > 10$. 因此说明该打包机虽然没有发现系统误差,但是不稳定,因此工作不正常.

例 5　检验了 26 匹马,测得每 100 mL 的血清中,所含的无机磷平均为 3.29 mL,标准差为 0.27 mL;又检验了 18 头羊,每 100 mL 血清中含无机磷平均为 3.96 mL,标准差为 0.40 mL.设马和羊的血清中含无机磷的量都服从正态分布,试问在显著性水平 $\alpha = 0.05$ 条件下,马和羊的血清中无机磷的含量有无显著性差异?

分析　设马和羊的血清中无机磷的含量分别为 X 和 Y,由已知条件可知,$\overline{x} = 3.29$,$S_1 = 0.27$,$\overline{y} = 3.96$,$S_2 = 0.40$. 根据题目要求,应检验 μ_1 是否等于 μ_2.但因不知方差 σ_1^2 和 σ_2^2,因而应先检验 σ_1^2 是否等于 σ_2^2.先作零假设

$$H_0^1 : \sigma_1^2 = \sigma_2^2.$$

否定域为

$$\frac{S_1^2}{S_2^2} > F_{1-\alpha/2}(n_1 - 1, n_2 - 1) \ \text{或} \ \frac{S_1^2}{S_2^2} < F_{\alpha/2}(n_1 - 1, n_2 - 1).$$

查 F 分布的分位数表得 $F_{1-\alpha/2}(n_1 - 1, n_2 - 1) = F_{0.975}(25, 17) = 2.56$,$F_{\alpha/2}(n_1 - 1, n_2 - 1) = F_{0.025}(25, 17) = \dfrac{1}{F_{0.975}(17, 25)} = \dfrac{1}{2.41} = 0.415$.将 $S_1 = 0.27$,$S_2 = 0.40$

代入 $\dfrac{S_1^2}{S_2^2}$ 得

$$\dfrac{S_1^2}{S_2^2} = \dfrac{0.27^2}{0.40^2} = 0.46.$$

由于 $0.415 < 0.46 < 2.56$，说明计算结果未落入否定域，接受 $H_0^1 : \sigma_1^2 = \sigma_2^2$. 在认为 $\sigma_1^2 = \sigma_2^2 = \sigma^2$ 的基础上，检验：

$$H_0 : \mu_1 = \mu_2.$$

其否定域为

$$\left| \dfrac{\overline{X} - \overline{Y}}{S_\omega \sqrt{\dfrac{1}{n_1} + \dfrac{1}{n_2}}} \right| > t_{1-\alpha/2}(n_1 + n_2 - 2),$$

查 t 分布分位数表得 $t_{1-\alpha/2}(n_1 + n_2 - 2) = t_{0.975}(42) = 2.021$.

$$S_\omega^2 = \dfrac{(n_1-1)S_1^2 + (n_2-1)S_2^2}{n_1 + n_2 - 2} = \dfrac{25 \times 0.27^2 + 17 \times 0.40^2}{42} = 0.1082,$$

$$S_\omega = 0.329, \quad \sqrt{\dfrac{1}{n_1} + \dfrac{1}{n_2}} = \sqrt{\dfrac{1}{26} + \dfrac{1}{18}} = 0.307, \quad \overline{x} - \overline{y} = -0.67.$$

由以上结果得

$$\left| \dfrac{\overline{X} - \overline{Y}}{S_\omega \sqrt{\dfrac{1}{n_1} + \dfrac{1}{n_2}}} \right| = \dfrac{0.67}{0.329 \times 0.307} = 6.63 > 2.021.$$

说明计算结果落入了否定域，所以在 $\alpha = 0.05$ 条件下，认为马和羊的每 100 mL 血清中无机磷含量有显著性差异.

四、练习题与答案

(一) 练习题

1. 食品厂用自动装罐机装罐头食品，每罐标准重量为 500 g，每隔一定时间需要检验机器的工作情况，现抽 10 罐，测得其重量（单位：g）：

495，510，505，498，503，492，502，512，497，506.

假设重量 X 服从正态分布 $N(\mu, \sigma^2)$，试问机器工作是否正常（$\alpha = 0.02$）？

2. 用包装机包装某种洗衣粉，在正常情况下，每袋重量为 1000 g，标准差 σ 不能超过 15 g. 假设每袋洗衣粉的净重服从正态分布. 某天检验机器工作的情况，从已装好的袋中随机抽取 10 袋，测得其净重（单位：g）为：

1020，1030，968，994，1014，998，976，982，950，1048.

问这天机器是否工作正常（$\alpha = 0.05$）？

3. 设总体 $X \sim N(\mu, \sigma^2)$，有一个容量为 4 的简单随机样本 X_1、X_2、X_3、X_4. 已知 $\sigma^2 = 16$，原假设 $H_0: \mu = 5$；$\alpha = 0.05$.

(1) 算出 $\overline{X}$ 的拒绝域和接受域；

(2) 若 $\mu = 6$，计算第二类错误 β.

4. 设总体 $X \sim N(\mu, \sigma^2)$，σ^2 未知，$x_1, \cdots, x_n$ 为来自 X 的样本值，现对 μ 进行假设检验. 若在显著性水平 $\alpha = 0.05$ 下拒绝了 $H_0: \mu = \mu_0$，则当显著性水平改为 $\alpha = 0.01$ 时，下列结论正确的是(　　).

(A) 必拒绝 H_0 　　　　　　　(B) 必接受 H_0

(C) 第一类错误的概率变大 　　(D) 可能接受，也可能拒绝 H_0

(二) 答案

1. 正常. 　**2.** 不正常　**3.** (1) 接受域为 $\overline{x} \in [1.08, 8.92]$，拒绝域为 $\overline{x} \in (-\infty, 1.08) \bigcup (8.92, +\infty)$；(2) $\beta = 0.921$ 　**4.** D

五、历年考研真题解析

1. (1995)设 $X_1, \cdots, X_n$ 是来自正态总体 $N(\mu, \sigma^2)$ 的简单随机样本,其中参数 μ、σ^2 未知. 记

$$\overline{X} = \frac{1}{n} \sum_{i=1}^{n} X_i, \quad Q^2 = \sum_{i=1}^{n} (X_i - \overline{X})^2$$

则假设 $H_0: \mu = 0$ 的 t 检验使用的统计量 $t = \underline{\hspace{2cm}}$.

分析　已知假设 $H_0: \mu = 0$ 的 t 检验使用的统计量 $t = \dfrac{\overline{X} - 0}{\sqrt{S^2/n}}$，经整理所求的 $t =$

$$\frac{\overline{X}}{\sqrt{S^2/n}} = \frac{\overline{X}}{\sqrt{Q^2/n(n-1)}} = \frac{\overline{X}}{Q} \sqrt{n(n-1)}.$$

概率与统计自测试卷

概率与统计自测试卷一

一、填空题（每小题 3 分，共 15 分）

1. 已知随机变量 X 服从参数为 2 的泊松（Poisson）分布，且随机变量 $Z=2X-2$，则 $E(Z) = $ _____．

2. 设 A、B 是随机事件，$P(A) = 0.7$，$P(A-B) = 0.3$，则 $P(AB) = $ _____．

3. 设二维随机变量 (X,Y) 的分布列为

X＼Y	1	2	3
1	$\frac{1}{6}$	$\frac{1}{9}$	$\frac{1}{18}$
2	$\frac{1}{3}$	α	β

若 X 与 Y 相互独立，则 α、β 的值分别为 _____．

4. 已知 $D(X) = 4$，$D(Y) = 1$，$\rho_{XY} = 0.6$，则 $D(X-Y) = $ _____．

5. 设 X_1，X_2，$\cdots$，X_n 是取自总体 $N(\mu,\sigma^2)$ 的样本，则统计量 $\frac{1}{\sigma^2}\sum_{i=1}^{n}(X_i-\mu)^2$ 服从 _____分布．

二、选择题（每小题 3 分，共 15 分）

1. 一盒产品中有 a 只正品，b 只次品，有放回地任取两次，第二次取到正品的概率为（ ）．

(A) $\dfrac{a-1}{a+b-1}$　　　　　　　(B) $\dfrac{a(a-1)}{(a+b)(a+b-1)}$

(C) $\dfrac{a}{a+b}$　　　　　　　　(D) $\left(\dfrac{a}{a+b}\right)^2$

2. 设事件 A 与 B 互不相容，且 $P(A)\neq0$，$P(B)\neq0$，则下面结论正确的是（ ）．

(A) $\overline{A}$ 与 $\overline{B}$ 互不相容 　　　　　(B) $P(B \mid A) > 0$

(C) $P(AB) = P(A)P(B)$ 　　　　　(D) $P(A\overline{B}) = P(A)$

3. 设两个相互独立的随机变量 X 与 Y 分别服从正态分布 $N(0, 1)$ 和 $N(1, 1)$,则(　　).

(A) $P(X + Y \leqslant 0) = \dfrac{1}{2}$ 　　　　　(B) $P(X + Y \leqslant 1) = \dfrac{1}{2}$

(C) $P(X - Y \leqslant 0) = \dfrac{1}{2}$ 　　　　　(D) $P(X - Y \leqslant 1) = \dfrac{1}{2}$

4. 若随机事件 X、Y 满足 $D(X + Y) = D(X - Y)$,则必有(　　).

(A) X 与 Y 独立 　　　　　(B) X 与 Y 不相关

(C) $DY = 0$ 　　　　　(D) $DX = 0$

5. 设相互独立的两个随机变量 X 与 Y 具有同一分布律,且 X 的分布律为

X	0	1
p	$\dfrac{1}{2}$	$\dfrac{1}{2}$

则随机变量 $Z = \max(X, Y)$ 的分布律为(　　).

(A) $P(Z = 0) = \dfrac{1}{2}$, $P(Z = 1) = \dfrac{1}{2}$

(B) $P(Z = 0) = 1$, $P(Z = 1) = 0$

(C) $P(Z = 0) = \dfrac{1}{4}$, $P(Z = 1) = \dfrac{3}{4}$

(D) $P(Z = 0) = \dfrac{3}{4}$, $P(Z = 1) = \dfrac{1}{4}$

三、(本题满分 8 分)两台机床加工同样的零件,第一台出现废品的概率为 0.03,第二台出现废品的概率为 0.02,已知第一台加工的零件比第二台加工的零件多一倍,加工出来的零件放在一起,求:任意取出的零件是合格品的概率.

四、(本题满分 10 分)将一枚硬币连掷三次,X 表示三次中出现正面的次数,Y 表示三次中出现正面次数与出现反面次数之差的绝对值,求:(1)(X, Y) 的联合概率分布;(2) $P\{Y > X\}$.

五、(本题满分 12 分)设随机变量 $X \sim N(0, 1)$,$Y = X^2 + 1$,试求随机变量 Y 的密度函数.

六、(本题满分 10 分)设 X 的密度函数为 $f(x) = \dfrac{1}{2}\mathrm{e}^{-|x|}$, $x \in (-\infty, +\infty)$.

(1) 求 X 的数学期望 $E(X)$ 和方差 $D(X)$;

(2) 求 X 与 $|X|$ 的协方差和相关系数,并讨论 X 与 $|X|$ 是否相关.

七、(本题满分 10 分)二维随机变量 (X, Y) 的概率密度为

$$f(x, y) = \begin{cases} Ae^{-(x+2y)}, & x > 0, y > 0, \\ 0, & \text{其他.} \end{cases}$$

求:(1) 系数 A;(2) X、Y 的边缘密度函数;(3) 问 X、Y 是否独立.

八、(本题满分 12 分)设总体 $X \sim N(\mu, \sigma^2)$,其中 μ 是已知参数,$\sigma^2 > 0$ 是未知参数. $X_1, X_2, \cdots, X_n$ 是从该总体中抽取的一个样本,

(1) 求未知参数 σ^2 的极大似然估计量 $\hat{\sigma}^2$;

(2) 判断 $\hat{\sigma}^2$ 是否为未知参数 σ^2 的无偏估计.

九、(本题满分 8 分)设总体 $X \sim N(\mu, \sigma^2)$,其中且 μ 与 σ^2 都未知,$-\infty < \mu < +\infty$, $\sigma^2 > 0$. 现从总体 X 中抽取容量 $n = 16$ 的样本观测值 $x_1, x_2, \cdots, x_{16}$,算出 $\bar{x} = \frac{1}{16} \sum_{i=1}^{16} x_i$ $= 503.75$,$s = \sqrt{\frac{1}{15} \sum_{i=1}^{16} (x_i - \bar{x})^2} = 6.2022$,试在置信水平 $1 - \alpha = 0.95$ 下,求 μ 的置信区间. (已知:$t_{0.95}(15) = 1.7531$,$t_{0.95}(16) = 1.7459$,$t_{0.975}(15) = 2.1315$,$t_{0.975}(16) = 2.1199$).

概率与统计自测试卷二

一、选择题(每小题 2 分,共 40 分)

1. 设 A、B 为两事件,则 $\overline{A \cup B} = ($ $)$.

(A) AB (B) $\overline{A}\,\overline{B}$ (C) $A\overline{B}$ (D) $\overline{A} \cup \overline{B}$

2. 设 A、B、C 表示三个事件,则 $\overline{A}\,\overline{B}\,\overline{C}$ 表示($\quad$).

(A) A、B、C 中有一个发生

(B) A、B、C 中恰有两个发生

(C) A、B、C 中不多于一个发生

(D) A、B、C 都不发生

3. 设 A、B 为两事件,若 $P(A \cup B) = 0.8$,$P(A) = 0.2$,$P(\overline{B}) = 0.4$,则($\quad$)成立.

(A) $P(A\overline{B}) = 0.32$ (B) $P(\overline{A}\,\overline{B}) = 0.2$

(C) $P(B - A) = 0.4$ (D) $P(\overline{B}A) = 0.48$

4. 设 A、B 为任意两事件，则(　　).

(A) $P(A - B) = P(A) - P(B)$ (B) $P(A \bigcup B) = P(A) + P(B)$

(C) $P(AB) = P(A)P(B)$ (D) $P(A) = P(AB) + P(A\overline{B})$

5. 设事件 A 与 B 相互独立，则下列说法错误的是(　　).

(A) A 与 $\overline{B}$ 相互独立 (B) $\overline{A}$ 与 $\overline{B}$ 相互独立

(C) $P(\overline{A}B) = P(\overline{A})P(B)$ (D) A 与 B 一定互斥

6. 设离散型随机变量 X 的分布列

X	0	1	2
p	0.3	0.5	0.2

其分布函数为 $F(x)$，则 $F(3) = ($　　$)$.

(A) 0 (B) 0.3 (C) 0.8 (D) 1

7. 设离散型随机变量 X 的密度函数为 $f(x) = \begin{cases} cx^4, & x \in [0, 1], \\ 0, & \text{其他}, \end{cases}$ 则常数 $c =$

(　　).

(A) $\dfrac{1}{5}$ (B) $\dfrac{1}{4}$ (C) 4 (D) 5

8. 设随机变量 $X \sim N(0, 1)$，密度函数 $\varphi(x) = \dfrac{1}{\sqrt{2\pi}} e^{-\frac{x^2}{2}}$，则 $\varphi(x)$ 的最大值是(　　).

(A) 0 (B) 1 (C) $\dfrac{1}{\sqrt{2\pi}}$ (D) $-\dfrac{1}{\sqrt{2\pi}}$

9. 设随机变量 X 可取无穷多个值 $0, 1, 2, \cdots$，其概率分布为

$$p(k; 3) = \frac{3^k}{k!} e^{-3}, \ k = 0, 1, 2, \cdots,$$

则下式成立的是(　　).

(A) $EX = DX = 3$ (B) $EX = DX = \dfrac{1}{3}$

(C) $EX = 3, DX = \dfrac{1}{3}$ (D) $EX = \dfrac{1}{3}, DX = 9$

10. 设随机变量 X 服从二项分布 $B(n, p)$，则有(　　).

(A) $E(2X - 1) = 2np$ (B) $D(2X + 1) = 4np(1 - p) + 1$

(C) $E(2X + 1) = 4np + 1$ (D) $D(2X - 1) = 4np(1 - p)$

11. 设相互独立随机变量 X、Y，若 $X \sim N(1, 4)$，$Y \sim N(3, 16)$，下式中不成立的是

(　　).

(A) $E(X+Y)=4$　　　　　　　(B) $E(XY)=3$

(C) $D(X-Y)=12$　　　　　　(D) $D(Y+2)=16$

12. 设随机变量 X 的分布列为：

X	1	2	3
p	1/2	c	1/4

则常数 $c=($　　$)$.

(A) 0　　　　　(B) 1　　　　　(C) $\dfrac{1}{4}$　　　　　(D) $-\dfrac{1}{4}$

13. 设随机变量 $X \sim N(0,1)$，又常数 c 满足 $P\{X \geqslant c\} = P\{X < c\}$，则 c 等于（　　）.

(A) 1　　　　　(B) 0　　　　　(C) $\dfrac{1}{2}$　　　　　(D) -1

14. 已知随机变量 X 的 $EX=-1$, $DX=3$,则 $E[3(X^2-2)]=($　　$)$.

(A) 9　　　　　(B) 6　　　　　(C) 30　　　　　(D) 36

15. 当 X 服从（　　）分布时, $EX=DX$.

(A) 指数　　　　(B) 泊松　　　　(C) 正态　　　　(D) 均匀

16. 下列结论中,（　　）不是随机变量 X 与 Y 不相关的充要条件.

(A) $E(XY)=E(X)E(Y)$　　　　　(B) $D(X+Y)=DX+DY$

(C) $\text{Cov}(X,Y)=0$　　　　　(D) X 与 Y 相互独立

17. 设随机变量 $X \sim b(n,p)$ 且 $EX=6$, $DX=3.6$,则有（　　）.

(A) $n=10$, $p=0.6$　　　　　(B) $n=20$, $p=0.3$

(C) $n=15$, $p=0.4$　　　　　(D) $n=12$, $p=0.5$

18. 设 $p(x,y)$、$p_\xi(x)$、$p_\eta(y)$ 分别是二维随机变量 (ξ,η) 的联合密度函数及边缘密度函数,则（　　）是 ξ 与 η 独立的充要条件.

(A) $E(\xi+\eta)=E\xi+E\eta$

(B) $D(\xi+\eta)=D\xi+D\eta$

(C) ξ 与 η 不相关

(D) 对 $\forall x$、y,有 $p(x,y)=p_\xi(x)p_\eta(y)$

19. 设 (X,Y) 是二维离散型随机变量,则 X 与 Y 独立的充要条件是（　　）.

(A) $E(XY)=E(X)E(Y)$

(B) $D(X+Y)=DX+DY$

(C) X 与 Y 不相关

(D) 对 (X,Y) 的任何可能取值 (x_i,y_j), $p_{ij}=p_i.P._j$

20. 设二维随机变量 (X,Y) 的联合密度为

$$f(x, y) = \begin{cases} 4xy, & 0 \leqslant x, y \leqslant 1, \\ 0, & \text{其他}. \end{cases}$$

若 $F(x, y)$ 为分布函数,则 $F(0.5, 2) = ($ 　 $)$.

(A) 0　　　　　　(B) $\dfrac{1}{4}$　　　　　　(C) $\dfrac{1}{2}$　　　　　　(D) 1

二、计算题(每小题 7 分,共 42 分)

1. 若事件 A 与 B 相互独立, $P(A) = 0.8$ $P(B) = 0.6$. 求: $P(A + B)$ 和 $P\{\overline{A} | (A + B)\}$.

2. 设随机变量 $X \sim N(2, 4)$,且 $\Phi(1.65) = 0.95$. 求 $P(X \geqslant 5.3)$.

3. 已知连续型随机变量 ξ 的分布函数为 $F(x) = \begin{cases} 0, & x \leqslant 0, \\ \dfrac{x}{4}, & 0 < x \leqslant 4, \\ 1, & x > 4, \end{cases}$ 求 $E\xi$ 和 $D\xi$.

4. 设连续型随机变量 X 的分布函数为 $F(x) = A + B\arctan x, -\infty < x < +\infty$.

求:(1)常数 A 和 B;

(2) X 落入 $(-1, 1)$ 的概率;

(3) X 的密度函数 $f(x)$.

5. 某射手有 3 发子弹,射一次命中的概率为 $\dfrac{2}{3}$,如果命中了就停止射击,否则一直独立射到子弹用尽.

求:(1)耗用子弹数 X 的分布列;(2) EX;(3) DX.

6. 设二维随机变量 (ξ, η) 的联合密度为 $f(x, y) = \begin{cases} 4xy, & 0 \leqslant x, y \leqslant 1, \\ 0, & \text{其他}. \end{cases}$

求:(1)边缘密度函数 $f_{\xi}(x)$、$f_{\eta}(y)$;(2) $E\xi$、$E\eta$;(3) ξ 与 η 是否相互独立.

三、解答题(每小题 9 分,共 18 分)

1. 设 X_1、X_2 是来自正态总体 $N(\mu, 1)$ 的样本,下列三个估计量是不是参数 μ 的无偏估计量,若是无偏估计量,试判断哪一个较优?

$$\mu_1 = \frac{2}{3}X_1 + \frac{1}{3}X_2, \quad \mu_1 = \frac{1}{4}X_1 + \frac{3}{4}X_2, \quad \mu_1 = \frac{1}{2}X_1 + \frac{1}{2}X_2.$$

2. 设随机变量 ξ 的概率密度为 $f(x, \theta) = \begin{cases} \dfrac{1}{\theta}\mathrm{e}^{-\frac{x}{\theta}}, & x > 0, \\ 0, & \text{其他} \end{cases}$ $(\theta > 0)$, $x_1, x_2, \cdots, x_n$

为 ξ 的一组观察值,求 θ 的最大似然估计.

概率与统计自测试卷三

一、填空题(每小题 3 分,共 15 分)

1. 设 A、B 为两个随机事件,而且 $P(A) = 0.7$,$P(\overline{AB}) = 0.5$,则 $P(A - B) =$ _____.

2. 设 X 表示 10 次独立重复射击命中目标的次数,每次射中目标的概率为 0.4,则 X^2 的数学期望 $E(X^2) =$ _____.

3. 设随机变量 X 的数学期望 $EX = \mu$,方差 $DX = \sigma^2$,则由切比雪夫不等式可以得到 $P\{|X - \mu| \geqslant 3\sigma\} \leqslant$ _____.

4. 设 $X \sim N(10, 0.6)$,$Y \sim N(1, 2)$,且 X 与 Y 相互独立,则 $D(3X - Y) =$ _____.

5. 设 X_1, X_2, $\cdots$, X_n 是从正态总体 $N(\mu, \sigma^2)$ 中抽取的一个样本,$\overline{X}$ 是其样本均值,则有 $D\left[\sum_{i=1}^{n}(X_i - \overline{X})^2\right] =$ _____.

二、选择题(每小题 3 分,共 15 分)

1. 袋中有 50 个乒乓球,其中 20 个黄的,30 个白的,现在两个人不放回地依次从袋中随机各取一球. 则第二个人取到黄球的概率是(   ).

(A) 1/5   (B) 2/5

(C) 19/49   (D) 20/49

2. 下列函数中,可作为某一随机变量的分布函数是(   ).

(A) $F(x) = 1 + \dfrac{1}{x^2}$

(B) $F(x) = \dfrac{1}{2} + \dfrac{1}{\pi}\arctan x$

(C) $F(x) = \begin{cases} \dfrac{1}{2}(1 - e^{-x}), & x > 0, \\ 0, & x \leqslant 0 \end{cases}$

(D) $F(x) = \displaystyle\int_{-\infty}^{x} f(t)\,dt$,其中 $\displaystyle\int_{-\infty}^{+\infty} f(t)\,dt = 1$

3. 设离散型随机变量 (X, Y) 的联合分布律如下,若 X、Y 相互独立,则(   ).

(X, Y)	$(1, 1)$	$(1, 2)$	$(1, 3)$	$(2, 1)$	$(2, 2)$	$(2, 3)$
P	1/6	1/9	1/18	1/3	α	β

(A) $\alpha = 2/9$,$\beta = 1/9$ (B) $\alpha = 1/9$,$\beta = 2/9$

(C) $\alpha = 1/6$,$\beta = 1/6$ (D) $\alpha = 8/15$,$\beta = 1/18$

4. 对于任意两个随机变量 X 和 Y,若 $E(XY) = E(X) \cdot E(Y)$,则(　　).

(A) $D(XY) = D(X) \cdot D(Y)$　　　　(B) $D(X+Y) = D(X) + D(Y)$

(C) X 和 Y 独立　　　　　　　　(D) X 和 Y 不独立

5. 在对单个正态总体均值的假设检验中,当总体方差已知时,选用(　　).

(A) t 检验法　　　　　　　　　　(B) u 检验法

(C) F 检验法　　　　　　　　　　(D) χ^2 检验法

三、(本题满分 10 分)

仓库中有十箱同样规格的产品,已知其中有五箱、三箱、二箱依次为甲厂、乙厂、丙厂生产的,且甲厂、乙厂、丙厂生产的这种产品的次品率依次为 1/10、1/15、1/20. 从这十箱产品中任取一件产品,求取得正品的概率.

四、(本题满分 10 分)

盒中有 7 个球,其中 4 个白球,3 个黑球,从中任抽 3 个球,求抽到白球数 X 的数学期望 $E(X)$ 与方差 $D(X)$.

五、(本题满分 10 分)

设 (X, Y) 的联合密度为 $f(x, y) = \begin{cases} Ay(1-x), & 0 \leqslant x \leqslant 1, 0 \leqslant y \leqslant x, \\ 0, & \text{其他.} \end{cases}$

(1) 求系数 A;(2)X 与 Y 是否相互独立?

六、(本题满分 10 分)

设 $X_1, X_2, \cdots, X_n$ 为总体 X 的一个样本,X 的密度函数 $f(x) = \begin{cases} \beta x^{\beta-1}, & 0 < x < 1, \\ 0, & \text{其他,} \end{cases}$

$\beta > 0$,(1)求参数 β 的矩估计量;(2)求参数 β 的最大似然估计量.

七、(本题满分 10 分)

某糖厂用自动打包装糖果,设每包重量服从正态分布 $N(\mu, 1)$,从包装的糖果中随机地抽测 9 包,测得每包的重量数据(单位:克)为:99.3, 98.7, 100.5, 101.2, 98.3, 99.7, 99.7, 102.1, 100.5,试求总体 μ 的 95% 的置信区间.

八、(要求在答题纸上写出主要计算步骤及结果. 本题满分 10 分)

某台机器加工某种零件,规定零件长度为 100 cm,标准差不超过 2 cm,每天定时检查机器运行情况,某日抽取 10 个零件,测得平均长度 $\bar{x} = 101$ cm,样本标准差 $s = 2$ cm,设加

工的零件长度服从正态分布,问该日机器工作是否正常?($\alpha = 0.05$)

九、(本题满分 10 分)

设随机变量 X、Y 的概率分布相同,$P(X=0) = \dfrac{1}{3}$,$P(X=1) = \dfrac{2}{3}$,且 X、Y 的相关系数 $\rho_{XY} = \dfrac{1}{2}$.

(1) 求二维随机变量 (X, Y) 的联合概率分布;

(2) 求 $P(X+Y \leqslant 1)$.

概率与统计自测试卷四

一、填空题(每小题 3 分,共 15 分)

1. 设 A、B 为两个随机事件,而且 $P(A) = 0.7$,$P(A-B) = 0.3$,则 $P(\overline{A} \bigcup \overline{B}) = $ _____.

2. 一射手对同一目标独立地进行了 4 次射击,已知至少击中一次的概率为 $\dfrac{80}{81}$,则该射手每次射击的命中率为 _____.

3. 设随机变量 $X \sim N(-3, 1)$,$Y \sim N(2, 1)$,若随机变量 X 与 Y 相互独立,且随机变量 $Z = X - 2Y + 7$,则 $Z \sim$ _____.

4. 设随机变量 X 服从二项分布 $B(n, p)$,且 $EX = 1.6$,$DX = 1.28$,则参数 $n = $ _____.

5. 设总体 X 的二阶矩存在,且 $\sigma^2 = DX$,若 $X_1, X_2, \cdots, X_n$ 是从该总体中取出的一个样本,$\overline{X}$ 是其样本均值,则 $D\overline{X} = $ _____.

二、选择题(每小题 3 分,共 15 分)

1. 对于任意两个随机事件 A 与 B,有 $P(A-B)$ 为( ).

(A) $P(A) - P(B)$ (B) $P(A) - P(B) + P(AB)$

(C) $P(A) - P(AB)$ (D) $P(A) + P(\overline{B}) - P(A\overline{B})$

2. 设 X 与 Y 是相互独立的随机变量,分布函数分别为 $F_X(x)$ 及 $F_Y(y)$,则 $Z = \min(X, Y)$ 的分布函数为( ).

(A) $F_Z(z) = F_X(z)$ (B) $F_Z(z) = \min\{F_X(z), F_Y(z)\}$

(C) $F_Z(z) = F_Y(z)$ (D) $F_Z(z) = 1 - [1 - F_X(z)][1 - F_Y(z)]$

3. 设随机变量 X 的分布函数为 $F(x) = \begin{cases} 0, & x < 0, \\ x^3, & 0 < x \leqslant 1, \\ 1, & x \geqslant 1, \end{cases}$ 则 $EX = (\quad)$.

(A) $\displaystyle\int_0^{+\infty} x^4 \mathrm{d}x$

(B) $\displaystyle\int_0^1 3x^3 \mathrm{d}x$

(C) $\displaystyle\int_0^1 x^4 \mathrm{d}x$

(D) $\displaystyle\int_0^{+\infty} 3x^3 \mathrm{d}x$

4. 设随机变量 X 与 Y 满足 $D(X+Y) = D(X) + D(Y)$，$D(X) \cdot D(Y) = 0$，则必有 $(\quad)$.

(A) X 与 Y 相互独立

(B) X 与 Y 不相关

(C) $DX = 0$ 或 $DY = 0$

(D) X 与 Y 不独立

5. 设 $X_1, X_2, \cdots, X_n$ 是从正态总体 $N(0, 1)$ 中抽取的一个样本，$\overline{X}$ 与 S^2 分别表示其样本均值和样本方差，则有 $(\quad)$.

(A) $n\overline{X} \sim N(0, 1)$

(B) $\overline{X} \sim N(0, 1)$

(C) $\displaystyle\sum_{i=1}^n X_i^2 \sim \chi^2(n)$

(D) $\dfrac{\overline{X}}{S} \sim t(n-1)$

三、（本题满分 10 分）

甲、乙、丙三人同时对一飞行物独立进行一次射击，三人击中该飞行物的概率分别为 0.6、0.5、0.3，该飞行物被一人击中不会被击落；被两人击中而击落的概率为 0.5；被三人击中而击落的概率为 0.8. 试求该飞行物被击落的概率.

四、（本题满分 10 分）

已知随机变量 X 与 Y 的概率分布律分别为

X	-1	0	1
p	$1/4$	$1/2$	$1/4$

Y	0	1
p	$1/2$	$1/2$

若 $P\{XY = 0\} = 1$. (1) 求 (X, Y) 的联合分布律；(2) 判断随机变量 X 与 Y 是否相互独立.

五、（本题满分 10 分）

设二维随机变量 (X, Y) 服从区域 $D = \{(x, y) \mid x^2 + y^2 \leqslant 1\}$ 内的均匀分布，求

(1)(X,Y)的联合概率密度;(2)X与Y的边缘概率密度.

六、（本题满分 10 分）

设 $X_1,X_2,\cdots,X_n$ 是从总体 $X\sim N(\mu,1)$ 中抽取的一个样本. 试求使 $P\{X>A\}=0.05$ 的点 A 的极大似然估计量.（已知 $\Phi(1.645)=0.95$）

七、（本题满分 10 分）

初生婴儿的体重 X 近似服从正态分布 $N(\mu,\sigma^2)$，随机抽测得到某地区 12 名新生婴儿的体重（克）数据：

3100，2520，3020，3600，3160，3500，3320，2880，2600，3400，2540，3000

试以 95% 的置信度估计该地区新生儿的平均体重.

八、（本题满分 10 分）

设某种电子元件的电阻近似服从正态分布，从两批元件中各抽取 6 个测得电阻数据（单位:欧姆）如下：

第一批:0.140，0.138，0.143，0.142，0.144，0.137；

第二批:0.135，0.140，0.142，0.136，0.138，0.140.

在 $\alpha=0.05$ 的显著性水平下，能否认为它们的电阻方差相等？

九、（本题满分 10 分）

设 (X,Y) 是二维随机变量，X 的边缘概率密度为 $f_X(x)=\begin{cases}3x^2, & 0<x<1,\\ 0, & 其他.\end{cases}$ 在给

定 $X=x(0<x<1)$ 的条件下，Y 的条件概率密度为 $f_{Y|X}(y\,|\,x)=\begin{cases}\dfrac{3y^2}{x^3}, & 0<y<x,\\[2mm] 0, & 其他.\end{cases}$

(1) 求 (X,Y) 的联合概率密度 $f(x,y)$；

(2) Y 的边缘概率密度 $f_Y(y)$.

概率与统计自测试卷五

一、选择题（每小题 3 分，共 15 分）

1. 设事件 A、B 互不相容，且 $P(A)>0$，$P(B)>0$，则必有（   ）.

　　(A) $P(B|A)>0$ 　　　　　　　　　　(B) $P(A|B)=P(A)$

(C) $P(A\mid B)=0$ $\qquad\qquad$ (D) $P(AB)=P(A)P(B)$

2. 某人花钱买了 A、B、C 三种不同的奖券各一张. 已知各种奖券中奖是相互独立的, 中奖的概率分别为 $P(A)=0.03$, $P(B)=0.01$, $P(C)=0.02$, 若只要有一种奖券中奖此人就一定赚钱, 则此人赚钱的概率约为(　　).

(A) 0.05 $\qquad$ (B) 0.06 $\qquad$ (C) 0.07 $\qquad$ (D) 0.08

3. 设随机变量 $X\sim N(\mu,4^2)$, $Y\sim N(\mu,5^2)$, $p_1=P\{X\leqslant\mu-4\}$, $p_2=P\{Y\geqslant\mu+5\}$, 则(　　).

(A) 对任意实数 μ, $p_1=p_2$ $\qquad\qquad$ (B) 对任意实数 μ, $p_1<p_2$

(C) 只对 μ 的个别值, 才有 $p_1=p_2$ $\qquad$ (D) 对任意实数 μ, 都有 $p_1>p_2$

4. 设随机变量 X 的密度函数为 $f(x)$, 且 $f(-x)=f(x)$, $F(x)$ 是 X 的分布函数, 则对任意实数 a 成立的是(　　).

(A) $F(-a)=1-\int_0^a f(x)\mathrm{d}x$ $\qquad\qquad$ (B) $F(-a)=\frac{1}{2}-\int_0^a f(x)\mathrm{d}x$

(C) $F(-a)=F(a)$ $\qquad\qquad\qquad\qquad$ (D) $F(-a)=2F(a)-1$

5. 设二维随机变量 (X,Y) 服从二维正态分布, 则 $X+Y$ 与 $X-Y$ 不相关的充要条件为(　　).

(A) $EX=EY$ $\qquad\qquad$ (B) $EX^2-[EX]^2=EY^2-[EY]^2$

(C) $EX^2=EY^2$ $\qquad\qquad$ (D) $EX^2+[EX]^2=EY^2+[EY]^2$

二、填空题(每小题 4 分, 共 20 分)

1. 设 A、B 为任意两个事件, 若 $P(A)=0.4$, $P(B)=0.3$, $P(A\cup B)=0.4$, 则 $P(A\overline{B})=$ _____.

2. 设随机变量 X 的密度函数 $f(x)=\begin{cases}4x^3,&0<x<1,\\0,&\text{其他,}\end{cases}$ 则使 $P(X>a)=P(X<a)$ 的常数 $a=$ _____.

3. 设随机变量 $X\sim N(2,\sigma^2)$, 若 $P\{0<X<4\}=0.3$, 则 $P\{X<0\}=$ _____.

4. 设两个相互独立的随机变量 X 和 Y 均服从 $N\left(1,\frac{1}{5}\right)$, 若随机变量 $X-aY+2$ 满足条件 $D(X-aY+2)=E[(X-aY+2)^2]$, 则 $a=$ _____.

5. 已知随机变量 $X\sim B(n,p)$, 且 $E(X)=8$, $D(X)=4.8$, 则 $n=$ _____.

三、解答题(共 65 分)

1. (本题满分 10 分)某工厂由甲、乙、丙三个车间生产同一种产品, 每个车间的产量分别占全厂的 25%、35%、40%, 各车间产品的次品率分别为 5%、4%、2%.

求:(1) 全厂产品的次品率;

（2）若任取一件产品发现是次品，此次品是甲车间生产的概率.

2. （本题满分 10 分）设二维随机变量 (X, Y) 的联合概率密度为

$$f(x, y) = \begin{cases} k(6 - x - y), & 0 < x < 2, 0 < y < 4, \\ 0, & \text{其他}. \end{cases}$$

求：（1）常数 k；（2）$P(X + Y \leqslant 4)$.

3. （本题满分 10 分）设 X 与 Y 两个相互独立的随机变量，其概率密度分别为

$$f_X(x) = \begin{cases} 1, & 0 \leqslant x \leqslant 1, \\ 0, & \text{其他}. \end{cases} \qquad f_Y(y) = \begin{cases} e^{-y}, & y > 0, \\ 0, & y \leqslant 0. \end{cases}$$

求随机变量 $Z = X + Y$ 的概率密度函数.

4. （本题满分 8 分）设随机变量 X 具有概率密度函数

$$f_X(x) = \begin{cases} x/8, & 0 < x < 4, \\ 0, & \text{其他}, \end{cases}$$

求随机变量 $Y = e^X - 1$ 的概率密度函数.

5. （本题满分 8 分）设随机变量 X 的概率密度为：

$$f(x) = \frac{1}{2} e^{-|x|}, \quad -\infty < x < \infty,$$

求 X 的分布函数.

6. （本题满分 9 分）假设一部机器在一天内发生故障的概率为 0.2，机器发生故障时全天停止工作，若一周 5 个工作日里无故障，可获利润 10 万元；发生一次故障可获利润 5 万元；发生二次故障所获利润 0 元；发生三次或三次以上故障就要亏损 2 万元，求一周内的期望利润.

7. （本题满分 10 分）设随机变量 $X \sim N(0, 1)$，$Y \sim N(0, 1)$，且相互独立，令 $U = X + Y + 1$，$V = X - Y + 1$.

求：（1）分别求 U、V 的概率密度函数；

（2）U、V 的相关系数 ρ_{UV}；

概率与统计自测试卷参考答案

概率与统计自测试卷一参考答案

一、填空题

1. 2　**2.** 0.4　**3.** $\alpha = \dfrac{2}{9}$，$\beta = \dfrac{1}{9}$　**4.** 2.6　**5.** $\chi^2(n)$

二、选择题

1. C　**2.** D　**3.** B　**4.** B　**5.** C

三、解： 设 $A = \{$取出的零件是合格品$\}$，$B_i = \{$取出的零件由第 i 台加工$\}(i = 1, 2)$，

则 $P(A) = P(B_1)P(A \mid B_1) + P(B_2)P(A \mid B_2) = \dfrac{2}{3} \times 0.97 + \dfrac{1}{3} \times 0.98 = 0.973.$

四、解： 由题意知，X 的可能取值为：$0，1，2，3$；Y 的可能取值为：$1，3$. 且

$$P\{X = 0, Y = 3\} = \left(\frac{1}{2}\right)^3 = \frac{1}{8}, \quad P\{X = 1, Y = 1\} = C_3^1 \left(\frac{1}{2}\right)\left(\frac{1}{2}\right)^2 = \frac{3}{8},$$

$$P\{X = 2, Y = 1\} = C_3^2 \left(\frac{1}{2}\right)^2\left(\frac{1}{2}\right) = \frac{3}{8}, \quad P\{X = 3, Y = 3\} = \left(\frac{1}{2}\right)^3 = \frac{1}{8}.$$

于是，（1）(X, Y) 的联合分布为

X＼Y	1	3
0	0	$\dfrac{1}{8}$
1	$\dfrac{3}{8}$	0
2	$\dfrac{3}{8}$	0
3	0	$\dfrac{1}{8}$

(2) $P\{Y > X\} = P\{X = 0, Y = 1\} + P\{X = 0, Y = 3\} + P\{X = 1, Y = 3\} + P\{X = 2, Y = 3\} = \dfrac{1}{8}.$

五、解： 随机变量 X 的密度函数为

$$f(x) = \frac{1}{\sqrt{2\pi}} e^{-\frac{x^2}{2}}, \quad (-\infty < x < +\infty)$$

设随机变量 Y 的分布函数为 $F_Y(y)$，则有

$$F_Y(y) = P\{Y \leqslant y\} = P\{X^2 + 1 \leqslant y\} = P\{X^2 \leqslant y - 1\}.$$

① 若 $y - 1 \leqslant 0$，即 $y \leqslant 1$，则有 $F_Y(y) = 0$；

② 若 $y > 1$，则有

$$F_Y(y) = P\{X^2 \leqslant y - 1\} = P\{-\sqrt{y-1} \leqslant X \leqslant \sqrt{y-1}\}$$

$$= \frac{1}{\sqrt{2\pi}} \int_{-\sqrt{y-1}}^{\sqrt{y-1}} e^{-\frac{x^2}{2}} dx = \frac{2}{\sqrt{2\pi}} \int_0^{\sqrt{y-1}} e^{-\frac{x^2}{2}} dx.$$

即

$$F_Y(y) = \begin{cases} \dfrac{2}{\sqrt{2\pi}} \displaystyle\int_0^{\sqrt{y-1}} e^{-\frac{x^2}{2}} dx, & y > 1, \\ 0, & y \leqslant 1. \end{cases}$$

所以，

$$f_Y(y) = F_Y'(y) = \begin{cases} \dfrac{2}{\sqrt{2\pi}} e^{-\frac{y-1}{2}} \cdot \dfrac{1}{2\sqrt{y-1}}, & y > 1, \\ 0, & y \leqslant 1. \end{cases}$$

即

$$f_Y(y) = \begin{cases} \dfrac{1}{\sqrt{2\pi}\sqrt{y-1}} e^{-\frac{y-1}{2}}, & y > 1, \\ 0, & y \leqslant 1. \end{cases}$$

六、解：(1) $E(X) = \displaystyle\int_{-\infty}^{+\infty} x \frac{1}{2} e^{-|x|} dx = 0.$

$$D(X) = E(X^2) - [E(X)]^2 = \int_{-\infty}^{+\infty} x^2 \frac{1}{2} e^{-|x|} dx - 0 = 2\int_0^{+\infty} x^2 \frac{1}{2} e^{-x} dx = 2.$$

(2) $\mathrm{Cov}(X, |X|) = E(X|X|) - E(X)E(|X|) = \displaystyle\int_{-\infty}^{+\infty} x|x| \frac{1}{2} e^{-|x|} dx - 0 = 0$，所以 X 与 $|X|$ 不相关.

七、解：(1) 由 $1 = \displaystyle\int_{-\infty}^{+\infty} \int_{-\infty}^{+\infty} f(x, y) dx dy = \int_0^{+\infty} \int_0^{+\infty} A e^{-(x+2y)} dx dy$

$$= A\int_0^{+\infty} e^{-x} dx \int_0^{+\infty} e^{-2y} dy = \frac{1}{2} A, \text{所以 } A = 2.$$

(2) X 的边缘密度函数：$f_X(x) = \displaystyle\int_{-\infty}^{+\infty} f(x, y) dy = \begin{cases} e^{-x}, & x > 0, \\ 0, & \text{其他.} \end{cases}$

Y 的边缘密度函数：$f_Y(y) = \displaystyle\int_{-\infty}^{+\infty} f(x, y) dx = \begin{cases} 2e^{-2y}, & y > 0, \\ 0, & \text{其他.} \end{cases}$

(3) 因为 $f(x, y) = f_X(x) f_Y(y)$，所以 X、Y 是独立的.

八、解：(1) 当 $\sigma^2 > 0$ 为未知，而 $-\infty < \mu < +\infty$ 为已知参数时，似然函数为 $L(\sigma^2) =$

$$(2\pi\sigma^2)^{-\frac{n}{2}}\exp\left\{-\frac{1}{2\sigma^2}\sum_{i=1}^{n}(x_i-\mu)^2\right\}.$$

因而
$$\ln L(\sigma^2)=-\frac{n}{2}\ln(2\pi\sigma^2)-\frac{1}{2\sigma^2}\sum_{i=1}^{n}(x_i-\mu)^2.$$

所以
$$\frac{\partial}{\partial(\sigma^2)}\ln L(\sigma^2)=-\frac{n}{2\sigma^2}+\frac{1}{2}\sum_{i=1}^{n}(x_i-\mu)^2\cdot\frac{1}{\sigma^4}=0,$$

解得
$$\sigma^2=\frac{1}{n}\sum_{i=1}^{n}(x_i-\mu)^2.$$

因此，σ^2 的极大似然估计量为 $\hat{\sigma}^2=\dfrac{1}{n}\sum_{i=1}^{n}(X_i-\mu)^2.$

(2) 因为 $X_i\sim N(\mu,\sigma^2)\ (i=1,2,\cdots,n)$，

所以 $\dfrac{X_i-\mu}{\sigma}\sim N(0,1)\ (i=1,2,\cdots,n).$

所以 $E[X_i-\mu]=0,\ D[X_i-\mu]=\sigma^2\ (i=1,2,\cdots,n).$

所以 $E[(X_i-\mu)^2]=[E(X_i-\mu)]^2+D[X_i-\mu]=\sigma^2\ (i=1,2,\cdots,n).$

因此，$E(\hat{\sigma}^2)=E\left[\dfrac{1}{n}\sum_{i=1}^{n}(X_i-\mu)^2\right]=\dfrac{1}{n}\sum_{i=1}^{n}E((X_i-\mu)^2)=\dfrac{1}{n}\cdot n\sigma^2=\sigma^2.$

所以，$\hat{\sigma}^2=\dfrac{1}{n}\sum_{i=1}^{n}(X_i-\mu)^2$ 是未知参数 σ^2 的无偏估计.

九、解：由于正态总体 $N(\mu,\sigma^2)$ 中期望 μ 与方差 σ^2 都未知，所以所求置信区间为

$$\left(\overline{X}-\frac{S}{\sqrt{n}}t_{\frac{\alpha}{2}}(n-1),\ \overline{X}+\frac{S}{\sqrt{n}}t_{\frac{\alpha}{2}}(n-1)\right).$$

由 $\alpha=0.05,\ n=16$，得 $\dfrac{\alpha}{2}=0.025$. 查表，得 $t_{0.975}(15)=2.1315.$

由样本观测值，得 $\overline{x}=\dfrac{1}{16}\sum_{i=1}^{16}x_i=503.75,\ s=\sqrt{\dfrac{1}{15}\sum_{i=1}^{16}(x_i-\overline{x})^2}=6.2022.$

所以，
$$\overline{x}-\frac{s}{\sqrt{n}}t_{1-\frac{\alpha}{2}}(n-1)=503.75-\frac{6.2022}{\sqrt{16}}\times2.1315=500.445,$$

$$\overline{x}+\frac{s}{\sqrt{n}}t_{1-\frac{\alpha}{2}}(n-1)=503.75+\frac{6.2022}{\sqrt{16}}\times2.1315=507.055,$$

因此，所求置信区间为 $(500.445,507.055).$

概率与统计自测试卷二参考答案

一、选择题

1. B　**2.** D　**3.** B　**4.** D　**5.** D　**6.** D　**7.** D　**8.** C　**9.** A　**10.** D　**11.** C　**12.** C
13. B　**14.** B　**15.** B　**16.** D　**17.** C　**18.** D　**19.** D　**20.** B

二、计算题

1. 解：∵ A 与 B 相互独立，

∴ $P(A+B) = P(A) + P(B) - P(AB)$

$\qquad\qquad = P(A) + P(B) - P(A)P(B)$

$\qquad\qquad = 0.8 + 0.6 - 0.48$

$\qquad\qquad = 0.92.$

又 $P(\bar{A}|A+B) = \dfrac{P[\bar{A}(A+B)]}{P(A+B)} = \dfrac{P(\bar{A}B)}{P(A+B)} = \dfrac{P(\bar{A})P(B)}{P(A+B)} = 0.13.$

2. 解：$P(X \geqslant 5.3) = 1 - \Phi\left(\dfrac{5.3-2}{2}\right) = 1 - \Phi(1.65) = 1 - 0.95 = 0.05.$

3. 解：由已知有 $\xi \sim U(0,4)$，则 $E\xi = \dfrac{a+b}{2} = 2,$

$$D\xi = \frac{(b-a)^2}{12} = \frac{4}{3}.$$

4. 解：(1) 由 $F(-\infty) = 0$，$F(+\infty) = 1$，有：$\begin{cases} A - \dfrac{\pi}{2}B = 0, \\ A + \dfrac{\pi}{2}B = 1, \end{cases}$

解之有：$A = \dfrac{1}{2}$，$B = \dfrac{1}{\pi}.$

(2) $P(-1 < X < 1) = F(1) - F(-1) = \dfrac{1}{2}.$

(3) $f(x) = F'(x) = \dfrac{1}{\pi(1+x^2)}.$

5. 解：(1)

X	1	2	3
p	2/3	2/9	1/9

(2) $EX = \displaystyle\sum_{i=1}^{3} x_i p_i = 1 \times \dfrac{2}{3} + 2 \times \dfrac{2}{9} + 3 \times \dfrac{1}{9} = \dfrac{13}{9}.$

(3) ∵ $EX^2 = \displaystyle\sum_{i=1}^{3} x_i^2 p_i = 1^2 \times \dfrac{2}{3} + 2^2 \times \dfrac{2}{9} + 3^2 \times \dfrac{1}{9} = \dfrac{23}{9},$

∴ $DX = EX^2 - (EX)^2 = \dfrac{23}{9} - \left(\dfrac{13}{9}\right)^2 = \dfrac{38}{81}.$

6. 解：(1) ∵ 当 $0 \leqslant x \leqslant 1$ 时，$f_\xi(x) = \displaystyle\int_{-\infty}^{+\infty} f(x,y)\mathrm{d}y = \int_0^1 4xy\mathrm{d}y = 2x,$

∴ $f_\xi(x) = \begin{cases} 2x, & 0 \leqslant x \leqslant 1, \\ 0, & \text{其他.} \end{cases}$

同理：$f_\eta(x) = \begin{cases} 2y, & 0 \leqslant y \leqslant 1, \\ 0, & \text{其他.} \end{cases}$

(2) $E\xi = \int_{-\infty}^{+\infty} x f_\xi(x)\mathrm{d}x = \int_0^1 2x^2 \mathrm{d}x = \dfrac{2}{3}.$

同理：$E\eta = \dfrac{2}{3}.$

(3) $\because f(x, y) = f_\xi(x) f_\eta(y),$

$\therefore \xi$ 与 η 相互独立.

三、解答题

1. **解**：$\because E\mu_1 = E\left(\dfrac{2}{3}X_1 + \dfrac{1}{3}X_2\right) = \mu,$

同理：$E\mu_2 = E\mu_3 = \mu,$

$\therefore \mu_1$、μ_2、μ_3 为参数 μ 的无偏估计量.

又 $\because D\mu_1 = D\left(\dfrac{2}{3}X_1 + \dfrac{1}{3}X_2\right) = \dfrac{4}{9}DX_1 + \dfrac{1}{9}DX_2 = \dfrac{5}{9},$

同理：$D\mu_2 = \dfrac{10}{16}$，$D\mu_3 = \dfrac{2}{4}$，

且 $D\mu_3 < D\mu_1 < D\mu_2$，

$\therefore \mu_3$ 较优.

2. **解**：观察值为 $x_1, x_2, \cdots, x_n$ 的似然函数为：

$$L(x_1, x_2, \cdots, x_n, \theta) = \prod_{i=1}^n \dfrac{1}{\theta} \mathrm{e}^{-\frac{x_i}{\theta}} = \dfrac{1}{\theta^n} \mathrm{e}^{-\frac{1}{\theta}\sum_{i=1}^n x_i}.$$

两边取对数，得 $\ln L = -n\ln\theta - \dfrac{1}{\theta}\sum_{i=1}^n x_i.$

则 $\dfrac{d\ln L}{d\theta} = -\dfrac{n}{\theta} + \dfrac{1}{\theta^2}\sum_{i=1}^n x_i = 0.$

解之有：$\hat{\theta} = \dfrac{1}{n}\sum_{i=1}^n x_i = \overline{x}.$

概率与统计自测试卷三参考答案

一、填空题

1. 0.2　**2.** 18.4　**3.** $1/9$　**4.** 7.4　**5.** $2(n-1)\sigma^4$

二、选择题

1. B　**2.** B　**3.** A　**4.** B　**5.** B

三、解：设 A_1:产品来自甲厂;A_2:产品来自乙厂;A_3:产品来自丙厂;B:取得的产品是正品,则

$$P(B) = P(A_1)P(B \mid A_1) + P(A_2)P(B \mid A_2) + P(A_3)P(B \mid A_3)$$

$$= \frac{5}{10} \times \left(1 - \frac{1}{10}\right) + \frac{3}{10} \times \left(1 - \frac{1}{15}\right) + \frac{2}{10} \times \left(1 - \frac{1}{20}\right)$$

$$= \frac{5}{10} \times \frac{9}{10} + \frac{3}{10} \times \frac{14}{15} + \frac{2}{10} \times \frac{19}{20}$$

$$= 0.92.$$

四、解:由题意得 X 的可能取值为 0、1、2、3,则

$$P(X = 0) = C_3^3 / C_7^3 = 1/35; \qquad P(X = 1) = C_4^1 C_3^2 / C_7^3 = 12/35;$$

$$P(X = 2) = C_4^2 C_3^1 / C_7^3 = 18/35; \qquad P(X = 3) = C_4^3 / C_7^3 = 4/35.$$

所以, $E(X) = 1 \times \frac{12}{35} + 2 \times \frac{18}{35} + 3 \times \frac{4}{35} = \frac{12}{7}$,

$$D(X) = EX^2 - (EX)^2 = 1 \times \frac{12}{35} + 4 \times \frac{18}{35} + 9 \times \frac{4}{35} - \left(\frac{12}{7}\right)^2 = \frac{24}{49}.$$

五、解:

(1) 由 $1 = \int_0^1 \mathrm{d}x \int_0^x Ay(1-x)\mathrm{d}y$ 得 $1 = A/24$,解得 $A = 24$.

(2) 由于 $f_X(x) = \begin{cases} 12(1-x)x^2, & 0 \leqslant x \leqslant 1, \\ 0, & \text{其他}, \end{cases}$ $f_Y(y) = \begin{cases} 12y - 24y^2 + 12y^3, & 0 \leqslant y \leqslant 1, \\ 0, & \text{其他}, \end{cases}$

所以 X 与 Y 不相互独立.

六、(1) $\hat{\beta}_M = \dfrac{\overline{X}}{1 - \overline{X}}$.

(2) $\hat{\beta}_L = -\dfrac{n}{\ln(x_1 x_1 \cdots x_n)} = -\dfrac{n}{\sum \ln(x_i)}$.

七、解:由已知得 $\sigma = 1$,选取样本函数为 $U = \dfrac{\overline{X} - \mu}{\sigma / \sqrt{n}} \sim N(0, 1)$,则 μ 的 95% 的置信

区间为 $\left[\overline{X} - u_{1 - \frac{\alpha}{2}} \cdot \dfrac{\sigma}{\sqrt{n}}, \overline{X} + u_{1 - \frac{\alpha}{2}} \cdot \dfrac{\alpha}{\sqrt{n}}\right]$.

由已知数据有 $\overline{x} = \dfrac{1}{9} \sum_{i=1}^{9} x_i = 100$, $u_{1 - \frac{\alpha}{2}} = u_{0.975} = 1.96$,则代入计算得 μ 的 95% 的

置信区间为 $[100 \pm 0.65] = [99.35, 100.65]$.

八、解:(1) 先对 σ 作假设

$H_0: \sigma \leqslant 2$; $H_1: \sigma > 2$.

选择统计量 $\chi^2 = \dfrac{(n-1)s^2}{\sigma^2} \sim \chi^2(9)$.

由于 $\alpha = 0.05$,则拒绝域 $w = \{\chi^2 > \chi_{1-\alpha}^2(9) = 16.9\}$.

由样本值,得 $\chi^2 = \dfrac{(n-1)s^2}{\sigma^2} = 10$,所以接受 H_0,即标准差不超过 $2\,\mathrm{cm}$.

(2) 再对 μ 作假设 $H_0:\mu = 100$；$H_1:\mu \neq 100$.

选取统计量为 $T = \dfrac{\overline{X} - \mu}{S/\sqrt{n-1}} \sim t(9)$，则

拒绝域 $w = \{|T| > t_{1-\frac{\alpha}{2}}(9) = 2.2622\}$，代入数据得 $U = \dfrac{\overline{X} - \mu}{\sigma/\sqrt{n}} = \sqrt{10}/2 = 1.58$.

所以，接受 H_0，即机器工作正常

九、解: (1) 由于 X、Y 的概率分布相同，故

$$P(X=0) = P(Y=0) = \frac{1}{3},$$

$$P(X=1) = P(Y=1) = \frac{2}{3}.$$

显然

$$E(X) = E(Y) = \frac{2}{3},$$

$$D(X) = D(Y) = \frac{2}{9},$$

而

$$\rho_{XY} = \frac{1}{2} = \frac{\mathrm{Cov}(X, Y)}{\sqrt{D(X)}\,\sqrt{D(Y)}}$$

$$= \frac{E(XY) - E(X)E(Y)}{\sqrt{D(X)}\,\sqrt{D(Y)}}$$

$$= \frac{E(XY) - \dfrac{4}{9}}{\dfrac{2}{9}},$$

所以

$$E(XY) = \frac{5}{9}.$$

而 $E(XY) = 1 \times 1 \times P(X=1, Y=1)$，所以 $P(X=1, Y=1) = \dfrac{5}{9}$.

因此，(X, Y) 的联合概率分布为

X \ Y	0	1
0	$\dfrac{2}{9}$	$\dfrac{1}{9}$
1	$\dfrac{1}{9}$	$\dfrac{5}{9}$

$$(2)\ P(X+Y\leqslant 1) = 1 - P(X+Y>1)$$
$$= 1 - P(X=1, Y=1)$$
$$= 1 - \frac{5}{9} = \frac{4}{9}.$$

概率与统计自测试卷四参考答案

一、填空题

1. 0.6 **2.** 2/3 **3.** $N(0, 5)$ **4.** 8 **5.** $\dfrac{\sigma^2}{n}$

二、选择题

1. C **2.** D **3.** B **4.** B **5.** C

三、解: 设 A 表示飞行物被击落,B_i 表示飞行物被 i 个人击中,$i = 0, 1, 2, 3.$ 由全概公式有

$$P(A) = \sum_{i=0}^{3} P(B_i)P(A \mid B_i) = \sum_{i=2}^{3} P(B_i)P(A \mid B_i)$$
$$= 0.5 \times (0.6 \times 0.5 \times 0.7 + 0.6 \times 0.5 \times 0.3 + 0.4 \times 0.5 \times 0.3) + 0.8 \times 0.6 \times 0.5 \times 0.3$$
$$= 0.252.$$

四、(1) 根据联合分布律和边缘分布律的关系,可以得到 X 和 Y 的联合分布律:

X \ Y	0	1	$p_{i.}$
−1	1/4	0	1/4
0	0	1/2	1/2
1	1/4	0	1/4
$p_{.j}$	1/2	1/2	1

(2) 因为 $P\{X=0, Y=0\} = 0 \neq P\{X=0\}P\{Y=0\} = \dfrac{1}{4}$,所以随机变量 X 与 Y 不相互独立.

五、解:(1) 联合概率密度为

$$f(x, y) = \begin{cases} 0, & x \in D, \\ \dfrac{1}{\pi}, & x \in D. \end{cases}$$

(2) $f_X(x) = \displaystyle\int_{-\infty}^{+\infty} f(x, y)\mathrm{d}y = \begin{cases} \displaystyle\int_{-\sqrt{1-x^2}}^{\sqrt{1-x^2}} \dfrac{1}{\pi}\mathrm{d}y = \dfrac{2}{\pi}\sqrt{1-x^2}, & |x| \leqslant 1, \\ 0, & \text{其他.} \end{cases}$

$$f_Y(y) = \int_{-\infty}^{+\infty} f(x, y) \mathrm{d}x = \begin{cases} \int_{-\sqrt{1-y^2}}^{\sqrt{1-y^2}} \dfrac{1}{\pi} \mathrm{d}x = \dfrac{2}{\pi} \sqrt{1-y^2}, & |y| \leqslant 1, \\ 0, & \text{其他.} \end{cases}$$

六、解: 关于参数 μ 的似然函数为

$$L(\mu) = \prod_{i=1}^{n} f(x_i, \mu) = \prod_{i=1}^{n} \frac{1}{\sqrt{2\pi}} e^{\frac{-(x_i-\mu)^2}{2}} = (2\pi)^{-\frac{n}{2}} e^{-\frac{\sum\limits_{i=1}^{n}(x_i-\mu)^2}{2}}.$$

两边取对数,得 $\ln L = -\dfrac{n}{2} \ln(2\pi) - \dfrac{\sum\limits_{i=1}^{n}(x_i-\mu)^2}{2}.$

则 $\dfrac{\mathrm{d}\ln L}{\mathrm{d}\mu} = \sum\limits_{i=1}^{n} x_i - n\mu = 0.$

解得 $\mu = \bar{x}.$

故 μ 的极大似然估计量 $\mu = \overline{X}.$

而 $P\{X > A\} = 1 - \Phi(A - \mu) = 0.05,$

所以 $A - \mu = 1.645,$ 即 $A = \mu + 1.645.$

故 A 的极大似然估计量为 $A = \overline{X} + 1.645.$

七、解: 方差 σ^2 未知,求均值 μ 的 95% 置信度的区间

$$\left(\overline{X} - t_{1-\frac{\alpha}{2}}(n-1) \frac{S}{\sqrt{n}}, \ \overline{X} + t_{1-\frac{\alpha}{2}}(n-1) \frac{S}{\sqrt{n}} \right).$$

由已知得 $\qquad \alpha = 0.05, \ t_{1-\frac{\alpha}{2}}(n-1) = t_{0.975}(11) = 2.2010,$

$$\overline{X} = \frac{1}{12}(3100 + 2520 + 3020 + 3600 + 3160 + 3500$$

$$+ 3320 + 2880 + 2600 + 3400 + 2540 + 3000) = 3053.33,$$

$$S = \sqrt{\frac{1}{11} \sum_{i=1}^{12}(X_i - 3053.33)^2} = 375.31,$$

所以, μ 的置信度为 95% 的置信区间为 $\left(\overline{X} - t_{0.975}(11) \dfrac{S}{\sqrt{12}}, \ \overline{X} + t_{0.975}(11) \dfrac{S}{\sqrt{12}} \right),$

即 μ 的置信度为 95% 的置信区间为 $(2818.20, \ 3295.13)$

八、解: 双边 F 检验 $H_0 : \sigma_1^2 = \sigma_2^2, \ H_1 : \sigma_1^2 \neq \sigma_2^2.$

考虑统计量 $F = \dfrac{S_1^2}{S_2^2} \overset{H_0 为真}{\sim} F(6-1, 6-1)$

由已知数据,得 $S_1^2 = 0.00012, \ S_2^2 = 0.00009.$

而 $\alpha = 0.05,$ 查表可得拒绝域为

$$W = \{F < F_{\frac{a}{2}}(5, 5) = 0.14 \text{ 或 } F > F_{1-\frac{a}{2}}(5,5) = 7.15\}.$$

而依数据得 $F = \dfrac{0.000\,12}{0.000\,09} = 1.3 < 7.15$,所以接受 H_0,即两批元件的电阻方差相等.

九、解:(1) $f(x, y) = f_{Y|X}(y \mid x) \cdot f_X(x) = \begin{cases} \dfrac{9y^2}{x}, & 0 < x < 1, 0 < y < x, \\ 0, & \text{其他.} \end{cases}$

(2) $f_Y(y) = \displaystyle\int_{-\infty}^{+\infty} f(x, y)\mathrm{d}x = \begin{cases} \displaystyle\int_y^1 \dfrac{9y^2}{x}\mathrm{d}x, & 0 < y < 1 \\ 0, & \text{其他} \end{cases} = \begin{cases} -9y^2\ln y, & 0 < y < 1, \\ 0, & \text{其他.} \end{cases}$

概率与统计自测试卷五参考答案

一、选择题

1. C **2.** B **3.** A **4.** B **5.** B

二、填空题

1. 0.1 **2.** $\dfrac{1}{\sqrt{2}}$ **3.** 0.35 **4.** 3 **5.** 20

三、计算题

1. 解: A 为事件"生产的产品是次品",B_1 为事件"产品是甲厂生产的",B_2 为事件"产品是乙厂生产的",B_3 为事件"产品是丙厂生产的". 易见 B_1、B_2、B_3 是 Ω 的一个划分.

(1) 由全概率公式,得 $P(A) = \displaystyle\sum_{i=1}^3 P(AB_i) = \sum_{i=1}^3 P(B_i)P(A \mid B_i) = 25\% \times 5\% + 35\% \times 4\% + 40\% \times 2\% = 0.0345.$

(2) 由 Bayes 公式有:$P(B_1 \mid A) = \dfrac{P(A \mid B_1)P(B_1)}{\displaystyle\sum_{i=1}^3 P(A \mid B_i)P(B_i)} = \dfrac{25\% \times 5\%}{0.0345} = \dfrac{25}{69}.$

2. 解:(1) 由于 $\displaystyle\int_{-\infty}^{\infty}\int_{-\infty}^{\infty} f(x, y)\mathrm{d}x\mathrm{d}y = 1$,所以 $\displaystyle\int_0^2 \mathrm{d}x \int_0^4 k(6-x-y)\mathrm{d}y = 1$,可得 $k = \dfrac{1}{24}.$

(2) $\displaystyle\int_0^2 \mathrm{d}x \int_0^{4-x} \dfrac{1}{24}(6-x-y)\mathrm{d}y = \dfrac{1}{24}\int_0^2 \left(\dfrac{1}{2}x^2 - 6x + 16\right)\mathrm{d}x = \dfrac{8}{9}.$

3. 解: 由卷积公式得 $f_Z(z) = \displaystyle\int_{-\infty}^{+\infty} f(x, z-x)\mathrm{d}x.$

又因为 X 与 Y 相互独立,所以 $f_Z(z) = \displaystyle\int_{-\infty}^{+\infty} f_X(x)f_Y(z-x)\mathrm{d}x.$

当 $z \leqslant 0$ 时,$f_Z(z) = \displaystyle\int_{-\infty}^{+\infty} f_X(x)f_Y(z-x)\mathrm{d}x = 0;$

当 $0 < z < 1$ 时,$f_Z(z) = \displaystyle\int_{-\infty}^{+\infty} f_X(x)f_Y(z-x)\mathrm{d}x = \int_0^z \mathrm{e}^{-(z-x)}\mathrm{d}x = 1 - \mathrm{e}^{-z};$

当 $z \geqslant 1$ 时，$f_Z(z) = \int_{-\infty}^{+\infty} f_X(x) f_Y(z-x) \mathrm{d}x = \int_0^1 \mathrm{e}^{-(z-x)} \mathrm{d}x = \mathrm{e}^{-z}(\mathrm{e}-1)$，

所以，$f_Z(z) = \int_{-\infty}^{+\infty} f_X(x) f_Y(z-x) \mathrm{d}x = \begin{cases} 0, & z \leqslant 0, \\ 1 - \mathrm{e}^{-z}, & 0 < z < 1, \\ \mathrm{e}^{-z}(\mathrm{e}-1), & z \geqslant 1. \end{cases}$

4. 解: 设 $Y = \mathrm{e}^X - 1$ 的分布函数 $F_Y(y)$，则

$$F_Y(y) = P(Y \leqslant y) = P(\mathrm{e}^X - 1 \leqslant y) = P(X \leqslant \ln(y+1)) = \int_{-\infty}^{\ln(y+1)} f_X(x) \mathrm{d}x$$

$$= \begin{cases} 0, & y < 0, \\ \dfrac{1}{16} \ln^2(y+1), & 0 \leqslant y < \mathrm{e}^4 - 1, \\ 1, & y \geqslant \mathrm{e}^4 - 1. \end{cases}$$

于是 Y 的概率密度函数 $f_Y(y) = \dfrac{\mathrm{d}}{\mathrm{d}y} F_Y(y) = \begin{cases} \dfrac{\ln(y+1)}{8(y+1)}, & 0 < y < \mathrm{e}^4 - 1, \\ 0, & \text{其他.} \end{cases}$

5. 解: 由于 $F(x) = \displaystyle\int_{-\infty}^x f(t) \mathrm{d}t$，则

当 $x < 0$ 时，$F(x) = \dfrac{1}{2} \displaystyle\int_{-\infty}^x \mathrm{e}^t \mathrm{d}t = \dfrac{1}{2} \mathrm{e}^x$，

当 $x \geqslant 0$ 时，$F(x) = \dfrac{1}{2} \left[\displaystyle\int_{-\infty}^0 \mathrm{e}^t \mathrm{d}t + \int_0^x \mathrm{e}^{-t} \mathrm{d}t \right] = 1 - \dfrac{1}{2} \mathrm{e}^{-x}$.

所以，x 的分布函数为 $F(x) = \begin{cases} \dfrac{1}{2} \mathrm{e}^x, & x < 0, \\ 1 - \dfrac{1}{2} \mathrm{e}^{-x}, & x \geqslant 0. \end{cases}$

6. 解: 设 X 表示一周内机器发生故障的天数，Y 表示一周内所获的利润，则由条件知

$X \sim B(5, 0.2)$，即 $P\{X = k\} = \begin{pmatrix} 5 \\ k \end{pmatrix} 0.2^k 0.8^{5-k}$，$k = 0, 1, \cdots, 5$，从而

$$Y = g(X) = \begin{cases} 10, & X = 0, \\ 5, & X = 1, \\ 0, & X = 2, \\ -2, & X \geqslant 3. \end{cases}$$

所以 Y 的分布律为

Y	-2	0	5	10
p	0.057 92	0.2048	0.4096	0.327 68

因此 $E(Y) = 5.208\,96$.

即一周内期望利润为 $5.208\,96$ 万元.

7. 解:(1) 因为 $X \sim N(0,1)$, $Y \sim N(0,1)$, 且相互独立, 所以 $U = X + Y + 1$, $V = X - Y + 1$ 都服从正态分布. 而

$$EU = E(X + Y + 1) = EX + EY + E1 = 1,$$
$$DU = D(X + Y + 1) = DX + DY = 2,$$

所以 $U \sim N(1,2)$, 所以, U 的概率密度函数为 $f_U(u) = \dfrac{1}{\sqrt{4\pi}} e^{-\frac{u^2}{4}}$.

同理 $EV = E(X - Y + 1) = EX - EY + E1 = 1$, $DU = D(X - Y + 1) = DX + DY = 2$,

所以 $V \sim N(1,2)$, 所以, V 的概率密度函数为 $f_V(v) = \dfrac{1}{\sqrt{4\pi}} e^{-\frac{v^2}{4}}$.

(2) $E(UV) = E(X + Y + 1)(X - Y + 1) = E(X^2 - Y^2 + 2X + 1)$

$$= EX^2 - EY^2 + 2EX + 1 = DX + (EX)^2 - (DY + (EY)^2) + 2EX + 1 = 1,$$

所以 $\rho_{UV} = \dfrac{E(UV) - EU \cdot EV}{\sqrt{DU}\,\sqrt{DV}} = 0$.

图书在版编目(CIP)数据

概率与统计学习指导/胡珂,尧雪莉主编. —上海:华东师范大学出版社,2014.10
ISBN 978 - 7 - 5675 - 2669 - 3

Ⅰ.①概… Ⅱ.①胡…②尧… Ⅲ.①概率论-高等学校-教学参考资料②数理统计-高等学校-教学参考资料 Ⅳ.①O21

中国版本图书馆 CIP 数据核字(2014)第 241330 号

概率与统计学习指导

主　　编	胡　珂　尧雪莉
副 主 编	蒲爱民　郭　赟　程宗钱
项目编辑	孙小帆
审读编辑	王小双
装帧设计	卢晓红

出版发行　**华东师范大学出版社**
社　　址　上海市中山北路 3663 号　邮编 200062
网　　址　www.ecnupress.com.cn
电　　话　021 - 60821666　行政传真 021 - 62572105
客服电话　021 - 62865537　门市(邮购)电话 021 - 62869887
地　　址　上海市中山北路 3663 号华东师范大学校内先锋路口
网　　店　http://hdsdcbs.tmall.com

印 刷 者　常熟市大宏印刷有限公司
开　　本　787×1092　16 开
印　　张　14.25
字　　数　285 千字
版　　次　2015 年 5 月第 1 版
印　　次　2016 年 1 月第 2 次
书　　号　ISBN 978 - 7 - 5675 - 2669 - 3/O · 255
定　　价　29.00 元

出 版 人　王　焰